"十二五"普通高等教育本科国家级规划教材

电工电子技术

（第4版）

（第三分册）

——实验与仿真教程

太原理工大学电工基础教学部　编

系列教材主编　乔记平　田慕琴

第三分册主编　陈惠英　高　妍

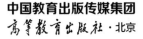

中国教育出版传媒集团

高等教育出版社·北京

内容简介

本书是在"十二五"普通高等教育本科国家级规划教材《电工电子技术》(第3版)第三、四分册的基础上,根据教育部高等学校电工电子基础课程教学指导分委员会修订的"电工学课程教学基本要求",结合太原理工大学近年来对电工电子技术课程的改革与实践,对教材进一步改写、补充和修订而成。 本书共11章内容:1~6章为上篇——实验篇,主要内容包括电工电子实验基础知识、电路基础实验、模拟电子技术实验、数字电子技术实验、变压器与电动机实验,以及综合设计性实验;7~11章为下篇——仿真篇,主要内容包括 Multisim 14.0 仿真软件概述,Multisim 14.0 在电路、模拟电子电路、数字电子电路分析中的应用,以及 Multisim 14.0 综合应用——设计与仿真实例。

本书体系完整、内容丰富、论述详尽,将部分讲义、视频等以二维码数字资源的形式嵌入文中,可供读者扫描学习。

本书可作为普通高等教育非电类专业电工电子系列课程的实验教材,也可作为高职高专及成人教育相关专业的实践参考用书。

图书在版编目(CIP)数据

电工电子技术. 第三分册,实验与仿真教程 / 太原理工大学电工基础教学部编;乔记平,田慕琴主编;陈惠英,高妍分册主编. -- 4 版. -- 北京 : 高等教育出版社,2023.1

ISBN 978-7-04-058950-4

Ⅰ. ①电… Ⅱ. ①太… ②乔… ③田… ④陈… ⑤高… Ⅲ. ①电工技术-高等学校-教材②电子技术-高等学校-教材 Ⅳ.①TM②TN

中国版本图书馆 CIP 数据核字(2022)第 116834 号

Diangong Dianzi Jishu(Di-san Fence)——Shiyan yu Fangzhen Jiaocheng

策划编辑	杨 晨	责任编辑 黄涵玥 杨 晨	封面设计 李卫青	版式设计 杜微言
责任绘图	黄云燕	责任校对 刘娟娟	责任印制 朱 琦	

出版发行	高等教育出版社		网 址	http://www.hep.edu.cn
社 址	北京市西城区德外大街 4 号			http://www.hep.com.cn
邮政编码	100120		网上订购	http://www.hepmall.com.cn
印 刷	涿州市京南印刷厂			http://www.hepmall.com
开 本	787mm×1092mm 1/16			http://www.hepmall.cn
印 张	25.25		版 次	2009 年 7 月第 1 版
字 数	530 千字			2023 年 1 月第 4 版
购书热线	010-58581118		印 次	2023 年 1 月第 1 次印刷
咨询电话	400-810-0598		定 价	53.00 元

第4版前言

本套教材根据教育部高等学校电工电子基础课程教学指导分委员会修订的"电工学课程教学基本要求"和《教育部关于一流本科课程建设的实施意见》,分析了高等教育发展的新趋势以及电工电子基础课程教学模式变革需求,本着以学生全面发展为中心的原则,结合近年多位教师在一线教学中积累的教学实践经验,在第3版教材体系的基础上进行全方位的精选、改写、补充、修订而成。本套教材第2版、第3版先后被评为普通高等教育"十一五"国家级规划教材和"十二五"普通高等教育本科国家级规划教材。

本套教材包括三个分册:第一分册《电路与模拟电子技术基础》,第二分册《数字与电气控制技术基础》,第三分册《实验与仿真教程》,并配套有习题解答电子书。此次编写的主要特点如下:

一、注重经典知识与前沿技术的结合,体现教材的前瞻性。在传承第3版教材体系的同时,体现少、精、宽的原则;在内容编排和结构设计上进行较大调整,删除过时、不适用的内容;注重基础知识的同时,引入新知识、新技术,增加了前沿性和实用性的教学内容,对参考内容的章节用"＊"标记。

二、加强理论与实践融合共进,强化教材的实践性。在教材内容中增加实际工程案例,借助实验和 EDA 仿真,引导学生熟悉先进的设计方法,使学生在获得电工电子技术必要的基础理论、基本知识和基本技能的基础上,拓宽学生的视野,培养学生深度分析、勇于创新的精神和应用先进科学技术解决复杂工程问题的能力。

三、借助信息技术与教学的深度融合,拓宽教材的广域性。将纸质教材和数字资源相结合,以二维码为载体,将视频、讲义等数字资源嵌入教材,实现了教材、课堂、教学资源的融合,使教材表现形式和教学内容的载体更加丰富,激发学生探求知识的潜能,更加适应人才培养和本科教学质量提升的要求。

四、在知识点中融入思政元素,体现教材在科学与人文教育方面的统一性。教材编写中,结合相关知识点,将一般的知识原理与价值意蕴有机契合,着力培养学生的创新意识、坚韧不拔的品格和奉献精神,增强学生的社会责任感,实现知识、技能、品质的共同提升。

本分册为《实验与仿真教程》,在内容的组织和编写上具有以下特色:

(1) 以教材的基础理论为体系编写基础性实验。对教材中基本概念、重要定理和分析方法,都编写了相应的基础性实验。将基本测量方法的训练贯穿于实验的全过程,提高学生对基础知识的运用能力,提升基本实验技能,掌握电子电路及参数设置的内在规律,以帮助学生掌握电工电子技术的基础理论。

（2）以教材中的相关知识为背景，编写了综合设计性实验。使学生加深对单元功能电路的理解，了解各功能电路之间参数的衔接和匹配关系，以拓宽学生的知识面，提高学生综合运用知识的能力。

（3）将第 3 版的"实践教程"和"利用 Multisim 11.0 的 EDA 仿真技术"内容进行了合并与优化，并对部分章节进行重新设计与编排，内容介绍上由浅入深、从易到难，各章节既相对独立又前后关联。

（4）本书针对新版 Multisim 14.0 软件版本，系统介绍了电路仿真软件的特点和使用方法，并结合实例介绍了 Multisim 14.0 在电路、模拟电子电路、数字电子电路分析中的应用，以及 Multisim 14.0 综合应用——设计与仿真实例。可操作性强，仿真和分析方法多样，配套资源丰富。

本套教材由太原理工大学乔记平、田慕琴主编，共设三个分册，并配套习题解答电子书。本分册《实验与仿真教程》共 11 章，由陈惠英、高妍担任主编，其中陈惠英编写第 1、2 章，曹金燕编写第 3 章，李媛媛编写第 4、5 章，乔记平编写第 6 章，任鸿秋编写第 7 章，高妍编写第 8、10 章，申红燕编写第 9 章，武培雄编写第 11 章，全书由陈惠英、高妍完成统稿。

本分册由四川大学雷勇教授主审，他对书稿进行了全面认真的审阅，提出了诸多中肯的意见和修改建议，提高了本版教材的质量。在此，谨向雷勇教授表示衷心感谢！

本套教材先后得到了许多老师和广大读者的关怀，他们提出了许多建设性意见；同时也得到渠云田教授和相关部门的关心和支持，特别感谢高等教育出版社和国内同行们所给予的支持和帮助，在此一并致以诚挚的谢意。

本套教材是根据"新工科"的建设思路，以及新形势下的教学要求，结合一线教师长期积累的教学经验和非电类专业教学改革与实践的成果编写而成。由于学识和实践经验所限，书中难免有疏漏和不妥之处，恳请使用本书的教师和同学，以及广大读者不吝指教，致函请发至 Email：qiao-jiping@ 163.com。

田慕琴　乔记平

2021 年 12 月

第3版前言

本教材第三分册"利用 Multisim 2001 的 EDA 仿真技术"第二版为普通高等教育"十一五"国家级规划教材,本教材第三版在第二版基础上进行了修改并采用了最新版的电路仿真软件 Multisim 11.0 软件,其界面更加友好、形象、真实、易于操作。Multisim 11.0 不仅具有多种功能强大的分析方法、具有齐全的虚拟仪器和虚拟元器件,还提供了更多的实际元器件(包括一些 3D 的元器件)以及 Aglien 公司的信号发生器、万用表和示波器等,使仿真效果更加逼真。Multisim 11.0 所提供的真实仿真平台,一方面给电子产品设计人员带来了极大的方便和实惠,使他们可以利用软件对自己设计的电路进行仿真和改进,达到省时、省力、节约开发成本、优化产品质量的目的;另一方面也为电工电子课程的辅助教学提供了很大帮助,教师可以通过它备课,并用它在多媒体教学中进行课堂演示和实验,优化教学效果,学生可以用它验证作业,解决难题,巩固课堂所学,还可用它预习实验、进行电子电路课程设计,在培养学生创新能力的同时还解决了各高校因经费不足,设备有限,很多实验难以进行的问题。

本教材旨在让学生学会运用 Multisim 11.0 软件仿真分析各种电路的同时,加强对基础理论知识的掌握和理解,培养学生应用现代化分析手段独立分析问题和解决问题的能力,培养学生的创新意识,以适应 21 世纪科技飞速发展的需要。

本教材首先介绍了 Multisim 11.0 软件的特点、系统要求、安装、仿真方法及界面和菜单,并详细介绍了 Multisim 11.0 软件的元器件、虚拟仪器、分析方法及其使用方法,然后列举大量例题说明如何利用该软件对直流、交流、模拟、数字等电路进行测量、分析、设计,最后一章通过对 9 个综合应用实例的设计介绍了利用 Multisim 11.0 进行电子电路设计的一般方法,读者通过这些实例设计可进一步提高学习兴趣,培养工程实践能力和创新能力。本书例题丰富,仿真和分析方法多样,操作步骤详细,非常便于自学。本教材中的插图尽量照顾到仿真软件本身的电路图。

本教材适合于正在学习电工电子技术课程的本专科学生,以及从事系统设计、科研开发的工程技术人员。

本教材由太原理工大学电工基础教学部组织编写。吴申编写了第 1 章,石耀祥编写了第 2 章,武兴华编写了第 3 章,侯锐编写了第 4 章,杨铁梅(太原科技大学)编写了第 5 章,靳宝全编写了第 6 章,程永强编写了第 7 章,申红燕编写了第 8 章,高妍编写了第 9 章,武培雄编写了第 10 章,全书由高妍进行统稿。整套系列教材由渠云田教授、田慕琴教授统稿。太原理工大学信息学院夏路易教授对书稿进行了详细认真的审阅,并提出了许多宝贵的意见和修改建议,我们据此进行了认真的修改。本书在编写过程中,得到了电工基础教学部所有教师的支持和帮助,在此对他们表示衷心的感谢。

　　同时,在本教材的编写过程中,还参考了一些优秀的教材,在此,谨对这些参考书的作者一并表示感谢!

　　由于编者水平有限,书中错误与不妥之处在所难免,殷切希望使用本书的读者提出宝贵的意见,以利于本书的进一步完善。

编者

2012 年 10 月

第2版前言

21世纪是科学技术飞速发展的时代,知识日新月异。为体现培养素质型、能力型的优秀人才的教育理念,根据教育部面向21世纪电工电子技术课程教学改革要求,结合我校电工基础教学部近年来对电工电子技术基础课程的改革与实践,借鉴部分优秀教材,编写了本教材,使教材适应非电类专业、计算机专业等电工电子技术的教学要求。

本教材由太原理工大学电工基础教学部组织编写,全套教材共有六个分册:第一分册,电路与模拟电子技术基础(分册主编李晓明、李凤霞),本分册主要介绍电路分析基础、电路的瞬态分析、正弦交流电路、常用半导体器件与基本放大电路、集成运算放大器、直流稳压电源、现代电力电子器件及其应用和常用传感器及其应用;第二分册,数字与电气控制技术基础(分册主编王建平、靳宝全),本分册主要介绍数字电路基础、组合逻辑电路、触发器与时序逻辑电路、脉冲波形的产生与整形、数模和模数转换技术、存储器与可编程逻辑器件、变压器和电动机、可编程控制器、总线、接口与互连技术等;第三分册,利用 Multisim 2001 的 EDA 仿真技术(分册主编高妍、申红燕),本分册主要介绍 Multisim 2001 软件的特点、分析方法及其使用方法,然后列举大量例题说明该软件在直流、交流、模拟、数字等电路分析与设计中的应用;第四分册,电工电子技术实践教程(分册主编陈惠英),本分册主要介绍电工电子实验基础知识、常用电工电子仪器仪表,详细介绍了38个电路基础、模拟电子技术、数字电子技术和电机与控制实验以及 Protel 2004 原理图与 PCB 设计内容;第五分册,电工电子技术学习指导(分册主编田慕琴),本分册紧密配合主教材内容,提出每章的基本要求和阅读指导,有重点内容、重点题目的讲解与分析,列举了一些概念性强、综合分析能力强并有一定难度的例题;第六分册,基于 EWB 的 EDA 仿真技术(分册主编崔建明、陶晋宜、任鸿秋),本分册主要介绍 EWB 5.0 软件的特点、各种元器件和虚拟仪器、分析方法,并对典型的直流、瞬态、交流、模拟和数字电路进行了仿真。系列教材由太原理工大学渠云田教授主编和统稿。本教材第一分册、第二分册由北京理工大学刘蕴陶教授审阅;第三分册、第六分册由太原理工大学夏路易教授审阅;第四分册、第五分册由山西大学薛太林副教授审阅。

本教材第三分册——利用 Multisim 2001 的 EDA 仿真技术,由申红燕编写第1、2、3、4、5章和第9章的第6节,高妍编写第6、7、8章和第9章的第1、2、3、4、5节,全书由高妍进行统稿。本书旨在让学生学会运用 Multisim 2001 软件仿真分析各种电路的同时,加强对基础理论知识的掌握和理解,培养学生应用新技术手段独立分析问题和解决问题的能力,培养学生的创新意识,以适应21世纪科技飞速发展的需要。本书具有如下特点:

一、第1~5章介绍了 Multisim 2001 软件的特点、系统要求、仿真方法及界面和菜单,并结合

I

电工电子技术教学需要详细介绍了 Multisim 2001 软件的元器件、虚拟仪器、分析方法及其使用方法,内容精练、文字易于理解,可以使学生快速掌握该软件的基本使用方法。

二、本书例题丰富,仿真和分析方法多样,操作步骤详细,非常便于自学。第 6~9 章给出大量典型例题说明如何利用该软件对直流、交流、模拟、数字等电路进行测量、分析、设计。

三、本书内容与课堂教学内容紧密结合,为电工电子技术课程的辅助教学提供了很大帮助,通过电路仿真实验,既能提高学生对理论知识的理解和掌握,培养学生的创新能力,又可解决各高校因经费不足,设备有限,而使很多实验难以进行的问题。

四、本书内容重视对学生工程实践能力的培养,注重理论联系实际,重视实用技术。通过介绍许多小巧、新颖、有趣、实用的小制作、小设计,如报警器、彩灯控制电路、车库汽车数量显示电路、家庭安全装置等来激发学生的学习兴趣。

本教材由各位审者提出了宝贵意见和修改建议;并且得到太原理工大学电工基础教学部老师和广大读者的关怀,他们提出了大量建设性意见,在此深表感谢。同时,编写本教材过程中,我们也参考了部分优秀教材,在此,谨对这些参考书的作者表示感谢。

限于编者水平,书中错误与不妥之处在所难免,殷切希望使用本书的读者提出宝贵的意见,以利于本书的进一步完善。

编者
2007 年 10 月

第1版前言

21世纪是科学技术飞速发展的时代,也是竞争激烈的时代。为了新一代大学生能适应这个高科技和竞争激烈的时代,根据教育部面向21世纪电工电子技术课程教改要求,结合我校电工电子系列课程建设以及山西省教育厅重点教改项目——"21世纪初非电类专业电工学课程模块教学的改革与实践",在我们已经使用数年的电工电子技术系列讲义的基础上,经过多次试用与反复修改,将其以教材形式面诸于世。

本书是理工科非电类专业与计算机专业本、专科适用的电工电子技术系列教材之一;也是我们教改项目中的第一模块教材,即计算机专业与机械、机电类专业适用教材;同时也是兄弟理工类院校相应专业择用的教材之一;也可作为高职高专和职业技术学院相应专业的择用教材。参考学时为110~130学时。

本教材的基本特点是:精炼,删减传统内容力度较大;结构顺序变动较大;集成电路与数字电子技术部分内容大大加强;电气控制技术部分系统性增强;电工电子新技术内容与现代分析手段大量引入;突出电气技能与素质培养方面的内容及其在工业企业中的应用范例明显增多;基本概念、分析与计算、EDA仿真等各类习题分明。

本教材在突出电气技能与素质培养方面增设了不少电工与电子技术应用电路及设计内容。如调光、调速电路、测控技术电路、小型变压器设计与绕制、电动机定子绕组的排布、常用集成运放芯片与数字逻辑芯片介绍及其典型应用电路、世界各主要厂家的PLC性能简介、使用isp-DesignExpert软件开发ispLSI器件等新技术应用内容。

依据电工电子技术的发展趋势及其在机械、机电类专业的应用特点,并兼顾计算机专业的教学需求,此教材的上册为"电路与模拟电子技术基础",下册为"数字与电气控制技术基础"。

为了有效减少课堂教学时数,增加课内信息量,提高教学效率,并以提高学生技能素质与新技术、新手段的应用能力为目标,使用本教材应建立EDA机辅分析教学平台,结合教学方法及教学手段的改革,并与实践教学环节相配合,方能更有效地发挥其效能。

本教材由太原理工大学电工基础教学部组织编写,上册由李晓明任主编,王建平、渠云田任副主编,下册由渠云田任主编,王建平、李晓明任副主编。王建平编写第1、2、4、5、8章,李晓明编写第3、6、15章,渠云田编写第9、10、11、12、13、14章,陶晋宜编写第16章,太原理工大学信息学院夏路易教授编写第7章与下册的附录1,太原师范学院周全寿副教授参与了本书附录与部分节次的编写。渠云田、李晓明、王建平三人对全书作了仔细的修改,并最后定稿。

本教材上册由北京理工大学刘蕴陶教授主审,下册由北京理工大学庄效桓教授主审。两位教授对本稿进行了详细的审阅,并提出许多宝贵的意见和修改建议。我们根据提出的意见和建议进行了认真的修改。在本教材编写和出版过程中,大连理工大学唐介教授、太原理工大学信息学院夏路易教授、太原师范大学周全寿副教授以及太原理工大学电工基础教学部使用过本教材讲义的所有教师,给予了极大的关心和支持,在此一并对他们表示衷心的感谢。

同时,编写本教材过程中,我们也曾参考了部分优秀教材,在此,谨向这些参考书的作者表示感谢。

由于我们水平有限,书中缺陷和疏漏在所难免,恳请使用本教材的教师和读者批评指正,为提高电工电子技术教材的质量而共同努力。

编者

2002 年 10 月

目录

I

上篇 实验篇

第1章 电工电子实验基础知识

电工电子技术实验是帮助学生学习和运用电工电子技术理论处理实际问题、验证消化和巩固基本理论、获得实验技能和科学研究方法的重要环节。本章从电工电子技术实验的任务和要求入手,对数据测量误差理论、实验室安全用电规则,以及常用电工电子仪器仪表进行了介绍,可为实验者更好地完成每一个实验奠定扎实的理论基础。

1.1 实验任务、要求和实验室安全用电规则

一、电工电子技术实验的任务

电工电子技术实验是一门专业技术实验课,具有很强的实践性,是必不可少的教学环节,在对各专业学生工程应用能力、创新能力的培养过程中扮演着非常重要的角色。通过实验主要达到以下目的:

1. 学习电工电子仪器、仪表的工作原理和使用方法,能正确连接电路并测出相关实验数据;

2. 通过验证性实验,巩固和加深理解所学的基础理论知识;

3. 通过综合性、设计性实验,培养学生解决实际工程应用背景问题的能力;

4. 学习观察分析实验现象,排除实验故障,记录和处理实验数据。

二、电工电子技术实验的要求

电工电子技术实验从预习相关的知识开始,需经过电路连接、观察与调试、数据记录,直到撰写出完整的实验报告等环节。实验一般分课前预习实验、课中实验操作和撰写实验报告三个阶段。各个阶段的要求如下。

(一) 课前预习实验

实验能否顺利进行和收到预期的效果,很大程度上取决于预习准备得是否充分。这就要求学生在预习时认真阅读教材以及相关的二维码内容,了解电工电子技术实验的基本原理以及实验线路、方法、步骤,清楚实验中要关注的实验现象、记录的数据和注意事项,并撰写好预习报告。

(二) 课中实验操作

严谨的操作程序和良好的工作方法是实验顺利进行的有效保证。一般实验按照下列程序进行:

1. 熟悉实验仪器设备及其使用方法与步骤,并听取指导教师的简要讲解,把握

重点、要点及其注意事项。

2. 实验线路的布置与连接是检验学生基本实验技能的首要环节。对于复杂的电路,正确接线的程序是"按图布置,先串后并,先分后合,先主后辅"。按序连接好电路后,认真检查核验,切忌草率行事,盲目操作。

3. 采集实验数据要求读数规范,观察实验现象力求准确。为了保证测量结果的正确性,可以用仪表的大量程预判数据的大致范围,再确定合适的量程进行读数。用示波器观察波形时要选择好扫描频率和输入衰减,使波形稳定且大小适中。每次测量后,记录实测数据和波形于实验报告的表格中,并分析、判断所得数据及波形与理论分析是否一致。

4. 实验中遇到故障现象,应积极独立思考,耐心排除,并记录故障现象及排除方法。如发现有不正常现象(光、热、声、味、烟及表针异常等)应立即断开电源,报告实验指导教师,并及时查找故障原因。

5. 实验完毕,先断电再拆线,做好仪器设备、桌面和环境的清洁整理工作。

（三）撰写实验报告

实验报告是实验工作的全面总结,应选用统一的报告格式认真撰写,做到条理简明、图表清晰、计算准确、分析合理、讨论深入、结论正确,并能正确回答思考题。

三、实验室安全用电规则

为了确保实验室用电安全,防止触电事故的发生,实验前应熟悉安全用电常识,实验过程中必须严格遵守安全用电制度和操作规程。

当人体不慎触及电源及带电导体时,电流通过人体,可能使人受到伤害,这就是电击。电击对人体的伤害程度与通过人体电流的大小、通电时间的长短、电流通过人体的途径、电流的频率以及触电者的健康状况、精神状态等因素有关。

工频交流电是比较危险的。人体有 1 mA 的工频电流通过,就会有不舒服的感觉。根据表皮的潮湿程度,人体电阻在 $600\ \Omega \sim 100\ k\Omega$ 之间。通过人体的电流超过 50 mA,就会有生命危险。一般规定 36 V 为安全电压,但在实验中常用到 220 V 或 380 V 电压,为了防止触电事故发生,必须做到:

1. 进入实验室后未经指导教师允许不许私自合闸,尤其是室内总电源开关。

2. 实验过程中,闭合电源时要及时告知同组人员,如果有同学正在接线或改线,不得随意接通电源。

3. 严格遵守"先接线后合电源,先断电源后拆线"的操作程序。电源接通后,注意不能用手触及带电部分,尤其是强电实验,以防触电。

4. 连接电路时,如果一端已接在电源上,另一端不许空置,该要求同样适用于电路其他部分,否则易出现电源短路或烧坏仪器、人员触电的情况。

5. 发现异常现象(声响、发热、冒烟、焦臭等)也应立即切断电源,查找原因。

6. 当被测值难以估算时,仪表量程应置最大,然后根据指示情况逐渐减少量程,同时被测值或大或小时要注意随时调节量程。

7. 遵守各项操作规程,培养良好的实验作风。安全用电的观念应当贯穿在整个实验过程中,爱护仪器仪表,做到人员设备两安全。

1.2 测量方法和测量误差的分析

1.2.1 测量方法

针对不同的测量对象和要求,测量方法较多。根据被测量随时间变化关系,可分为静态测量和动态测量;根据仪表的不同,可分为直读测量和比较测量;常用的是根据测量方式分为直接测量、间接测量和组合测量。

（一）直接测量法

在测量过程中不需要进行辅助计算或查表就能直接获得被测量大小的方法,称为直接测量法。例如用安培表可以直接测量电流,用功率表直接测量功率。

（二）间接测量法

在测量中有些物理量是不能直接测量的,例如直流电源的内阻等必须通过测量其他相关的物理量,再通过它们与被测量的已知函数关系或曲线求得被测量的大小,这种测量方法称为间接测量法。间接测量法应用非常广泛。

（三）组合测量法

组合测量是根据直接测量和间接测量的结果,并改变测量条件,解联立方程求出被测量。例如测量电阻的温度系数。

1.2.2 直读式仪表间接测量参数的方法

在进行每一次测量之前,必须根据自己的经验考虑下列问题:① 为实现这次测量最适合的方法是什么? ② 允许的测量误差是多少? ③ 采用什么方法,何种测量仪器能满足测量误差的要求? 如果测量方法不当,将会产生很大的误差甚至使测量结果毫无意义。

被测量通过仪表的测量线路和测量机构,可以直接在仪表的指示表盘上读出被测结果,这种仪表称为直读式仪表。下面介绍用直读式仪表间接测量参数的几种方法。

（一）伏安法测电阻

伏安法测电阻应注意电压表和电流表的连接方式,对高值电阻应采用图 1-1 的连接方式,对低值电阻应采用图 1-2 的连接方式,否则仪表内阻将会给测量结果

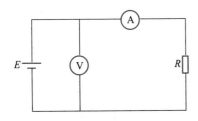
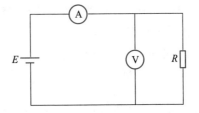

图 1-1　伏安法测高值电阻的电路　　　图 1-2　伏安法测低值电阻的电路

带来较大误差。用伏安法也可以实现对电容和电感的测量,但测量电感时误差较大。

（二）比较法测电阻

比较法测电阻是使一个已知标准电阻 R_N 和被测电阻 R_X 串联,用一只电压表分别测量 R_N 和 R_X 上的电压,如图 1-3 所示,根据 $\dfrac{U_N}{R_N} = \dfrac{U_X}{R_X}$,可计算 R_X 的值。可以证明电压表内阻不影响测量结果的准确度。

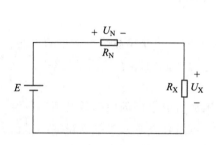

图 1-3　比较法测电阻的电路　　　　　图 1-4　三表法测混合参数的电路

（三）放电法测电阻（电容）

放电法测电阻是使一个已知标准电容充电后对被测电阻放电,通过测量时间常数计算出被测电阻的阻值。用这种方法如果取未知电容对已知标准电阻放电,也可实现对电容的测量。

（四）三表法测混合参数

用电压表、电流表和功率表可实现对混合参数的测量,如图 1-4 所示。设 $Z = R+jX = |Z| \angle \varphi$,则 $|Z| = \dfrac{U}{I}$,根据 $P = UI\cos\varphi$,得 $R = |Z|\cos\varphi$,$X = |Z|\sin\varphi$,最后根据电源的频率可以计算出负载的等值电感和电容。

（五）电压表法测混合参数

如图 1-5 所示,假设被测参数为 $Z = R+j\omega L$,图中 R_N 为已知标准电阻,用电压表分别测出 R_N 上的电压 U_N 和 Z 上的电压 U_Z 以及电源电压 U。根据电路 KVL 相量形式,有 $\dot{U} = \dot{U}_N + \dot{U}_Z$,相量图如图 1-6 所示。等值电感 L 上的电压 $U_L = U_Z\sin\varphi$,等值电阻 R 上的电压 $U_R = U_Z\cos\varphi$,而 $U_L = I\omega L$,$U_R = IR$,求出电流 I 即可计算出等值电阻 R 和等值电感 L。同理,如果使 R_N 与 Z 并联,用电流表测出三个支路的电流,也可计算出等值电阻 R 和等值电感 L。

（六）谐振法测电感或电容

将 R、L、C 串联,加适当频率的电源电压,使电路中发生谐振,可用电压表测量元件上的电压从而确定谐振点,此时有 $\omega L = \dfrac{1}{\omega C}$,当 L 和 C 其中之一为已知时,便可计算出另一个。可以证明其中等值电阻不影响测量结果的准确度。

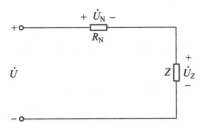

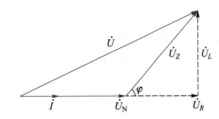

图 1-5　电压表测混合参数的电路　　图 1-6　电压表测混合参数的相量图

1.2.3　测量误差的分析

测量是为确定被测对象的数值而进行的实验过程。在这个过程中,人们借助专门的仪器,把被测量与标准的同类单位量进行比较,从而确定被测量与单位量之间的数值关系,最后用数值和单位共同表示测量结果。

在任何测量中,由于各种主观和客观因素的影响,测量结果不可能完全等于被测量的实际值,而只是它的近似值,所以测量值与被测量的实际值之差叫作测量误差。研究测量误差理论的目的就是掌握测量数据的分析计算方法、正确对测量误差值进行估计、选择最佳测量方案。

一、测量误差的分类

根据测量误差的性质和特征,测量误差可以分为系统误差、偶然误差和疏忽误差。

（一）系统误差

系统误差是由仪表的不完善、使用不恰当或测量方法采用了近似公式以及外界因素变化(温度、电场、磁场)等原因引起的。它遵循一定的规律变化或保持不变。按照误差产生的原因又区分如下。

1. 基本误差

基本误差是指仪表在规定的正常条件下进行测量时所具有的误差。它是仪表本身所固有的,即由结构上和制作上的不完善而产生的误差。

2. 附加误差

附加误差是由外界因素的变化而产生的。主要原因是仪表没有在正常工作条件下使用,例如温度和磁场的变化、放置方法不当等引起的误差。

3. 方法误差

方法误差是因测量方法不完善、使用仪表的人在读数时因个人习惯而造成读数不准确,或间接测量时用近似计算公式等造成的。

减小系统误差的方法有:

1. 对仪表进行校正,在测量中引入修正值,可减小基本误差;

2. 按照仪表所规定的条件使用,可减小附加误差;

3. 采用特殊的方法测量,可减小方法误差,例如零示法、替代法、补偿法、对照法等。

（二）偶然误差

偶然误差是由某些偶然因素所造成的，如电源电压的波动、电磁场的干扰、电源频率的变化及地面振动、热起伏等。

理论上当测量次数 n 趋于无限大时，偶然误差趋于零。而实际中不可能做到无限多次的测量，一般将多次测量值的算术平均值近似为被测量真值，因此只要选择合适的测量次数，使测量精度满足要求，就可将算术平均值作为最后的测量结果。

（三）疏忽误差

疏忽误差是由测量中的疏忽所引起的误差，一般都严重偏离被测量的实际值。如读数错误、记录错误、计算错误或操作方法不当等所造成的误差。

疏忽误差可以通过对操作人员进行测试技能的培训加以避免。

二、正确度、精密度和准确度

对一组测量数据进行误差分析时，将疏忽误差剔除掉，只分析系统误差和偶然误差即可。

（一）正确度

正确度表示测量结果与实际值的符合程度，是衡量测量结果是否正确的尺度。系统误差使测量结果偏离被测量的实际值。因此系统误差越小，就有可能使测量结果越正确。在测量次数足够多时，对测量结果取算术平均值，可以减小偶然误差的影响。

（二）精密度

精密度表示在进行重复测量时所得结果彼此之间一致的程度。偶然误差决定测量值的分散程度，测量值越集中，测量值的精密度越高。可见，精密度是用来表示测量结果中偶然误差大小的程度。

（三）准确度

对测量结果的评价，不能单纯用正确度或精密度来衡量，正确度高的精密度不一定高，精密度高的正确度不一定高。二者均高，才表示测量值接近实际值，称为测量的准确度高。准确度是表示测量结果中系统误差与偶然误差综合的大小程度。

要达到高准确度的测量，即误差的总和越小越好，就应该在测量中设法消除或减小系统误差与偶然误差的影响。

三、测量误差的表示方法

测量误差的表示方法有绝对误差、相对误差和引用误差三种。若要反映测量误差的大小和方向，可用绝对误差表示；若要反映测量的准确程度，则用相对误差表示。

（一）绝对误差

测量值即仪表值 A_x 和被测量的实际值 A_0 之间的差值叫作绝对误差，用 Δ 表示，即

$$\Delta = A_x - A_0 \qquad (1-1)$$

在计算时，可以用校准后的仪表指示值作为被测量的实际值。

例 1-1　用一只标准电压表来鉴定甲、乙两只电压表时，读得标准电压表的指示值为 50.0 V。甲表读数为 51.0 V，乙表读数为 49.5 V，求它们的绝对误差。

解：甲表的绝对误差　　$\Delta_甲 = A_x - A_0 = (51.0 - 50.0)\ \mathrm{V} = 1\ \mathrm{V}$

乙表的绝对误差　　　　$\Delta_乙 = A_x - A_0 = (49.5 - 50.0)\ \mathrm{V} = -0.5\ \mathrm{V}$

可见，绝对误差是有大小、正负和量纲的量，正的表示测量值比实际值偏大，负的表示测量值比实际值偏小。甲表偏离实际值较大，乙表偏离实际值较小，说明乙表的测量值比甲表准确。

（二）相对误差

绝对误差无法反映测量结果相对真值的偏离程度，这一特征通过相对误差来表示。相对误差是绝对误差与被测量的实际值之比，通常用百分数来表示，即

$$\gamma = \frac{\Delta}{A_0} \times 100\% \qquad (1-2)$$

在实际工作中，常用标准仪表的指示值 A_x 近似代替 A_0，即

$$\gamma = \frac{\Delta}{A_x} \times 100\% \qquad (1-3)$$

例 1-2　已知甲表测 100 V 电压时，其绝对误差 $\Delta_甲 = +2$ V，乙表测 20 V 电压时，其绝对误差 $\Delta_乙 = -1$ V，试求它们的相对误差。

解：甲表的相对误差　　$\gamma_甲 = \dfrac{\Delta_甲}{A_0} \times 100\% = \dfrac{+2}{100} \times 100\% = +2\%$

乙表的相对误差　　　　$\gamma_乙 = \dfrac{\Delta_乙}{A_0} \times 100\% = \dfrac{-1}{20} \times 100\% = -5\%$

可见，相对误差是一个没有量纲，只有大小和符号的量。虽然甲表的绝对误差大于乙表，但甲表的相对误差却比乙表小。这说明甲表的测量准确度要高些。

（三）引用误差

相对误差可用来反映某次测量的准确程度，但不能表示仪表在整个量程内的准确程度，即仪表的准确度。为划分仪表的准确度等级，引入了引用误差的概念。引用误差是绝对误差与仪表量程上限之比的百分数，即

$$\gamma_n = \frac{\Delta}{A_m} \times 100\% \qquad (1-4)$$

由于仪表的各指示值的绝对误差不等，因此国家标准中电工仪表的准确度等级 K 是以最大绝对误差计算的最大引用误差来确定的。即

$$\pm K = \frac{\Delta_m}{A_m} \times 100\% \qquad (1-5)$$

按照国家标准规定,常用电工仪表的准确度等级 K 共分为七个等级,如表 1-1 所示。

表 1-1　仪表的准确度等级

仪表的准确度等级	0.1	0.2	0.5	1.0	1.5	2.5	5
基本误差/%	±0.1	±0.2	±0.5	±1.0	±1.5	±2.5	±5

例 1-3　有一个 8 V 的被测电压,若用 0.5 级、量程为 0~10 V 和 0.2 级、量程为 0~100 V 的两只电压表测量,问哪只电压表测得更准些? 为什么?

解:要判断哪块电压表测得更准确,即要判断哪块表的测量准确度更高。

(1) 用 0.5 级、量程为 0~10 V 的电压表测量,可能出现的最大绝对误差

$$\Delta_m = \pm K \cdot A_m = \pm 0.5\% \times 10\ V = \pm 0.05\ V$$

可能出现的最大相对误差

$$\gamma_m = \frac{\Delta_m}{A_0} \times 100\% = \frac{\pm 0.05}{8} \times 100\% = \pm 0.625\%$$

(2) 用 0.2 级、量程为 0~100 V 的电压表测量,可能出现的最大绝对误差

$$\Delta_m = \pm K \cdot A_m = \pm 0.2\% \times 100\ V = \pm 0.2\ V$$

可能出现的最大相对误差

$$\gamma_m = \frac{\Delta_m}{A_0} \times 100\% = \frac{\pm 0.2}{8} \times 100\% = \pm 2.5\%$$

从计算结果可以看出,用量程为 0~10 V、0.5 级电压表测量所产生的最大相对误差小,所以选用量程为 0~10 V、0.5 级电压表测量更准确。

由上述内容可看出,准确度等级的数值越小,允许的基本误差越小,表示仪表的准确度越高。一般情况下,指针在 2/3 满刻度以上时才有较好的测试结果。因此,使用者应根据测试估计值的大小,合理选择仪表量程,方可得到较小的最大相对误差。当然,相同量程时,追求高精度才是有意义的。

四、测量误差的合成

在实际测量中,一个被测量的获得往往要采用直接测量、间接测量等多种测量手段。测量误差合成理论研究是在间接测量中,根据若干个直接测量量的误差求出总测量误差。

现假设被测量 y 与直接测量量 $x_1, x_2, \cdots, x_n$ 满足关系式

$$y = f(x_1, x_2, \cdots, x_n)$$

则被测量 y 的测量结果所含绝对误差等于该函数的全微分,即

$$dy = \frac{\partial f}{\partial x_1} dx_1 + \frac{\partial f}{\partial x_2} dx_2 + \cdots + \frac{\partial f}{\partial x_n} dx_n$$

其相对误差为

$$\gamma_y = \frac{dy}{y} = \frac{\partial f}{\partial x_1} \cdot \frac{dx_1}{y} + \frac{\partial f}{\partial x_2} \cdot \frac{dx_2}{y} + \cdots + \frac{\partial f}{\partial x_n} \cdot \frac{dx_n}{y} \tag{1-6}$$

下面讨论常用的几种典型情况：

（1）被测量为直接测量值之和。设 $y=Ax_1+Bx_2$，则

$$dy=A\,dx_1+B\,dx_2 \tag{1-7}$$

$$\gamma_y=\frac{dy}{y}=A\frac{dx_1}{y}+B\frac{dx_2}{y}=A\frac{x_1}{y}\gamma_{x1}+B\frac{x_2}{y}\gamma_{x2} \tag{1-8}$$

在最不利的情况下，最大误差将发生在各直接测量量的误差符号相同时，所以估算误差时，对式（1-7）、式（1-8）各项均取绝对值，即

$$|dy|=A|dx_1|+B|dx_2|$$

$$|\gamma_y|=\left|A\frac{x_1}{y}\gamma_{x1}\right|+\left|B\frac{x_2}{y}\gamma_{x2}\right|$$

（2）被测量为直接测量值之差。设 $y=Ax_1-Bx_2$，则

$$dy=A\,dx_1-B\,dx_2 \tag{1-9}$$

$$\gamma_y=\frac{dy}{y}=A\frac{dx_1}{y}-B\frac{dx_2}{y}=A\frac{x_1}{y}\gamma_{x1}-B\frac{x_2}{y}\gamma_{x2} \tag{1-10}$$

在最不利的情况下，最大误差将发生在各直接测量量的误差符号相反时，所以估算误差时，对式（1-9）、式（1-10）各项均取绝对值，即

$$|dy|=A|dx_1|+B|dx_2|$$

$$|\gamma_y|=\left|A\frac{x_1}{y}\gamma_{x1}\right|+\left|B\frac{x_2}{y}\gamma_{x2}\right|$$

（3）被测量为直接测量值的积或商。设 $y=x_1^n\cdot x_2^m\cdot x_3^p$，$m$、$n$、$p$ 为任意常数。对上式两边取对数，则 $\ln y=n\ln x_1+m\ln x_2+p\ln x_3$ 再微分得

$$\frac{dy}{y}=n\frac{dx_1}{x_1}+m\frac{dx_2}{x_2}+p\frac{dx_3}{x_3}$$

在最不利的情况下，最大误差为

$$|\gamma_y|=|n\gamma_{x1}|+|m\gamma_{x2}|+|p\gamma_{x3}| \tag{1-11}$$

这里需要说明，指数越高，对误差的影响越大，直接测量时所用仪表的准确度等级应选高一些。

通过上面的分析可以看出，间接测量的准确度较低。所以能够直接测量的就不要采用间接测量。如果条件不允许，必须采用间接测量时，对所需的直接测量量以及它们与被测量之间的关系，还有所用的仪表准确度等级、量程范围等问题，都要认真考虑，否则，即使仪表准确度等级很高，也可能出现不可信赖的测量结果。

例 1-4　如图 1-7 所示为一振荡器，为了测量振荡器的最大输出功率，采用间接测量法进行测量。以标准电阻作为负载，用电压表测量它两端的电压。选用的电压表准确度等级为 1.5 级，量程为 10 V，读数为 8 V，电压表的内阻为 20 kΩ；选用的标准电阻为 0.05 级 100 Ω。试求：

（1）振荡器的输出功率；

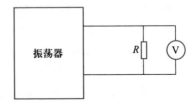

图 1-7　例 1-4 图

11

（2）由于仪表结构的不完善和制造上的缺陷所引起的误差（相对误差）；

（3）测量方法不完善所引起的误差；

（4）总的最大相对误差。

解：（1）振荡器的输出功率为

$$P = U^2/R = 8^2/100 \text{ W} = 0.64 \text{ W}$$

（2）测量时电压表的基本误差为

$$\gamma_V = \pm \frac{1.5\% \times 10}{8} \times 100\% = \pm 1.88\%$$

而

$$\gamma_R = \pm 0.05\%$$

所以在测量时可能产生的最大相对误差为

$$|\gamma_P| = |2\gamma_V| + |\gamma_R| = |\pm 2 \times 1.88\%| + |\pm 0.05\%| = 3.81\%$$

（3）电压表功率损耗为 U^2/R_V，因此由于测量方法不完善所引起的误差为

$$|\gamma_m| = \frac{U^2/R_V}{U^2/R + U^2/R_V} = \frac{R}{R + R_V} = \frac{100}{100 + 20000} \times 100\% = 0.50\%$$

（4）总的最大相对误差为

$$|\gamma| = |\gamma_P| + |\gamma_m| = |\pm 3.81\%| + |0.50\%| = 4.31\%$$

五、思考题

1. 有一个 100 V 的被测电压，若用 0.5 级、量程为 0～300 V 和 1.0 级、量程为 0～100 V 的两只电压表测量，问哪只电压表测得更准些？为什么？

2. 根据公式 $W = \dfrac{U^2}{R} t$，用间接测量法测量某一电阻 R 在 t 时间内消耗的能量，通过测量算得 U、R、t 的相对误差分别为 $\gamma_U = \pm 1\%$，$\gamma_R = \pm 0.5\%$，$\gamma_t = \pm 1.5\%$，试求在测量 W 中可能产生的最大相对误差。

1.3　测量数据的处理方法

在测量和数字计算中，该用几位数字来表示测量或计算结果是很重要的，它涉及有效数字和计算规则的问题。

一、有效数字的正确表示法

在测量中，必须正确地读取数据，即除末位数字欠准确外，其余各位数字都是准确可靠的，其包含的误差不应大于末位单位数字的一半。例如用 50 mA 量程的电流表测量某支路的电流，读数为 32.5 mA，则前面两个数"32"是准确的可靠读数，称"可靠数字"；而最后一位数字"5"是估读的，称"欠准数字"，两者合起来称"有效数字"，其有效数字为三位。

对有效数字位数的确定说明如下：

1. 记录测量数值时，只允许保留一位可疑数字。通常，最后一位有效数字可能有 ±1 个单位或 ±0.5 个单位的误差。

2. 数字"0"在数字中可能是有效数字,也可能不是有效数字。例如:0.0415 kV,前面的两个"0"不是有效数字,它的有效数字为三位。0.0415 kV 可以写成 41.5 V,它的有效数字仍然为三位,可见前面的两个"0"仅与所用单位有关。又如 30.0 V 有效数字为三位,后面的两个"0"都是有效数字。对于读数末尾的"0"不能任意增减,它是由测量设备的准确度来决定的。

3. 大数值与小数值要用幂的乘积形式来表示,例如,测得某电阻的阻值是 15000 Ω,有效数字为三位,则应记为 1.50×10^4 Ω 或 150×10^2 Ω。

4. 在计算中,常数(如 π、e 等)及乘子(如 $\sqrt{2}$、$\frac{1}{2}$)的有效数字位数可以没有限制,在计算中需要几位就取几位。

二、有效数字的修约规则

当需要 n 位有效数字时,对超过 n 位的数字就要根据舍入规则进行处理。目前广泛采用的"四舍五入"规则内容如下:

1. 被舍去的第一位数大于 5,则舍 5 进 1,即末位数加 1。例如把 0.26 修约到小数点后一位数,结果为 0.3。

2. 被舍去的第一位数小于 5,则只舍不进,即末位数不变,例如把 0.33 修约到小数点后一位数,结果为 0.3。

3. 被舍去的第一位数等于 5,而 5 之后的数不全为 0,则舍 5 进 1,即末位数加 1。把 0.6501 修约到小数点后一位数,结果为 0.7。

4. 被舍去的第一位数等于 5,而 5 之后无数字或为 0,应按使所取有效数字末位上的数字凑成偶数的原则来进行取舍,即 5 前面为偶数,则只舍不进,即末位数不变;5 前面为奇数,则舍 5 进 1,即末位数加 1,例如把 0.250 和 0.350 修约到小数点后一位数,结果为 0.2 和 0.4。

例 1-5　将下列数字保留三位有效数字。

103504　　　　0.036798　　　21.2510　　　21.2500　　　21.35

解:$103504 \rightarrow 1.04 \times 10^5$;$0.036798 \rightarrow 0.0368$;$21.2510 \rightarrow 21.3$;$21.2500 \rightarrow 21.2$;$21.35 \rightarrow 21.4$。

三、有效数字的运算规则

处理数据时,常常需要一些准确度不相等的数值,这些数值按照一定的规则计算,既可以提高计算速度,也不会因数字过少而影响计算结果的准确度,常用规则如下:

(一)加法运算

参加加法运算的各数所保留的小数点后的位数,一般应与各数中小数点后位数最少的相同。例如:13.6、0.057 和 1.668 相加,小数点后位数最少的是一位(13.6),所以应将其余二数修约到小数点后一位数,然后相加,即 13.6+0.1+1.7 = 15.4。

为了减少计算误差,也可在修约时多保留一位小数,即 13.6+0.06+1.67 = 15.33,其结果应为 15.3。

（二）减法运算

参加减法运算的数据,数值相差较大时,运算规则与加法相同。如果两数相差较小时,运算后将失去若干位有效数字,致使测量误差很大,解决的办法是尽量采用其他测量方法。

（三）乘除运算

乘除运算时,各因子及计算结果所保留的位数,一般以百分误差最大或有效数字位数最少的项为准,不考虑小数点的位置。例如:0.12、1.058 和 23.42 相乘,有效数字位数最少的是两位,则 $0.12 \times 1.1 \times 23 = 3.036$,其结果为 3.0。

同样,为了减少计算误差,也可在修约时多保留一位小数,即 $0.12 \times 1.06 \times 23.4 = 2.97648$,其结果为 3.0。

（四）乘方及开方运算

运算结果比原数多保留一位有效数字,例如:$(25.6)^2 = 655.4$,$\sqrt{4.5} = 2.12$。

（五）对数运算

取对数前后的有效数字位数相同,例如:$\ln 106 = 4.66$,$\lg 7.654 = 0.8839$。

四、测量数据处理方法

测量数据的处理方法很多,常用的有列表法和图解法。

（一）列表法

列表法就是将实验中直接测量、间接测量和计算过程中的数值,依据一定的形式列成表格,让读者能清楚地从表格中得知实验中的各种数据。例如表 1-2 所示的是某一电路输出端电压值与负载的对应关系。列表法的优点是结构紧凑、简单、便于比较分析、容易发现问题或找出各物理量之间的相互关系和变化规律。

表 1-2　列　表　法

R_L/Ω	100	200	300	500	700	1000
U_L/V	2.00	1.33	1.00	0.67	0.50	0.36

（二）图解法

图解法就是根据实验数据画出一条或几条反映真实情况的曲线,从曲线上找出被测量的数值。采用图解法要注意:

1. 选择坐标系。坐标系有直角坐标系、极坐标系和对数坐标系。

2. 标明坐标的名称和单位,标好坐标分度。分度的大小要根据测得的数据合理选择。

3. 合理选取测量点。在测量中被测量的最大值和最小值必须测出,另外,在曲线变化陡峭部分要多测几个点,在曲线变化平缓部分可少取一些点。

4. 标明测量点。根据测量数据,在坐标图中标明测量点,测量点的符号可用".""。""×""Δ"等表示,同一条曲线测量点符号要相同,而不同类别的数据,则应以不同的记号区别开来,如图 1-8 所示。

5. 连线。把坐标图上各测量点符号用线连接起来。

6. 修匀曲线。测量结果应是一条光滑的曲线,而不是折线。由于测量过程中偶然误差的影响,测量点的值有时产生正误差,有时产生负误差,所以在绘制曲线时,应消除偶然误差的影响,使曲线变得光滑。

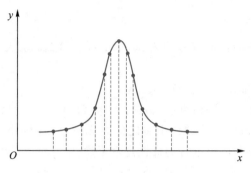

图 1-8 测量点标示图

五、思考题

1. 按照"四舍五入"规则,将下列数据进行处理,要求保留四位有效数字。

3.14159   2.71739   3.21650   3.6235   26.457

2. 按照有效数字的运算规则,计算下列结果。

1.1723×3.2   1.1723×3.20   66.09+4.853   90.4−1.353

1.4 实验中常见故障的排除

一、线路的正确连接

从准备连线到合上电源前要求做好下列工作。

（一）选择设备并合理布局

注意仪器容量、参数要适当,工作电压、电流不能超过额定值。仪表种类、量程、准确度等级要合适,仪表所选量程应比实际测量值大,对于刻度均匀的仪表所选量程应使指针的指示不小于满刻度的 30%;对刻度不均匀的仪表则不小于 40%。尽可能要求测量仪表对被测电路工作状态影响最小。对所用仪器、仪表应作合理的布局,一般以安全、便于操作与测读为原则,防止相互影响。

（二）正确连线

连接线路的原则是:

1. 接线前先弄清楚电路图上的连接点与实验电路中各元件接头的对应关系。

2. 根据电路的结构特点选择合理的接线步骤。一般应先串联,后并联;先连接主要回路,后连接次要回路;先连接各个局部,后连成整体。在连接主回路时,应由电源的一端开始,顺序进行,再回到电源的另一端。电路各连接端钮接线应牢固,避免接触不良,整个电路的连接导线应避免交叉,并使导线数量最少,有条不紊,令

15

人一目了然。

3. 养成良好的接线习惯。走线要合理,导线的长短粗细要合适,防止连线短路。接线片不宜过于集中于某一点。电表接头上尽可能不接两根导线,接线松紧要适当。

二、电子电路的调试

实验和调试常用的仪器有万用表、稳压电源、示波器、信号发生器等。调试的主要步骤如下。

(一)调试前不加电源的检查

对照电路图和实际线路检查连线是否正确,包括错接、少接、多接等;用万用表电阻挡检查焊接是否良好;元器件引脚之间有无短路,连接处有无接触不良,二极管、晶体管、集成电路和电解电容的极性是否正确;电源供电(包括极性)、信号源连线是否正确;电源端对地是否存在短路(用万用表测量电阻)。若电路经过上述检查,确认无误后,可转入静态检测与调试。

(二)静态检测与调试

断开信号源,把经过准确测量的电源接入电路,用万用表电压挡监测电源电压,观察有无异常现象:如冒烟、异常气味、元器件发烫、电源短路等,如发现异常情况,立即切断电源,排除故障;如无异常情况,分别测量各关键点直流电压并判断是否符合正常工作状态,如静态工作点、数字电路各输入端和输出端的高、低电平值,放大电路输入、输出端直流电压等。如不符,则调整电路元器件参数或更换元器件等,使电路最终工作在合适的工作状态;对于放大电路还要用示波器观察是否有自激现象发生。

(三)动态检测与调试

动态调试是在静态调试的基础上进行的,调试的方法是在电路的输入端加上所需的信号源,并按照信号的传输逐级检测各有关点的波形、参数和性能指标是否满足设计要求。如必要,要对电路参数做进一步调整。发现问题,要设法找出原因,排除故障。

(四)调试注意事项

电子电路的调试应注意:

1. 正确使用测量仪器的接地端,仪器的接地端与电路的接地端要可靠连接。

2. 在信号较弱的输入端,尽可能使用屏蔽线连线,屏蔽线的外屏蔽层要接到公共地线上,在频率较高时要设法隔离连接线分布电容的影响,例如用示波器测量时应该使用示波器探头连接,以减少分布电容的影响。

三、故障的检查方法

(一)故障产生的原因

实验中常会遇到因断线、接错线等原因造成的故障,使电路工作不正常,严重时还会损坏设备,甚至危及人身安全。

　　为了防止错接线路而造成的故障,应合理布局,认真接线。接完线路后一定要经过仔细检查,包括同学互查和教师复查。确认无误后方可合上电源。

　　合上电源后,注意仪表指示是否正常,或有无声响、冒烟、焦臭味及设备发烫等异常现象,一旦发现上述异常现象,应立即切断电源,然后根据现象分析原因,查找故障。

　　对于新设计组装的电路来说,常见的故障原因有:

　　1. 实验电路与设计的原理图不符,元件使用不当或损坏。

　　2. 设计的电路本身就存在某些严重缺点,不能满足技术要求,连线发生短路和开路。

　　3. 焊点虚焊,接插件、可变电阻器等接触不良。

　　4. 电源电压不满足要求,性能差。

　　5. 仪器使用不当。

　　6. 接地处理不当。

　　7. 相互干扰引起的故障等。

　　(二) 检查故障的方法

　　检查故障的一般方法有直接观察法、静态检查法、信号寻迹法、对比法、部件替换法、旁路法、短路法、断路法、暴露法等,下面主要介绍以下几种方法。

　　1. 直接观察法和静态检查法

　　与前面介绍的调试前的直观检查和静态检查相似,只是更有目标针对性。

　　2. 信号寻迹法

　　在输入端直接输入一定幅值、频率的信号,用示波器由前级到后级逐级观察波形及幅值,如哪一级异常,则故障就在该级;对于各种复杂的电路,也可将各单元电路前后级断开,分别在各单元输入端加入适当信号,检查输出端的输出是否满足设计要求。

　　3. 对比法

　　将存在问题的电路参数与工作状态和相同的正常电路中的参数(或理论分析和仿真分析的电流、电压、波形等参数)进行比对,判断故障点,找出原因。

　　4. 部件替换法

　　用同型号的完好器件替换可能存在故障的部件。

　　5. 加速暴露法

　　有时故障不明显,或时有时无,或要较长时间才能出现,可采用加速暴露法,如敲击元件或电路板检查接触不良、虚焊等,用加热的方法检查热稳定性等。

1.5　常用电工电子仪器仪表

一、数字存储示波器

　　GDS−2202A 型数字存储示波器是带宽为 100 MHz 的数字示波器,主要用以观察比较波形,测量电压、频率、时间、相位和调制信号的某些参数,具有自动测试、存

讲义:数字存储示波器

储功能,数字存储示波器的面板及功能如图 1-9 所示。

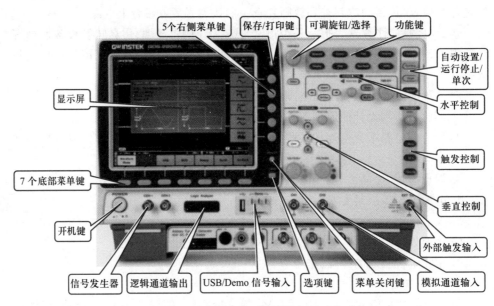

图 1-9　数字存储示波器面板及功能

二、函数/任意波形发生器

TFG1920A 函数波形发生器的正弦波最高频率为 20 MHz,采用直接数字合成技术(DDS),具有较高的性能指标和丰富的功能特性,函数/任意波形发生器的面板及功能如图 1-10 所示。

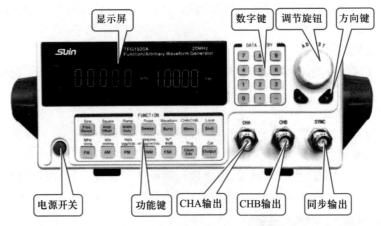

图 1-10　函数/任意波形发生器面板及功能

三、数字交流毫伏表

SM2050A 数字交流毫伏表采用了单片机控制和 VFD 显示技术,适用于测量频率为 5 Hz ~ 5 MHz,电压为 50 μV ~ 300 V 的正弦波有效值电压。具有量程自动/手

讲义:函数/任意波形发生器

讲义:数字交流毫伏表

动切换功能,3 位半或 4 位半数字显示,小数点自动定位,能以有效值、峰峰值、电压电平、功率电平等多种测量单位显示测量结果。SM2050A 是双输入全自动数字交流毫伏表,具备 RS-232 通信功能,面板及功能如图 1-11 所示。

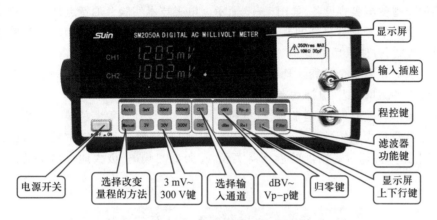

图 1-11　数字交流毫伏表面板及功能

四、数字万用表

讲义:数字万
用表

　　VC9807A⁺型数字万用表是一种性能稳定、用电池驱动的高可靠性仪表,可用来测量直流电压和交流电压、直流电流和交流电流、电阻、电容、二极管、晶体管、频率等参数及用于通断测试,面板及功能如图 1-12 所示。

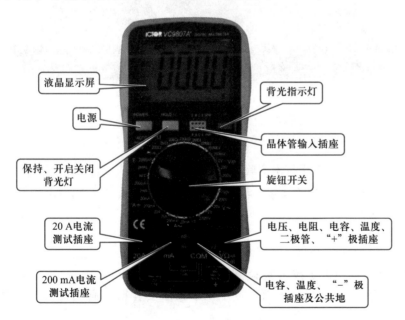

图 1-12　数字万用表面板及功能

五、电工技术实验台

"NEEL-II 型电工技术实验台"是"电路分析""电工基础""电工学"等课程实验的创新型教学实验设备,如图 1-13 所示。电工技术实验台的特点是:

1. 实验装置具有良好的兼容性和可扩展性,实验台采用平台式设计,实验项目采用组件式,方便以后扩展。

2. 实验设备安全性高。具有电流漏电保护器、电压漏电保护器等多重人身安全措施。各测量仪表、电源均有过量程和短路保护。

3. 有多种实验模式:有验证性、分析性、综合性、设计性等多种实验模式。

4. 测量仪表采用数字式和智能化相结合,内部线路以高性能微处理器作为核心控制芯片,并通过高精度的传感器实现强、弱电的隔离,极大地提高了设备的可靠性。

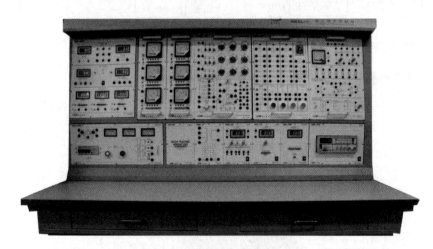

图 1-13　电工技术实验台

六、模拟电子技术实验箱

MACL-I 型模拟电子技术实验箱是集直流电压表、直流电流表、直流稳压电源、交流电源、实验板、元器件等于一身的实验装置,模拟电子技术实验箱的面板及功能如图 1-14 所示。

七、数字电子技术实验箱

DCL-I 型数字电子技术实验箱是集直流电源、逻辑开关、数码管显示、实验板、元器件等于一身的实验装置,数字电子技术实验箱的面板及功能如图 1-15 所示。

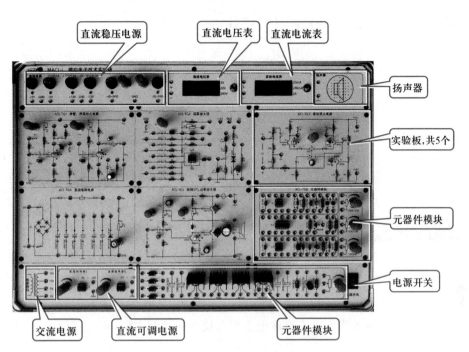

直流稳压电源　　直流电压表　　直流电流表

扬声器

实验板,共5个

元器件模块

电源开关

交流电源　　直流可调电源　　元器件模块

图 1-14　模拟电子技术实验箱面板及功能

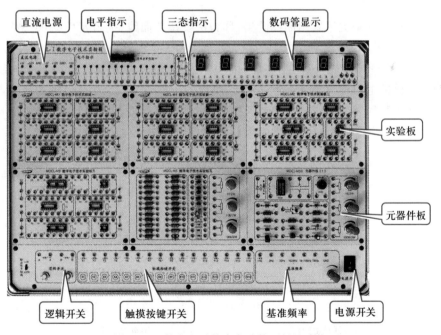

直流电源　　电平指示　　三态指示　　数码管显示

实验板

元器件板

逻辑开关　　触摸按键开关　　基准频率　　电源开关

图 1-15　数字电子技术实验箱面板及功能

第2章 电路基础实验

电路基础实验是电工电子技术实践技能的入门实验,通过对电路基础实验基本原理的验证,熟悉常用电工元器件,掌握电路的基本分析方法和常用仪器仪表的使用方法,加深对理论知识的理解,为实际应用奠定基础。

2.1 电路元件伏安特性的测绘

一、实验目的

1. 了解几种电路元件的伏安特性,学习元件伏安特性的测试方法。
2. 学会电工技术实验台上直流电工仪器仪表的使用方法。

二、实验原理

(一)线性电阻

将元件的伏安关系式用曲线画出,称为伏安特性曲线,电阻元件的伏安特性曲线如图 2-1 所示,横坐标为 u(或 i),纵坐标为 i(或 u),u、i 取关联参考方向。$u(t) = Ri(t)$ 对应的伏安特性曲线是一条过原点的直线,如图 2-1(a)所示,直线的斜率与元件的电阻值 R 有关。伏安特性曲线关于原点对称,说明元件对不同方向的电流或不同极性的电压表现一样,这种性质称为双向性,是所有线性电阻都具备的。因此,在使用线性电阻时,两个端钮没有任何区别。

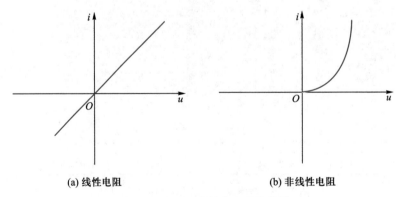

(a) 线性电阻   (b) 非线性电阻

图 2-1　电阻元件的伏安特性曲线

(二)非线性电阻

当伏安特性曲线不是直线而是一条曲线时,如图 2-1(b)所示,对应为非线性电阻,它的伏安关系式一般可描述为 $u=f(i)$。

普通半导体二极管是一种非线性器件,它的伏安特性是一条曲线,如图 2-2 所示。由图可见,当外加正向电压很低时,正向电流几乎为零。当正向电压超过一定数值后,电流增长很快,这个电压值称为死区电压,其大小与材料及环境温度有关。通常硅管的死区电压为 0.5~0.6 V,锗管的死区电压为 0.1~0.2 V,当正向电压大于死区电压后,正向电流迅速增长,此时二极管的正向压降变化很小,硅管为 0.6~0.7 V,锗管为 0.2~0.3 V,因此二极管的正向电阻很小。当二极管加上反向电压时,反向电流很小,在一定温度下它的大小基本维持不变,且与反向电压的大小无关,称为反向饱和电流。一般小功率硅管的反向电流在 0.1 μA 以下,而小功率锗管的反向电流则可达几十微安。当二极管的外加反向电压大于一定数值时,反向电流突然剧增,二极管失去单向导电性,称为击穿。普通二极管被反向击穿后,便不能恢复原来的性质。

稳压二极管是一种特殊的面接触型硅二极管,简称稳压管,具有稳定电压的作用,它的伏安特性是一条曲线,如图 2-3 所示。稳压管通常工作在反向击穿状态,它的反向击穿是可逆的,只要不超过稳压管的允许电流值,PN 结就不会过热损坏,当外加反向电压去除后,稳压管恢复原性能,所以稳压管具有良好的重复击穿特性。

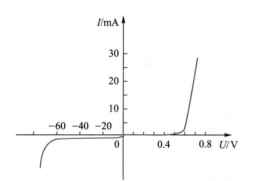

图 2-2　普通半导体二极管的伏安特性

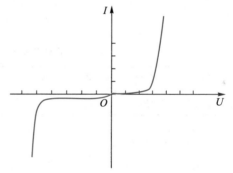

图 2-3　稳压二极管的伏安特性

三、实验仪器

电工技术实验台、元件箱。

四、实验内容

(一) 测量线性电阻的伏安特性

按实验电路图 2-4 接线,R_X 为被测电阻元件,调节直流稳压电源的输出电压 U_S,使被测电阻 R_X 上的电压分别为表 2-1 中的数值,由电流表读出相应的电流值,并将数据填在表 2-1 中。

表 2-1　线性电阻的伏安特性测量数据

U/V	0	2	4	6	8	10
I/mA						
R_x/Ω						

（二）测量普通二极管的伏安特性

1. 测量二极管的正向伏安特性

按实验电路图 2-5 接线，二极管加正向电压，R 为限流电阻，调节直流稳压电源的输出电压 U_S，使被测二极管上的电压分别为表 2-2 中的数值，由电流表读出相应的电流值，并将数据填在表 2-2 中。

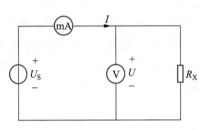 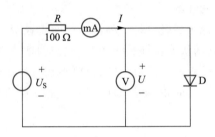

图 2-4　测量线性电阻的伏安特性　　　图 2-5　测量普通二极管的伏安特性

表 2-2　普通二极管的正向伏安特性测量数据

U/V	0	0.5	0.6	0.63	0.67	0.7	0.73	0.76
I/mA								

2. 测量二极管的反向伏安特性

将实验电路图 2-5 中直流稳压电源的输出端正负对调，给二极管加反向电压，调节直流稳压电源的输出电压 U_S，使被测二极管上的电压分别为表 2-3 中的数值，由电流表读出相应的电流值，并将数据填在表 2-3 中。

表 2-3　普通二极管的反向伏安特性测量数据

U/V	0	-5	-10	-15	-20	-25	-30
I/mA							

（三）测量稳压二极管的反向伏安特性

将实验电路图 2-5 中普通二极管换成稳压二极管，直流稳压电源的输出端正负对调，给稳压二极管加反向电压，调节直流稳压电源的输出电压 U_S，使被测稳压二极管上的电压分别为表 2-4 中的数值，由电流表读出相应的电流值，并将数据填在表 2-4 中。

表 2-4 稳压二极管的反向伏安特性测量数据

U/V	0	−10	−11	−12	−12.3	−12.5	−12.8	−13
I/mA								

五、实验注意事项

1. 在测量电流时,要注意电流表的极性(红正蓝负)及选取适合的量程,切勿使仪表超过量程。

2. 所有需要测量的电压值,均以电压表测量的读数为准。要防止稳压电源的两个输出端碰线短路。

3. 电阻元件的参数具有离散性,同一型号的两个元件,参数一般也不完全相同,所以各组测试结果也会有所差别。

六、思考题

1. 若用电流表去测量电压,将会产生什么后果?

2. 在实验电路图 2-5 中,为什么要串联限流电阻?

3. 稳压二极管与普通二极管有何区别,其用途如何?

七、实验报告要求

1. 根据表 2-1 实验数据,在坐标纸上绘出线性电阻元件的伏安特性曲线。

2. 根据表 2-2、表 2-3 实验数据,在坐标纸上绘出普通二极管的伏安特性曲线,正反向电压可取不同的比例。

3. 根据实验数据,总结各被测元件的特性。

2.2 叠加定理和基尔霍夫定律的验证

一、实验目的

1. 加深对叠加定理和基尔霍夫定律的理解,并通过实验进行验证。

2. 学会用电流插头、插座测量各支路电流的方法。

3. 学会电工技术实验台上直流电工仪器仪表的使用方法。

二、实验原理

(一)基尔霍夫定律

1. 电流、电压的参考方向

对电路进行分析,最基本的要求就是求解电路中各元件上的电流和电压,而其参考方向的选择与确定是首要问题之一。电流和电压的参考方向是一种假设方向,可以任意选定,电路中的电流和电压的参考方向可能与实际方向一致或相反,

25

但不论属于哪一种情况,都不会影响电路分析的正确性。应注意在未标明参考方向的前提下,讨论电流或电压的正、负值是没有意义的。当电流和电压参考方向一致时,称为关联参考方向,否则为非关联参考方向。

2. 基尔霍夫电流定律

基尔霍夫电流定律应用于节点,它用来确定连接在同一节点上各支路电流之间的关系,缩写为 KCL。KCL 是电流连续性原理在电路中的体现。对电路中任何一个节点,任一瞬时流入某一节点的电流之和等于流出该节点的电流之和,KCL 同时适用于任意假想的闭合曲面。

3. 基尔霍夫电压定律

基尔霍夫电压定律应用于回路,它描述了回路中各段电压间的相互关系,缩写为 KVL。KVL 是能量守恒定律的体现。从回路中任一点出发,沿回路循行一周,电压降之和必然等于电压升之和,KVL 也适用于电路中的假想回路。

（二）叠加定理

叠加定理可描述为:在线性电路中,如果有多个独立电源同时作用,它们在任意支路中产生的电流(或电压)等于各个独立电源分别单独作用时在该支路中产生电流(或电压)的代数和。

电源单独作用是指:电路中某一独立电源起作用,而其他独立电源不起作用。不起作用电源的处理方法如下:理想电压源短路,理想电流源开路。本实验用直流稳压电源来模拟理想电压源(内阻可认为是零),所以去掉某电压源时,直接用短路线代替即可。

应用叠加定理时,在保持电路结构不变的情况下,应以原电路电流(或电压)的参考方向为准,若各个独立电源分别单独作用时电流(或电压)的参考方向与原电路电流(或电压)的参考方向一致则取正号,相反则取负号。线性电路的齐次性是指当激励信号增加或减小 K 倍时,电路的响应也将增加或减小 K 倍。

在应用叠加定理时,需注意以下几点:

1. 叠加定理只适用于线性电路中电流和电压的计算,不能用来计算功率。因为功率与电流和电压不是线性关系。

2. 某独立电源单独作用时,其余各独立电源均应去掉。去掉其他电源也称为置零,即将理想电压源短路,理想电流源开路。

3. 叠加(求代数和)时以原电路中电流(或电压)的参考方向为准。若某个独立电源单独作用时电流(或电压)的参考方向与原电路中电流(或电压)的参考方向不一致,则该电量取负号。

三、实验仪器

电工技术实验台、元件箱。

四、实验内容

（一）验证叠加定理

1. 按实验电路图 2-6 接线,电路的正确接线原则是"按图布置,先串后并,先分后合,先主后辅"。连线时在各支路中串接电流插座(可以用一只电流表测量各支路电流),将两路直流稳压电源分别调至 $U_{S1} = 6$ V, $U_{S2} = 10$ V。

2. 根据图 2-6 中给定的参数计算理论值,填入表 2-5 中,并依其正确选择电压表、电流表的量程。

3. 令 U_{S1} 电压源单独作用(将开关 S_1 投向 U_{S1},开关 S_2 投向短路侧),用直流毫安表(接电流插座)和电压表测量各支路电流、各电阻上的电压,将测量数据填入表 2-5 中。

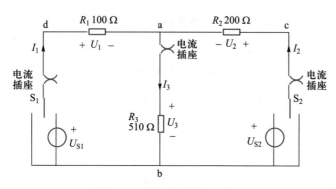

图 2-6 叠加定理实验电路图

表 2-5 叠加定理实验数据

实验内容	I_1/mA		I_2/mA		I_3/mA		U_1/V		U_2/V		U_3/V	
	计算	实测	计算	实测	计算	实测	计算	实测	计算	实测	计算	实测
U_{S1} 单独作用												
U_{S2} 单独作用												
U_{S1}、U_{S2} 共同作用												
$2U_{S1}$ 单独作用												

4. 令 U_{S2} 电压源单独作用(将开关 S_2 投向 U_{S2},开关 S_1 投向短路侧),重复实验步骤 3 的测量和记录。

5. 令 U_{S1} 和 U_{S2} 电压源共同作用(将开关 S_1、S_2 分别投向 U_{S1}、U_{S2}),重复实验步骤 3 的测量和记录。

6. 将 U_{S1} 的数值调为 12 V,重复实验步骤 3 的测量和记录。

（二）验证基尔霍夫定律

根据实验内容(一)的步骤 5,任取一个节点将测量的电流数据填入表 2-6 中,任取一回路将测量的电压数据填入表 2-7 中,分别验证基尔霍夫电流定律和电压定律。

表 2-6　基尔霍夫电流定律实验数据

节点	a	b
ΣI(计算值)		
ΣI(测量值)		
误差 ΔI		

表 2-7　基尔霍夫电压定律实验数据

回路	acba	adba	acbda
ΣU(计算值)			
ΣU(测量值)			
误差 ΔU			

（三）验证叠加定理不适用于非线性电路

将 R_2 换成一只二极管 1N4007,按实验内容（一）,重复步骤 3~6 的测量过程,数据填入表 2-8。

表 2-8　二极管电路实验数据

实验内容	I_1/mA	I_2/mA	I_3/mA	U_1/V	U_2/V	U_3/V
U_{S1}单独作用						
U_{S2}单独作用						
U_{S1}、U_{S2}共同作用						
$2U_{S1}$单独作用						

五、实验注意事项

1. 用电流插座测量电流时,要注意电流表的极性(红正蓝负)及选取适合的量程,切勿使仪表超过量程。

2. 所有需要测量的电压值,均以电压表测量的读数为准。防止稳压电源的两个输出端碰线短路。

3. 用指针式电压表或电流表测量电压或电流时,如果仪表指针反偏,则必须调换仪表极性,重新测量。如果仪表指针正偏,可读出电压或电流值。若用数显电压表或电流表测量,则可直接读出电压或电流值。

六、思考题

1. 在进行叠加定理实验时,对不作用的电压源和电流源应如何处理? 如果它们有内阻,则应如何处理?

2. 用电流实测值及电阻标称值计算 R_1、R_2、R_3 上消耗的功率,以实例说明功率能否叠加。

3. 从实验数据中总结参考方向与实际方向的关系。

七、实验报告要求

1. 将理论计算值与实际所测值相比较,分析误差产生的原因。
2. 根据实验数据,验证线性电路的叠加性和齐次性。
3. 根据实验数据,验证基尔霍夫定律。
4. 说明实验过程中的故障现象及排除方法。

2.3 电压源模型与电流源模型的等效变换

一、实验目的

1. 掌握电源外特性的测量方法。
2. 验证电压源模型与电流源模型等效变换的条件。
3. 学习电工技术实验台上直流电工仪器仪表的使用方法。

二、实验原理

(一)理想电压源和理想电流源

1. 理想电压源

理想电压源可以向外电路提供一个恒定值的电压 U_s。当外接负载电阻 R_L 发生变化时,流过理想电压源的电流将发生变化,但电压 U_s 不变。理想电压源有两个特点:其一是任何时刻输出电压都和流过的电流大小无关;其二是输出电流取决于外电路,由外部负载电阻决定。它的模型及伏安特性 $U=f(I)$ 如图 2-7 所示。

2. 理想电流源

理想电流源可以向外电路提供一个恒定值的电流 I_s。当外接负载电阻 R_L 发生变化时,理想电流源两端的电压将发生变化,但电流 I_s 不变。理想电流源有两个特点:其一是任何时刻输出电流都和它的端电压大小无关;其二是输出电压取决于外电路,由外部负载电阻决定。它的模型及伏安特性 $U=f(I)$ 如图 2-8 所示。

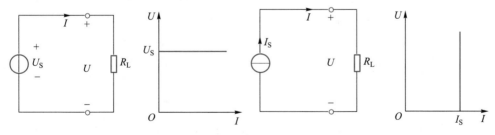

图 2-7 理想电压源的模型及伏安特性   图 2-8 理想电流源的模型及伏安特性

(二)实际电源的电压源模型和电流源模型

1. 电压源模型

实际电源可以用一个理想电压源与一个电阻相串联组成的电压源模型来表

示。电压源模型输出电压与电流之间的关系式为 $U=U_s-IR_s$，其中 U 为电压源模型的输出电压，U_s 为理想电压源的电压，I 为负载电流，R_s 为电压源模型的内阻。电压源模型及伏安特性如图 2-9 所示。电压源模型的内阻 R_s 越小，其特性就越接近理想电压源。

2. 电流源模型

实际电源可以用一个理想电流源与一个电阻相并联组成的电流源模型来表示。电流源模型输出电流与电压之间的关系式为 $I=I_s-U/R_s$，其中 I 为电流源模型的输出电流，I_s 为理想电流源的电流，U 为负载电压，R_s 为电流源模型的内阻。电流源模型及伏安特性如图 2-10 所示。实际电流源模型的内阻 R_s 越大，其特性就越接近理想电流源。

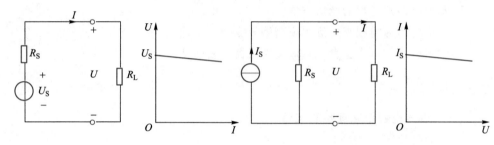

图 2-9　电压源模型及伏安特性　　　　图 2-10　电流源模型及伏安特性

（三）实际电源的电压源模型与电流源模型的等效变换

实际电源的模型有两种，一种是理想电压源与电阻串联的电压源模型，另一种是理想电流源与电阻并联的电流源模型，无论采用哪一种模型，在相同外接负载的情况下，其输出电压、电流均和实际电源输出的电压、电流相等（外特性相同）。即两种电源对负载（或外电路）而言，可以等效变换，如图 2-11 所示。其中 $I_s=\dfrac{U_s}{R_s}$，$U_s=I_sR_s$。

注意：
变换时应注意极性，I_s 的流出端要对应 U_s 的"+"极。两种电源的等效关系仅对外电路有效，至于电源内部，一般是不能等效的。

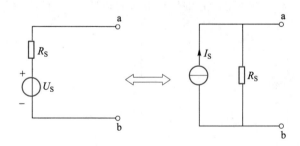

图 2-11　电压源模型和电流源模型的等效变换

三、实验仪器

电工技术实验台、元件箱。

四、实验内容

（一）测量电压源模型的外特性

1. 测量理想电压源的外特性

按图 2-12 实验电路接线，设理想电压源 $U_S = 12\ \text{V}$，$R_1 = 200\ \Omega$，调节 R_2，使其阻值由大变小，记录电压表、电流表的读数填入表 2-9 中。

2. 测量电压源模型的外特性

按图 2-13 实验电路接线，设理想电压源 $U_S = 12\ \text{V}$，$R_S = 100\ \Omega$，$R_1 = 200\ \Omega$，点画线所框部分可模拟一个电压源模型，调节 R_2，使其阻值由大变小，记录电压表、电流表的读数填入表 2-10 中。

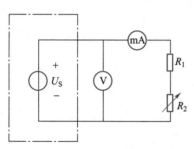
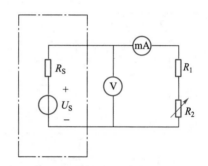

图 2-12　测量理想电压源的外特性电路　　　图 2-13　测量电压源模型的外特性电路

表 2-9　理想电压源的外特性测量数据

R_2/Ω						
U/V						
I/mA						

表 2-10　电压源模型的外特性测量数据

R_2/Ω						
U/V						
I/mA						

（二）测量电流源模型的外特性

按图 2-14 实验电路接线，I_S 为理想电流源，调节其输出为 10 mA，令 R_S 分别为 1 kΩ 和 ∞（即接入和断开），调节可变电阻 R_L（从 0 到 1 kΩ）测出这两种情况下的电压表和电流表的读数，记录实验数据填入表 2-11 中。

31

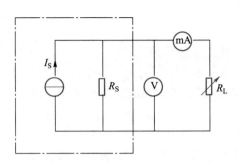

图 2-14　测量电流源模型的外特性电路

表 2-11　电流源模型的外特性测量数据

R_L/Ω								
$R_S = 1$ kΩ	U/V							
	I/mA							
$R_S = \infty$	U/V							
	I/mA							

（三）验证电压源模型与电流源模型等效变换的条件

先按照图 2-15(a)实验电路接线,记录电路中电压表和电流表的读数。然后利用图 2-15(a)中右侧的元件和仪表,按照图 2-15(b)实验电路接线,调节直流电流源输出 I_S,使电压表和电流表的读数与图 2-15(a)时的数值相等,记录 I_S 的数值,验证等效变换条件的正确。

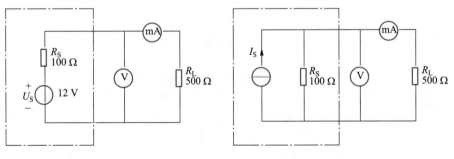

(a) 测量电压源模型外特性的电路　　　　(b) 测量电流源模型外特性的电路

图 2-15　测量等效变换条件的电路

五、实验注意事项

1. 在测量电压源外特性时,不要忘记测空载时的电压值;测量电流源外特性时,不要忘记测短路时的电流值,注意理想电流源负载电压不可超过 20 V,负载更不可开路。

2. 改接线路时,一定要关掉电源。

3. 在测量电流和电压时,注意测量仪表的极性和量程。

六、思考题

1. 理想电压源的输出端为什么不允许短路?理想电流源的输出端为什么不允许开路?

2. 电压源模型与电流源模型的外特性为什么呈下降变化趋势?理想电压源和理想电流源的输出在任何负载下是否都保持恒定?

七、实验报告要求

1. 根据实验数据绘出电源的四条外特性曲线,并总结归纳各类电源的特性。

2. 根据实验结果验证电压源模型与电流源模型等效变换的条件。

2.4 戴维南定理的研究

讲义:戴维南
定理的研究

一、实验目的

1. 通过实验加深对等效概念的理解,验证戴维南定理。

2. 学习线性有源二端网络的等效电路参数的测试方法。

3. 初步掌握实验电路的设计思想和方法。

二、实验原理

(一)戴维南定理

戴维南定理指出:任何一个线性有源二端网络 N,对外电路而言,都可以用一个理想电压源和一个电阻串联的支路等效,如图 2-16 所示。

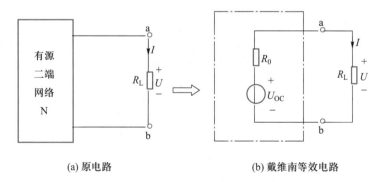

(a) 原电路   (b) 戴维南等效电路

图 2-16 有源线性二端网络的等效

等效的理想电压源电压等于原有源二端网络 N 的开路电压 U_{OC},如图 2-17(a)所示;等效的串联电阻等于原有源二端网络 N 中所有独立电源置零时无源二端网络 N_0 的输入电阻 R_0,如图 2-17(b)所示。

（二）线性有源二端网络的等效电阻 R_0 的测量方法

1. 直接测量法

测量时将有源二端网络 N 中所有的独立电源置零,用数字万用表的电阻挡直接测量 a、b 间的电阻值即可。

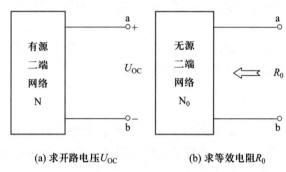

(a) 求开路电压 U_{OC}　　　　(b) 求等效电阻 R_0

图 2-17　线性有源二端网络的等效参数的求取

2. 开路短路法

在图 2-16(a)所示的电路中,当 $R_L = \infty$ 时,测量有源二端网络的开路电压 U_{OC},当 $R_L = 0$ 时,测量有源二端网络的短路电流 I_{SC},则等效电阻 $R_0 = U_{OC}/I_{SC}$。

3. 加压求流法

将有源二端网络 N 中所有独立电源置零,在 a、b 端施加一个已知直流电压 U,测量流入二端网络的电流 I,如图 2-18 所示,则等效电阻 $R_0 = U/I$。

4. 半电压法

电路如图 2-19 所示,改变 R_L 值,当负载电压 $U = 0.5U_{OC}$ 时,负载电阻即为被测有源二端网络等效电阻值。

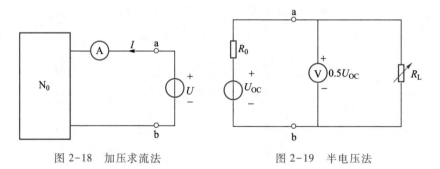

图 2-18　加压求流法　　　　　　　图 2-19　半电压法

5. 直线延长法

当有源二端网络不允许短路,先测开路电压 U_{OC},然后按图 2-20(a)所示的电路连线,读出电压表读数 U_1 和电流表读数 I_1。在电压、电流的直角坐标系中标出 $(U_{OC}, 0)$ 和 (U_1, I_1) 两点,如图 2-20(b)所示,过这两点作直线,与纵轴的交点为 $(0, I_{SC})$,则 $I_{SC} = \dfrac{U_{OC}}{U_{OC} - U_1} I_1$,所以 $R_0 = \dfrac{U_{OC} - U_1}{I_1}$。

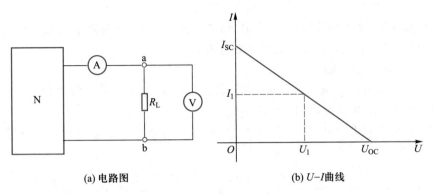

(a) 电路图　　　　　　　(b) U–I曲线

图 2-20　直线延长法

6. 两次求压法

测量时先测一次开路电压 U_{OC}，然后在 a、b 端接入一个已知负载电阻 R_L，再测负载电阻 R_L 两端的电压 U_L，则等效电阻 $R_0 = \left(\dfrac{U_{OC}}{U_L} - 1 \right) R_L$。

三、实验仪器

电工技术实验台、元件箱。

四、实验内容

（一）测量线性有源二端网络的外特性

1. 按图 2-21 实验电路接线，点画线框内为有源二端网络。设 $U_S = 12\text{ V}$，$R_1 = 100\ \Omega$，$R_2 = 200\ \Omega$，$R_3 = 510\ \Omega$。

2. 改变负载电阻 R_L，测量有源二端网络的伏安特性曲线 $U = f(I)$，将测量的数据填入表 2-12 中。

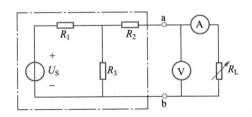

图 2-21　测量线性有源二端网络外特性的实验电路

表 2-12　线性有源二端网络的外特性

R_L/Ω	0	70	200	350	500	700	1000	1300	∞
U/V									$U_{OC}=$
I/mA	$I_{SC}=$								

（二）测量无源二端网络的等效电阻 R_0

根据表 2-12 所测线性有源二端网络的开路电压 U_{oc} 和短路电流 I_{sc}，求等效电阻 $R_0 = U_{oc}/I_{sc}$，或采用其他方法求等效电阻 R_0。

（三）验证戴维南定理

1. 从可变电阻上调出电阻 R_0，直流稳压电源输出调为 U_{oc}，将两者串联起来，按照图 2-16(b) 构成戴维南等效电路。

2. 改变负载电阻 R_L，重复测量在各电阻值下的电压和电流，将测量的数据填入表 2-13 中。

表 2-13　戴维南等效电路的外特性

R_L/Ω	0	70	200	350	500	700	1000	1300	∞
U/V									
I/mA									

五、实验注意事项

1. 在测量电压和电流时，注意测量仪表的量程，切勿使仪表超过量程。在实验过程中，电流表不能测量电压。

2. 电压源置零时不可将直流稳压电源短接。

3. 改接线路前，一定要关掉电源。

六、思考题

1. 有源二端网络的外特性是否与负载有关？

2. 在求有源二端网络等效电阻 R_0 时，如何理解"原有源二端网络中所有独立电源为零值"？实验中怎样将独立电源置零？

3. 若将直流稳压电源两端并入一个 3 kΩ 的电阻，对本实验的测试结果有无影响？为什么？

七、实验报告要求

1. 根据实验内容（一）和（三），将测得的电压和电流分别绘出外特性曲线，验证戴维南定理的正确性。

2. 说明测量有源二端网络的开路电压和等效电阻的几种方法，并比较其优缺点及适用范围。

3. 对实验结果出现的误差进行分析和讨论。

2.5　一阶 RC 电路的响应测试

一、实验目的

1. 学习用示波器观察和分析电路的时域响应。

2. 研究一阶 RC 电路在方波激励情况下充、放电的基本规律和特点。

3. 研究时间常数 τ 的意义,了解微分电路和积分电路的特点。

二、实验原理

(一) 一阶电路的响应

如果电路中的储能元件只有一个独立的电感或一个独立的电容,则相应的微分方程是一阶微分方程,此种电路称为一阶电路,常见的一阶电路有 RC 电路和 RL 电路。

对于一阶电路,可用一种简便的方法即三要素法直接求出电压及电流的响应。即

$$f(t) = f(\infty) + [f(0_+) - f(\infty)]e^{-\frac{t}{\tau}}$$

式中,$f(t)$ 既可代表电压,也可以代表电流;$f(0_+)$ 代表电压或电流的初始值;$f(\infty)$ 代表电压或电流的稳态值;τ 为一阶电路的时间常数。对于 RC 电路 $\tau = RC$,对于 RL 电路 $\tau = L/R$。

图 2-22 所示 RC 电路,开关在位置"1"时电路已处于稳态,$u_C(0_-) = U_S$。在 $t = 0$ 时将开关 S 接至位置"2",此时为 RC 电路的零输入响应。随着时间 t 的增加,电容电压由初始值开始按指数规律衰减,电路工作在瞬态过程中,直到 $t \to \infty$,瞬态过程结束,电路达到新的稳态。电容电压波形如图 2-23 曲线①所示,表达式为 $u_C(t) = U_S e^{-t/RC}$。

图 2-22 所示 RC 电路,当开关在位置"2"时电路已处于稳态时,$u_C(0_-) = 0$。在 $t = 0$ 时将开关 S 接至位置"1",此时为 RC 电路的零状态响应。随着时间 t 的增加,电容开始充电,电压由零开始按指数规律增长,直到 $t \to \infty$,瞬态过程结束,电路达到新的稳态。电容电压波形如图 2-23 曲线②所示,表达式为 $u_C(t) = U_S(1 - e^{-t/RC})$。

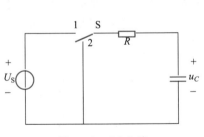

图 2-22　RC 电路

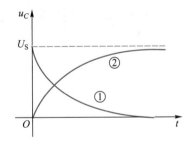

图 2-23　零输入响应和零状态响应波形

(二) 时间常数 τ 的测量

RC 电路的时间常数 $\tau = RC$,当 C 用法[拉]、R 用欧[姆]为单位时,RC 的单位为秒。RC 电路的时间常数决定了电容电压衰减的快慢,当 $t = (3 \sim 5)\tau$ 时,u_C 与稳态值仅差 5%~0.7%,在工程实际中通常认为经过 $(3 \sim 5)\tau$ 后,电路的瞬态过程已经结束,电路已经进入稳定状态了。下面介绍三种时间常数 τ 的确定方法。

1. 由电路参数进行计算

RC 电路中的时间常数 τ 正比于 R 和 C 之乘积,$\tau = RC$。适当调节参数 R 和 C,

就可控制 RC 电路瞬态过程的快慢。

2. 由电路的响应曲线求得

如已知电容电压 u_C 的曲线，由于 $u_C(\tau) = u_C(0_+)\mathrm{e}^{-1} = 0.368 u_C(0_+)$，所以当 u_C 衰减到初始值的 36.8% 时，对应的时间坐标即为时间常数 τ。另外，也可以选任意时刻 t_0 的电压 $u_C(t_0)$ 作为基准，当数值下降为 $u_C(t_0)$ 的 36.8% 时，所需要的时间也正好是一个时间常数 τ。

3. 对零输入响应曲线画切线确定时间常数

在工程上可以用示波器来观察 RC 电路 u_C 的变化曲线。可以证明，u_C 的指数曲线上任意点的次切距长度 ab 乘以时间轴的比例尺均等于时间常数 τ，如图 2-24 所示。

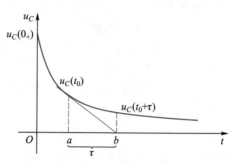

图 2-24　从 u_C 的曲线上估算 τ

（三）一阶电路的应用

1. 微分电路

在输入周期性矩形脉冲信号作用下，RC 微分电路把矩形波变为尖脉冲必须满足两个条件：① $\tau \ll t_W$；② 从电阻两端取输出电压 u_o。

RC 微分电路如图 2-25 所示，设 $u_C(0_-) = 0$，输入电压 u_i 是占空比为 50% 的脉冲序列。在 $0 \leqslant t < t_W$ 时，电路相当于接入阶跃电压，输出电压为 $u_o = U\mathrm{e}^{-\frac{t}{\tau}}$，电容的充电过程很快完成，输出电压也跟着很快衰减到零，因而输出电压 u_o 是一个峰值为 U 的正尖脉冲，波形如图 2-26 所示。在 $t_W \leqslant t < T$ 时，输入电压 u_i 为零，输入端短路，电路相当于电容初始电压值为 U 的放电过程，其输出电压为 $u_o = -U\mathrm{e}^{-\frac{t-t_W}{\tau}}$，电容的放电过程很快完成，输出电压 u_o 是一个峰值为 $-U$ 的负尖脉冲，波形如图 2-26 所示。

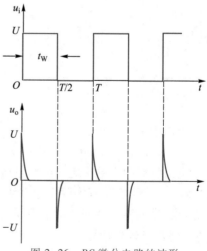

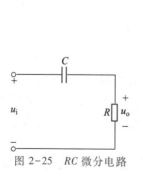

图 2-25　RC 微分电路

图 2-26　RC 微分电路的波形

2. 积分电路

在输入周期性矩形脉冲信号作用下，RC 积分电路把矩形波变为三角波必须满足两个条件：① $\tau \gg t_w$；② 从电容两端取输出电压 u_o。

RC 积分电路如图 2-27 所示，在脉冲序列作用下，电路的输出 u_o 将是和时间 t 基本上成直线关系的三角波电压，如图 2-28 所示。由于 $\tau \gg t_w$，因此在整个脉冲持续时间内（脉宽 t_w 时间内），电容两端电压 $u_C = u_o$ 缓慢增长。u_C 还远未增长到稳态值时，脉冲已消失（$t = t_w = T/2$）。然后电容缓慢放电，输出电压 u_o（即电容电压 u_C）缓慢衰减。u_C 的增长和衰减虽仍按指数规律变化，但由于 $\tau \gg t_w$，其变化曲线尚处于指数曲线的初始阶段，近似为直线段，所以输出 u_o 为三角波电压。

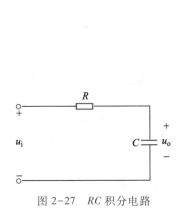

图 2-27 RC 积分电路　　　　图 2-28 RC 积分电路的波形

三、实验仪器

电工技术实验台、元件箱、双踪示波器。

四、实验内容

（一）一阶 RC 电路响应的测量

观察方波输入一阶 RC 电路的响应。按图 2-29 接线，调节函数信号发生器使其输出幅度为 $U_S = 4$ V，周期为 $T = 2$ ms 的方波信号，用示波器观察并描绘波形。

1. 取 $C = 0.1\ \mu\text{F}$，$R = 1\ \text{k}\Omega$，用示波器观察并描绘响应波形，同时定量读取时间常数 τ 值。

2. 其他参数不变，改变 $R = 2\ \text{k}\Omega$，观察响应波形的变化，进一步观察不同 τ 值对响应的影响。

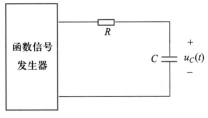

图 2-29 一阶 RC 电路

（二）微分、积分电路

1. 按图 2-25 所示的 RC 微分电路连接线路。输入幅度为 $U_S = 5$ V，周期为 $T =$

2 ms 的矩形波信号,$C = 0.1\ \mu F$,$R = 500\ \Omega$,用示波器观察微分电路的输入与输出波形,并把它们描绘出来。

2. 按图 2-27 所示的 RC 积分电路连接线路。输入幅度为 $U_s = 5\ V$,周期为 $T = 2\ ms$ 的矩形波信号,$C = 1\ \mu F$,$R = 10\ k\Omega$,用示波器观察微分电路的输入与输出波形,并把它们描绘出来。

五、实验注意事项

1. 函数信号发生器的接地端与示波器的接地端要连在一起,以防外界干扰而影响测量的正确性。

2. 用示波器观察波形时,应随被测量信号幅值的不同,改变幅值开关位置,使波形清晰可见。

六、思考题

1. 当电容具有一定初始值时,RC 电路在阶跃激励下是否一定会出现瞬态现象,为什么?

2. 已知一阶 RC 电路,$C = 0.1\ \mu F$,$R = 10\ k\Omega$,试计算时间常数 τ,并根据 τ 值的物理意义,拟定测量 τ 的方案。

3. 何为积分电路和微分电路? 它们必须具备什么条件? 它们在矩形波序列脉冲的激励下,输出信号波形的变化规律如何? 这两种电路有何功用?

七、实验报告要求

1. 根据实验观测结果,在坐标纸上画出各种响应的输入、输出波形。

2. 在响应波形 $u_C(t)$ 中找到时间常数 τ,并与计算值相比较,说明影响 τ 的因素。

3. 根据实验观测结果,总结积分电路和微分电路的形成条件,阐明波形变换的特征。

2.6　阻抗的测定

一、实验目的

1. 理解交流电路中电压与电流的相量关系。

2. 掌握用交流电压表、交流电流表和功率表测量交流电路阻抗的方法。

3. 学习电工技术实验台中交流电工仪器仪表的使用方法。

二、实验原理

1. 用三表法测量元件参数

所谓三表法就是用交流电压表、交流电流表、功率表测量电路元件或无源网络的电压 U、流过的电流 I 和所消耗的功率 P,然后再通过计算得出元件参数,其关系式为

阻抗模: $|Z| = \dfrac{U}{I}$

等效电阻: $R = \dfrac{P}{I^2}$

等效电抗: $X = \sqrt{|Z|^2 - R^2}$, $X = X_L = 2\pi fL$ 或 $X = X_C = \dfrac{1}{2\pi fC}$

功率因数角: $\varphi = \arccos(P/UI)$

以上交流参数的计算公式是在忽略仪表内阻的情况下得出的,三表法有两种接线方式,如图 2-30 所示。

对图 2-30(a)所示电路,校正后的参数为

$$R' = R - R_I = P/I^2 - R_I$$

$$X' = X - X_I = \sqrt{|Z|^2 - R^2} - X_I$$

式中 R、X——校正前根据测量计算出的电阻值和电抗值;

R_I、X_I——电流表线圈及功率表电流线圈的总电阻值和总电抗值;

R'、X'——校正后的电阻值和电抗值。

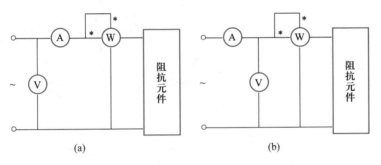

图 2-30 三表法接线图

对图 2-30(b)所示电路,校正后的参数为

$$R' = \dfrac{U^2}{P'} = \dfrac{U^2}{P - P_U} = \dfrac{U^2}{P - U^2 \left/ \left(\dfrac{R_U \cdot R_{WU}}{R_U + R_{WU}} \right) \right.}, \quad X' \approx X$$

式中 P——功率表测得的功率;

P_U——电压表与功率表电压线圈所消耗的功率;

P'——校正后的功率值;

R_U——电压表内阻;

R_{WU}——功率表电压线圈内阻。

2. 阻抗性质的判定

在交流电路中测量等效阻抗,除了要得到阻抗的大小之外,还需要判断阻抗的性质,即为容性还是感性,判定方法有:

(1) 直接观察电压与电流之间的相位差。若电流超前于电压为容性;电流滞后于电压为感性。

（2）在待测元件上并接电容 C'，观察 $\cos\varphi$ 和总电流大小的变化规律。若 $\cos\varphi$ 下降且总电流增大，则阻抗元件为容性；否则阻抗元件为感性。

三、实验仪器

电工技术实验台、元件箱。

四、实验内容

1. 按图 2-31 电路接线，阻抗元件用电感线圈 L（约为 240 mH），使调压器为零，接通电源，旋转调压器手轮，逐渐增大电压，使电流分别等于 1 A 和 2 A，读取相应的电压和功率，记录数据于表 2-14 中，然后计算出 R 和 X。

2. 电路图不变，但阻抗元件改用电容器 C（约取 10 μF），调节调压器，使电压分别为 100 V 和 200 V，读取相应电流和功率，记录数据于表 2-15 中，并计算 R 和 X。

3. 电路图不变，阻抗元件用线圈和电容器并联组合而成（L 和 C 值分别与实验内容 1 和 2 相同），调节调压器，使电流分别等于 1 A 和 2 A，读取相应的电压和功率，计算 R 和 X，记录数据于表 2-16 中。

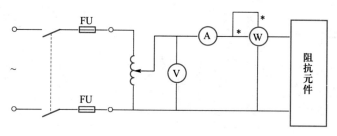

图 2-31　实验电路

表 2-14　电感线圈的阻抗（$f=50$ Hz）

I/A	U/V	P/W	R/Ω	X/Ω
1				
2				

$R_{平均}=$ _____ Ω　　　　$X_{平均}=$ _____ Ω

表 2-15　电容器的阻抗（$f=50$ Hz）

U/V	I/A	P/W	R/Ω	X/Ω
100				
200				

$R_{平均}=$ _____ Ω　　　　$X_{平均}=$ _____ Ω

表 2-16 电感线圈和电容器并联的阻抗($f=50$ Hz)

I/A	U/V	P/W	R/Ω	X/Ω
1				
2				

$$R_{平均} = \underline{\hspace{3cm}} \Omega \qquad X_{平均} = \underline{\hspace{3cm}} \Omega$$

4. 阻抗元件为电感线圈和电容器的并联组合,为了确定此时电路等效阻抗的性质或等效电抗的符号,在其端电压不变的条件下,可并联一个测试电容 $C'(2\ \mu F)$ 于阻抗元件两端。若总电流增大且 $\cos\varphi$ 下降,说明阻抗元件为容性,$X<0$;否则阻抗元件为感性。

五、实验注意事项

1. 仪表量程选择:为了便于读数和功率表的安全,各表量程要对应,即电流表与功率表电流量程要一致,电压表与功率表电压量程要一致。

2. 改变电路参数一定在先断电的情况下进行。

3. 调节调压器升高电压时,注意监视电流表的指示,以防超出量程范围。

六、思考题

1. 如何用并联电容的方法来判断阻抗的性质,还有什么方法可以判断?

2. 总结调压器的使用方法,说明为什么输入端、输出端不能接错。

七、实验报告要求

1. 总结直流电路和交流电路测试时的相同与不同之处。

2. 列出所有记录表格,整理测试数据,进行必要的误差分析。

2.7 *RLC* 串联谐振电路的研究

一、实验目的

1. 理解 *RLC* 串联电路发生谐振的条件、特点,掌握电路品质因数的物理意义。

2. 学习测定 *RLC* 串联谐振电路的频率特性曲线。

3. 学会交流毫伏表的使用,并进一步熟悉函数信号发生器。

二、实验原理

1. *RLC* 串联电路的复阻抗

RLC 串联电路如图 2-32 所示,其电压关系为 $\dot{U}_s = \dot{U}_R + \dot{U}_L + \dot{U}_C$,复阻抗是电源角频率 ω 的函数,即

$$Z = R + j\omega L + \frac{1}{j\omega C} = R + j\left(\omega L - \frac{1}{\omega C}\right) = R + j(X_L - X_C) = R + jX = |Z|\underline{/\varphi}$$

式中,Z 为电路的复阻抗,R 为电阻,X 为电抗,感抗 X_L 与容抗 X_C 总为正值,而电抗是一个代数量,可正可负。$|Z|$ 为阻抗模,φ 为阻抗角。

$$|Z|=\sqrt{R^2+\left(\omega L-\frac{1}{\omega C}\right)^2}\,,\quad \varphi=\arctan\left(\omega L-\frac{1}{\omega C}\right)\Big/R$$

当 $X_L>X_C$ 时,$\varphi>0$,$\dot{U}$ 超前于 $\dot{I}$,总效果是电感性质,称为阻感性电路。

当 $X_L<X_C$ 时,$\varphi<0$,$\dot{U}$ 滞后于 $\dot{I}$,总效果是电容性质,称为阻容性电路。

当 $X_L=X_C$ 时,$\varphi=0$,$\dot{U}$ 与 $\dot{I}$ 同相位,电路呈纯阻性,称为谐振电路。

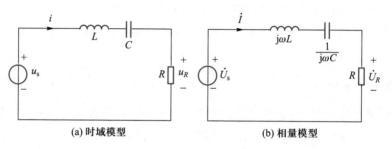

(a) 时域模型　　　　　　　　　　　(b) 相量模型

图 2-32　RLC 串联电路

2. RLC 串联谐振的特点

串联谐振的条件:$X_L=X_C$

串联谐振的频率:$f_0=\dfrac{1}{2\pi\sqrt{LC}}$

串联谐振的特点:

① 谐振时电路的阻抗为最小,即

$$|Z_0|=\sqrt{R^2+(X_L-X_C)^2}=R$$

② 电压一定时,谐振时电流为最大,即

$$I_0=\frac{U}{\sqrt{R^2+(X_L-X_C)^2}}=\frac{U}{R}$$

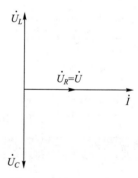

图 2-33　串联谐振时的
相量图

③ 谐振时电感与电容上的电压大小相等、相位相反,$\dot{U}_L=-\dot{U}_C$,串联谐振又称为电压谐振。串联谐振时的相量图如图 2-33 所示。各元件上的电压分别为

$$\dot{U}_R=R\dot{I}=\dot{U}$$

$$\dot{U}_C=\frac{\dot{I}}{\mathrm{j}\omega_0 C}=-\mathrm{j}\,\frac{1}{\omega_0 RC}\dot{U}=-\mathrm{j}Q\dot{U}$$

$$\dot{U}_L=\mathrm{j}\omega_0 L\dot{I}=\mathrm{j}\omega_0 L\,\frac{\dot{U}}{R}=\mathrm{j}Q\dot{U}$$

串联谐振时的品质因数为

$$Q=\frac{U_L}{U}=\frac{U_C}{U}=\frac{\omega_0 L}{R}=\frac{1}{\omega_0 RC}=\frac{1}{R}\sqrt{\frac{L}{C}}$$

通常品质因数 $Q \gg 1$，品质因数 Q 是用来衡量幅频特性曲线陡峭程度的，Q 值的大小反映了电路对输入信号频率的选择能力。

3. *RLC* 串联电路的频率特性

电源电压一定，改变频率时，X_L、X_C、$|Z|$、I、U_L 和 U_C 均随频率 f 的改变而变化。

回路电流 I 与频率的关系为

$$I = \frac{U}{|Z|} = \frac{U}{\sqrt{R^2 + \left(\omega L - \dfrac{1}{\omega C}\right)^2}}$$

$$= \frac{U}{R\sqrt{1 + Q^2 \left(\dfrac{\omega}{\omega_0} - \dfrac{\omega_0}{\omega}\right)^2}}$$

$$= \frac{I_0}{\sqrt{1 + Q^2 \left(\dfrac{f}{f_0} - \dfrac{f_0}{f}\right)^2}}$$

根据上式可以画出 $I(f)$ 曲线如图 2-34 所示。当电路参数 L、C 确定，电压一定时，Q 值的大小只取决于 R 的大小。R 越小，Q 值越高，谐振时的电流 I_0 就越大，所得到的曲线 $I(f)$ 就越尖锐。可以证明：通频带 $\Delta f = f_H - f_L = \dfrac{f_0}{Q}$。

电感和电容上的电压与频率的关系为 $U_L = \omega L I$，$U_C = \dfrac{1}{\omega C}I$，谐振时的电流 I_0 最大，但 $\omega_0 L$ 不是最大，因而 U_{L0} 不是最大，U_L 的峰值出现在 f_H 处，$f_H > f_0$。同样谐振时的 U_{C0} 不是最大，U_C 的峰值出现在 f_L 处，$f_L < f_0$。$U_L(f)$ 和 $U_C(f)$ 的曲线如图 2-35 所示。电压峰值频率 f_L 和 f_H 随 Q 值的提高而愈靠近谐振频率 f_0。实际应用的 *RLC* 串联电路的 Q 值均很高，$f_L \approx f_0$，所以通常以 $U_C(f)$ 曲线来表示它的频率特性。

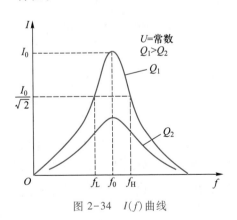

图 2-34 $I(f)$ 曲线

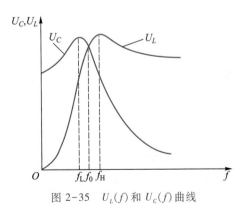

图 2-35 $U_L(f)$ 和 $U_C(f)$ 曲线

三、实验仪器

电工技术实验台、元件箱、交流毫伏表、双踪示波器。

四、实验内容

（一）观察 *RLC* 串联电路的谐振现象，确定谐振点

本实验采用如图 2-36 所示电路，所用电源为函数信号发生器。由它可以获得一个具有一定有效值而频率可变的正弦电压。由于实验是在音频范围内进行，因而必须采用交流毫伏表来测量电路的有关电压。同时，对电流 *I* 的测量是借助测量一个已知电阻的电压来实现的，而不是用电流表来直接测量。

1. 按如图 2-36 所示电路接好线路，选择 $R =$ 50 Ω 和 200 Ω，$C = 0.22$ μF，$L = 100$ mH。

2. 将仪器调到待用状态。交流毫伏表：将量程置于 10 V 挡，开启电源开关使之预热。函数信号发生器：开启电源开关使之预热，输出置于最小位置，频率范围为 200~2000 Hz，波形为正弦波。

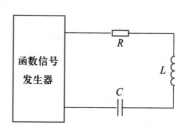

图 2-36　*RLC* 串联谐振实验电路

3. 测量谐振频率点。选择 $R = 50$ Ω，用交流毫伏表测量函数信号发生器的输出电压为 3 V，用双踪示波器监视并保持不变，将交流毫伏表接在电阻两端，观察电阻电压随信号源频率的变化情况，改变频率使其在 200~2000 Hz 之间变化，当电流最大即电阻电压 U_R 最大时便为谐振点，改变电阻值使 $R = 200$ Ω，重复上述步骤，将测量的数据填入表 2-17 中。

表 2-17　测量 *RLC* 串联谐振点的实验数据

测量条件	$U = 3$ V，$C = 0.22$ μF，$L = 100$ mH					
测量内容	测量数据				计算数据	
	f_0/Hz	U_R/V	U_C/V	U_L/V	$I = U_R/R$/A	$Q = U_L/U$
$R = 50$ Ω						
$R = 200$ Ω						

（二）测量 *RLC* 串联电路的频率特性曲线 $U_L(f)$、$U_C(f)$、$U_R(f)$

保持信号源电压 $U = 3$ V，用双踪示波器监视并保持不变。测定 $R = 200$ Ω 时 *RLC* 串联电路的频率特性。改变频率使其在 200~2000 Hz 范围内变化，依次取若干个测量点，f_0 附近要密些，测量相应频率下的 U_L、U_C 和 U_R 值，将测量的数据填入表 2-18 中。

表 2-18 *RLC* 串联谐振电路的频率特性曲线实验数据

类别	测量数据			计算数据
f/Hz	U_L/V	U_C/V	U_R/V	$I=U_R/R$/A
200				
400				
500				
600				
700				
800				
900				
950				
1000				
1050				
1100				
1150				
1200				
1300				
1400				
1600				
1800				
2000				

五、实验注意事项

1. 选择测试频率点时应在靠近谐振频率附近多取几个点。在变换频率测试前,应调整信号输出幅度使其维持在 3 V。

2. 因同一频率下 U_R、U_C、U_L 的值偏差可能较大,所以测量时要注意随时改变交流毫伏表的量程。

3. 交流毫伏表输入接地端应与双踪示波器接地端相连。

六、思考题

1. 改变电路的哪些参数可以使电路发生谐振?电路中 R 的数值是否影响谐振频率?

2. 如何判别电路是否发生串联谐振?测量谐振点的方案有哪些?

3. 本实验在谐振时,对应的 U_L 和 U_C 是否相等?如有差异,原因何在?

七、实验报告要求

1. 由所得实验数据,在同一坐标系中画出 $R = 200\ \Omega$ 时的 $U_L(f)$、$U_c(f)$、$I(f)$ 频率特性曲线。

2. 通过本次实验,总结、归纳 RLC 串联谐振的特点。

3. 设计并分析 RLC 并联谐振电路。

2.8　RC 选频网络特性测试

一、实验目的

1. 了解 RC 选频网络的结构特点及其频率特性。

2. 学会用交流毫伏表和示波器测定 RC 选频网络的幅频特性。

二、实验原理

对于信号频率具有选择性的二端口网络,通常称为滤波器。它允许某些频率的信号通过,而其他频率的信号则受到衰减或抑制,能通过网络的信号频率范围称为通带,不能通过网络的信号频率范围称为阻带。因为网络的输出电压是频率的函数,当输出电压为输入电压的 0.707 倍时,其对应的频率为截止频率,截止频率也是通带和阻带的频率界限。常见的滤波器主要有:高通滤波器、低通滤波器、带通滤波器。

(一)RC 高通滤波器

图 2-37 所示的 RC 高通滤波器,它可使高频信号容易通过,对低频信号具有衰减或抑制作用。其传递函数为

$$H(\mathrm{j}\omega) = \frac{\dot{U}_2}{\dot{U}_1} = \frac{R}{R + \dfrac{1}{\mathrm{j}\omega C}} = \frac{\mathrm{j}\omega RC}{1 + \mathrm{j}\omega RC}$$

其幅频特性为

$$|H(\mathrm{j}\omega)| = \frac{U_2}{U_1} = \frac{\omega RC}{\sqrt{1 + (\omega RC)^2}}$$

其相频特性为

$$\varphi(\omega) = 90° - \arctan \omega RC$$

图 2-37　RC 高通滤波器

(二)RC 低通滤波器

图 2-38 所示的 RC 低通滤波器,它可使低频信号容易通过,对高频信号具有衰减或抑制作用。

其传递函数为

$$H(\mathrm{j}\omega) = \frac{\dot{U}_2}{\dot{U}_1} = \frac{\dfrac{1}{\mathrm{j}\omega C}}{R + \dfrac{1}{\mathrm{j}\omega C}} = \frac{1}{1 + \mathrm{j}\omega RC}$$

其幅频特性为

$$|H(\mathrm{j}\omega)| = \frac{U_2}{U_1} = \frac{1}{\sqrt{1 + (\omega RC)^2}}$$

其相频特性为

$$\varphi(\omega) = -\arctan \omega RC$$

（三）RC 带通滤波器

图 2-39 所示的 RC 带通滤波器,其传递函数为

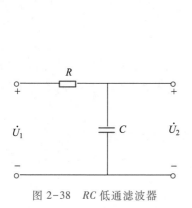

图 2-38 RC 低通滤波器 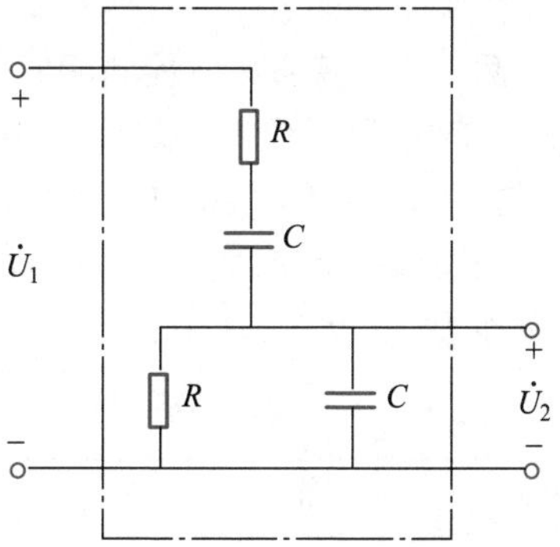　　　　图 2-39 RC 带通滤波器

$$H(\mathrm{j}\omega) = \frac{\dot{U}_2}{\dot{U}_1} = \frac{1}{3 + \mathrm{j}\left(\omega RC - \dfrac{1}{\omega RC}\right)}$$

其幅频特性为

$$|H(\mathrm{j}\omega)| = \frac{U_2}{U_1} = \frac{1}{\sqrt{9 + \left(\omega RC - \dfrac{1}{\omega RC}\right)^2}}$$

其相频特性为

$$\varphi(\omega) = \arctan \frac{\dfrac{1}{\omega RC} - \omega RC}{3}$$

当角频率 $\omega = \omega_0 = \dfrac{1}{RC}$,频率 $f = f_0 = \dfrac{1}{2\pi RC}$ 时,$|H(\mathrm{j}\omega)| = \dfrac{U_2}{U_1} = \dfrac{1}{3}$,此时 $\varphi(\omega) = 0$,

输出电压 $\dot{U}_2$ 与输入电压 $\dot{U}_1$ 同相。

　　RC 带通滤波器的一个特点是其输出电压幅度不仅会随输入信号的频率而变,而且还会出现一个与输入电压同相位的最大值。

49

（四）网络频率特性的测量

用函数信号发生器的正弦输出信号作为激励信号，改变输出信号的频率 f，并保持其电压 U_1 不变的情况下，分别用交流毫伏表和示波器测出输出端对应于各个频率点下的输出电压 U_2 及 $\dot{U}_2$ 与 $\dot{U}_1$ 之间的相位差 φ，将这些数据画在以频率为横轴、输出电压 U_2 及相位差 φ 为纵轴的坐标系内，输出电压 U_2 与输入信号频率 f 之间的关系曲线即为电路的幅频特性曲线，$\dot{U}_2$ 与 $\dot{U}_1$ 之间的相位差 φ 与输入信号频率 f 之间的关系曲线即为电路的相频特性曲线，这种测量方法称为点测法。

三、实验仪器

电工技术实验台、元件箱、交流毫伏表、双踪示波器。

四、实验内容

（一）测定 RC 高通滤波器的幅频特性

按如图 2-37 所示电路接好线路，取电阻 $R = 3.6\ \text{k}\Omega$，电容 $C = 0.02\ \mu\text{F}$，用函数信号发生器的正弦信号作为图 2-37 的输入信号 u_1。改变信号发生器的频率 f，并保持 $U_1 = 3\ \text{V}$ 不变，用交流毫伏表测量输出端对应于各个频率点下的输出电压 U_2 的值，并记录在表 2-19 中，其中 f_s 为初始频率。

表 2-19　测定 RC 高通滤波器的幅频特性

$\lg(f/f_s)$	0	1	1.75	1.85	2	2.1	2.25	2.5	3
f/Hz	30	300	1690	2120	3000	3780	5330	9490	30000
U_2/V									
U_2/U_1									

（二）测定 RC 低通滤波器的幅频特性

按如图 2-38 所示电路接好线路，取电阻 $R = 1.8\ \text{k}\Omega$，电容 $C = 0.02\ \mu\text{F}$，用函数信号发生器的正弦信号作为图 2-38 的输入信号 u_1。改变信号发生器的频率 f，并保持 $U_1 = 3\ \text{V}$ 不变，用交流毫伏表测量输出端对应于各个频率点下的输出电压 U_2 的值，并记录在表 2-20 中，其中 f_s 为初始频率。

表 2-20　测定 RC 低通滤波器的幅频特性

$\lg(f/f_s)$	0	1	1.75	1.85	2	2.1	2.25	2.5	3
f/Hz	30	300	1690	2120	3000	3780	5330	9490	30000
U_2/V									
U_2/U_1									

（三）测定 RC 带通滤波器的幅频特性

（1）按如图 2-39 所示电路接好线路，取电阻 $R = 2.4\ \text{k}\Omega$，电容 $C = 0.02\ \mu\text{F}$，用函

数信号发生器的正弦信号作为图 2-39 的输入信号 u_1。改变信号发生器的频率 f,并保持 $U_1 = 3$ V 不变,用交流毫伏表测量输出端对应于各个频率点下的输出电压 U_2 的值,并记录在表 2-21 中,其中 f_s 为初始频率。

表 2-21 测定 *RC* 带通滤波器的幅频特性

$\lg(f/f_s)$	0	1	1.75	1.85	2	2.1	2.25	2.5	3
f/Hz	30	300	1690	2120	3000	3780	5330	9490	30000
U_2/V									
U_2/U_1									

（2）将图 2-39 的输入和输出分别接到双踪示波器的 CH1 和 CH2 两个输入端,观察输入电压 u_1 和输出电压 u_2 的波形,并测量当 $U_2/U_1 = 1/3$ 时,输出电压 u_2 与输入电压 u_1 的相位差。

五、实验注意事项

1. 由于函数信号发生器有一定的内阻,因此,在调节输出频率时,应同时调节输出幅度,使实验电路的输入电压保持不变。

2. 为了减小干扰,交流毫伏表与函数信号发生器需共地连接。

六、思考题

1. 画出高通滤波器和低通滤波器的幅频特性。
2. 画出带通滤波器的幅频特性和相频特性。

七、实验报告要求

1. 根据实验数据,以频率的对数 $\lg(f/f_s)$ 为横坐标,电压 U_2/U_1 为纵坐标,分别绘出高通滤波器、低通滤波器和带通滤波器的幅频特性曲线。
2. 对实验所做的结果进行分析和总结。

2.9 日光灯电路及功率因数的提高

讲义:日光灯电路及功率因数的提高

一、实验目的

1. 了解日光灯电路的工作原理与接线,学习分析故障的方法。
2. 深刻理解交流电路中电压、电流的大小和相位的关系。
3. 学习提高功率因数的方法,进一步理解提高功率因数的意义。

二、实验原理

（一）日光灯工作原理

日光灯由灯管、镇流器（带铁心的电感线圈）和启辉器组成,如图 2-40 所示。

灯管是日光灯的发光部件,在电路中可等效为电阻 R。镇流器是日光灯的限流部件,可等效为电阻 R 和电感 L 的串联。启辉器是日光灯的启动部件,正常工作时在电路中不起作用。

当电源接通后,启辉器内发生辉光放电,双金属片受热弯曲,触点接触,使灯丝预热发射电子。启辉器接通后,辉光放电停止,双金属片冷却,又把触点断开。这时镇流器感应出高电压,并与电源同时作用在灯管两电极间,使灯管内气体电离产生弧光放电,涂在灯管内壁的荧光物质发出可见光,灯管放电后,镇流器在电路中起降压限流作用,灯管电压(即启辉器两端电压)低于电源电压,不足以再启动启辉器,即启辉器断路而停止工作,这时日光灯电路在性质上相当于一个 RL 串联电路。

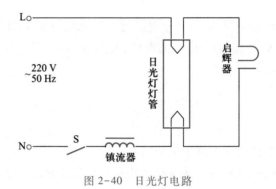

图 2-40　日光灯电路

由于镇流器相当于一个大电感,所以日光灯电路是一感性负载,且功率因数较低,约为 0.5。

(二) 提高功率因数的方法

功率因数过低,一方面不能充分利用电源容量,另一方面增加了传输线上的损耗。提高功率因数的任务是减小电源与负载间的无功互换规模,而不改变原负载的工作状态,常用的方法是在感性负载两端并联补偿电容器,抵消负载电流的一部分无功分量,如图 2-41(a)所示。

感性负载并联补偿电容后线路功率因数由 $\cos \varphi_1$ 提高到 $\cos \varphi$,结合图 2-41

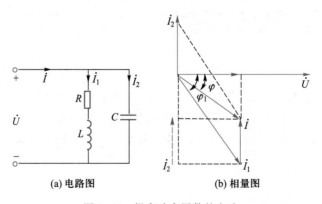

(a) 电路图　　　　　　(b) 相量图

图 2-41　提高功率因数的方法

52

（b）由相量图可求出所需并联的电容值为

$$C = \frac{P}{\omega U^2}(\tan \varphi_1 - \tan \varphi)$$

其中，φ_1、φ 为并联 C 前、后的功率因数角；P 为负载的有功功率；U 为电源电压；ω 为电源角频率。

三、实验仪器

电工技术实验台、元件箱。

四、实验内容

（一）日光灯电路接线与测量

1. 按如图 2-42 所示的实验电路接线，在各支路中串接电流插座（可以用一只电流表测量各支路电流），再将功率表接入电路，经检查无误后，接通电源，启动日光灯。如不能正常工作，可以用验电笔或用万用表查出故障部位，并写出简单的检查步骤。

2. S 断开时，测量电源电压 U、灯管电压 U_1、镇流器电压 U_2 及电路电流 I、功率 P，并填入表 2-22 中。

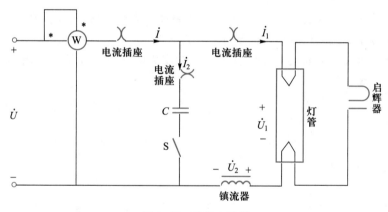

图 2-42 实验电路图

表 2-22 日光灯电路实验数据

测量数据					计算数据				
U/V	U_1/V	U_2/V	I/A	P/W	$R=\dfrac{P}{I^2}/\Omega$	$\|Z\|=\dfrac{U}{I}/\Omega$	$X_L=\sqrt{\|Z\|^2-R^2}/\Omega$	$L=\dfrac{X_L}{2\pi f}/H$	$\cos \varphi=\dfrac{P}{UI}$

（二）电路功率因数的提高

1. 将 S 闭合，电容值由 $C=0$ 逐渐增大，每改变一次电容值，测量一次有关参数,填入表 2-23 中。

表 2-23　电路功率因数的提高实验数据

电容器 $C/\mu F$	测量数据					计算数据	
	U/V	I/A	I_1/A	I_2/A	P/W	$C=\dfrac{I_2}{\omega U}/F$	$\cos\varphi=\dfrac{P}{UI}$
1							
2.2							
3.2							
4.3							
5.3							

2. 在同一坐标纸上绘制 $\cos\varphi$ 和总电流 I 随电容变化的曲线,并分析曲线成因。

五、实验注意事项

1. 线路接线正确,日光灯不能启辉时,应检查启辉器及其接触是否良好。

2. 功率表不能单独使用,一定要有电压表和电流表检测,电压表和电流表的读数不可超过功率表电压和电流的量程。

3. 每次改变线路都必须先断开电源。在实验时注意不要接触裸露的部分,避免发生触电事故。

六、思考题

1. 在日常生活中,当日光灯上缺少了启辉器时,人们常用一根导线将启辉器的两端短接一下,然后迅速断开,使日光灯点亮,或用一只启辉器去点亮多只同类型的日光灯,这是为什么?

2. 为了提高电路的功率因数,常在感性负载上并联电容器,此时增加了一条电流支路,试问电路的总电流是增大还是减小,感性负载上的电流和功率是否改变?

3. 提高感性负载电路的功率因数,为什么只采用并联电容的方法,而不采用串联法?所并电容是否越大越好?

七、实验报告要求

1. 根据实验数据,完成表格中的各项计算,进行必要的误差分析。

2. 根据实验数据,分别绘出电压、电流的相量图,验证相量形式的基尔霍夫定律。

3. 根据表 2-23 中数据,计算 $\cos\varphi$,总结电容从小到大变化时,表中数据的变化规律。

2.10　三相交流电路电压和电流的测量

讲义：三相交流电路电压和电流的测量

一、实验目的

1. 学会三相交流电路中负载的星形和三角形联结方法。

2. 加深对线电压与相电压、线电流与相电流之间关系的理解。

3. 了解负载不对称星形联结时中性线的作用及不对称时各相灯泡的亮暗程度与电压的关系。

二、实验原理

（一）三相电源的联结

幅值相等、频率相同、相位上相差 120° 的三个电动势称为三相对称电动势。即

$$e_U = E_m \sin \omega t$$

$$e_V = E_m \sin(\omega t - 120°)$$

$$e_W = E_m \sin(\omega t + 120°)$$

三相对称电动势的特点：三相对称电动势瞬时值之和与相量之和为零。即

$$e_U + e_V + e_W = 0$$

$$\dot{E}_U + \dot{E}_V + \dot{E}_W = 0$$

三相电源的星形联结：把三相绕组的末端连接在一起称为中性点，从中性点引出的导线称为中性线；从三相绕组的首端 U、V、W 引出的导线称为相线。相线与中性线间的电压称为相电压，有效值记作 U_P。相线与相线间的电压称为线电压，有效值记作 U_L。三相电源星形联结时，线电压与相电压的关系为 $U_L = \sqrt{3}\, U_P$，三相电源的线电压在相位上超前于相应相电压 30°。

三相电源的三角形联结：把三相绕组的首端和末端按顺序相接，形成一个回路，从首端 U、V、W 引出端线，当三相电源对称时，则 $U_L = U_P$。

（二）三相负载的联结

三相电路中，负载的联结方式有星形和三角形两种，星形联结又分为有中性线的三相四线制和无中性线的三相三线制。三相负载中各相阻抗的大小和性质完全相同的称为三相对称负载，否则为三相不对称负载。三相负载中各电压和电流的关系如表 2-24 所示。由表可知，在三相四线制中，对称负载的星形联结可以省去中性线，采用三相三线制；不对称负载的星形联结必须采用三相四线制供电，以保证三个负载的相电压对称，否则，负载不能正常工作，甚至损坏。

表 2-24 三相负载中各电压和电流的关系

负载接法		电压		电流	
		对称负载	不对称负载	对称负载	不对称负载
星形	有中性线	$U_L = \sqrt{3}\,U_P$	$U_L = \sqrt{3}\,U_P$	$I_L = I_P$, $I_N = 0$	$I_L = I_P$, $I_N \neq 0$ 线电流不对称
	无中性线	$U_L = \sqrt{3}\,U_P$	相电压不对称	$I_L = I_P$	$I_L = I_P$ 线电流不对称
三角形		$U_L = U_P$	$U_L = U_P$	$I_L = \sqrt{3}\,I_P$	相电流不对称 线电流不对称

三、实验仪器

电工技术实验台、元件箱。

四、实验内容

(一) 三相负载的星形联结

将三相白炽灯组负载按图 2-43 接成星形联结,并接至三相电源上。在电路中串入电流插座,便于测量电流。注意测量前先根据负载大小与电源电压估算电流值,合理选择电流表、电压表量程。每个白炽灯组的电路图如图 2-44 所示,通过对各个开关的控制,就可实现白炽灯组等效电阻的对称与不对称。

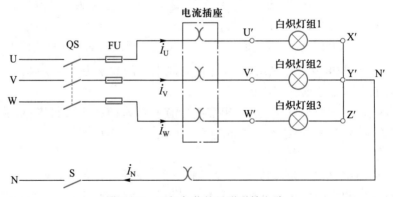

图 2-43 三相负载的星形联结电路

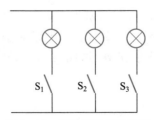

图 2-44 白炽灯组的电路图

56

1. 在有中性线(S 闭合)、三相负载对称的情况下测量各线电压 U_{UV}、U_{VW}、U_{WU}，相电压 U_U、U_V、U_W，各线电流 I_U、I_V、I_W 和中性线电流 I_N，通过对各个开关的控制，记录白炽灯数量，将测量数据填入表 2-25 中。

表 2-25   三相负载的星形联结的电压电流测量

测量内容		线电压/V			相电压/V			线电流/A			中性线电流	中性点电压	白炽灯数量	亮暗程度
		U_{UV}	U_{VW}	U_{WU}	U_U	U_V	U_W	I_U	I_V	I_W	I_N	$U_{NN'}$		
对称	有中性线													
	无中性线													
不对称	有中性线													
	无中性线													

2. 在无中性线(S 断开)、三相负载对称的情况下测量各线电压 U_{UV}、U_{VW}、U_{WU}，相电压 U_U、U_V、U_W，各线电流 I_U、I_V、I_W，通过对各个开关的控制，记录白炽灯数量，将测量数据填入表 2-25 中，观察此时三相白炽灯的亮度是否有所不同。

3. 在有中性线(S 闭合)、三相负载不对称情况下测量各线电压 U_{UV}、U_{VW}、U_{WU}，相电压 U_U、U_V、U_W，各线电流 I_U、I_V、I_W 和中性线电流 I_N，通过对各个开关的控制，记录白炽灯数量，将测量数据填入表 2-25 中，观察此时三相白炽灯的亮度是否有所不同。

4. 在无中性线(S 断开)、三相负载不对称的情况下测量各线电压 U_{UV}、U_{VW}、U_{WU}，相电压 U_U、U_V、U_W，各线电流 I_U、I_V、I_W，通过对各个开关的控制，记录白炽灯数量，将测量数据填入表 2-25 中，观察此时三相白炽灯的亮度是否有所不同，并分析中性线的作用。

（二）三相负载的三角形联结

将三相白炽灯组负载按图 2-45 接成三角形联结，并接至三相电源上。在电路中串入电流插座，便于测量电流。

1. 在三相负载对称情况下测量各线电压 U_{UV}、U_{VW}、U_{WU}，线电流 I_U、I_V、I_W 和相电流 I_{UV}、I_{VW}、I_{WU}，通过对各个开关的控制，记录灯泡数量，将测量数据填入表 2-26 中，观察三相白炽灯的亮度是否有所不同。

2. 在三相负载不对称情况下测量各线电压 U_{UV}、U_{VW}、U_{WU}，线电流 I_U、I_V、I_W 和相电流 I_{UV}、I_{VW}、I_{WU}，通过对各个开关的控制，记录白炽灯数量，将测量数据填入表 2-26 中，观察三相白炽灯的亮度是否有所不同。分析负载作三角形联结时线电流

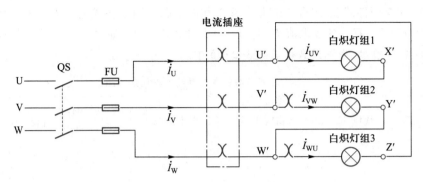

图 2-45　三相负载的三角形联结电路

与相电流之间的关系。

表 2-26　三相负载的三角形联结的电压电流测量

测量内容	线电压/V			线电流/A			相电流/A			白炽灯数量	亮暗程度
	U_{UV}	U_{VW}	U_{WU}	I_U	I_V	I_W	I_{UV}	I_{VW}	I_{WU}		
对称											
不对称											

五、实验注意事项

1. 本实验采用三相交流市电,线电压为 380 V。实验时要注意人身安全,不可触及导电部件,防止意外事故发生。

2. 每次接线完毕,同组同学应自查一遍,然后由指导教师检查后,方可接通电源,必须严格遵守"先接线,后通电;先断电,后拆线"的实验操作原则。

六、思考题

1. 三相负载根据什么条件作星形或三角形联结?

2. 在三相四线制电路中,如果其中一相出现短路或开路,电路将会发生什么现象? 是否会影响其他两相正常工作?

3. 在负载为对称三角形联结的实验中,如果两相白炽灯变暗,另一相正常,是什么原因? 如果两相白炽灯正常,一相白炽灯不亮,又是什么原因?

七、实验报告要求

1. 根据实验数据,总结星形联结对称负载线电压与相电压之间的数值关系。

2. 根据实验数据,总结三角形联结对称负载线电流与相电流之间的数值关系。

3. 中性线的作用是什么? 总结三相四线制供电线路的注意事项。

一、实验目的

1. 熟练掌握功率表的接法和使用方法。
2. 掌握用三功率表法和两功率表法测量三相电路的有功功率。
3. 掌握对称三相电路无功功率的测量方法。

二、实验原理

（一）三相电路有功功率的测量

三相电路的有功功率为各相有功功率之和，即 $P=P_1+P_2+P_3$。测量三相电路的有功功率，如果三相四线制负载对称，测量其中一相的有功功率，再乘以 3 即可，此种方法称为一功率表法（一瓦法）。

当三相四线制负载不对称时，则必须分别测量出每相的有功功率，然后再相加，此种方法称为三功率表法（三瓦法），如图 2-46 所示。

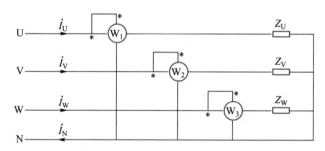

图 2-46 三功率表法测有功功率

对于三相三线制系统，往往负载不允许拆开，无法测量出相电压和相电流，可采用两功率表法（两瓦法）测量三相电路的有功功率，测量线路如图 2-47 所示。

所谓两瓦法就是在三相三线制中，无论三相负载对称与否，是星形联结还是三角形联结，均可以用两块单相功率表测量出三相总功率。图 2-47 中功率表 W_1 的电流线圈串联接入 U 线，其电流为 $\dot{I}_U$，电压线圈并联接在 U、W 线之间，其电压为 $\dot{U}_{UW}$；功率表 W_2 的电流线圈串联接入 V 线，其电流为 $\dot{I}_V$，电压线圈并联接在 V、W 线之间，其电压为 $\dot{U}_{VW}$，其中 U、V 线接功率表的发电机端，W 线接公共端。

功率表的偏转角与所接电压的有效值、电流的有效值以及该电压、电流相位差的余弦的乘积成正比，因此 W_1、W_2 的读数分别为

$$P_1=U_{UW}I_U\cos\varphi_1, \quad P_2=U_{VW}I_V\cos\varphi_2$$

式中 φ_1——u_{UW} 与 i_U 的相位差；φ_2——u_{VW} 与 i_V 的相位差。

单独来看，P_1、P_2 并不代表哪一相的有功功率，但两个功率表读数之和代表三相总有功功率。三相总有功功率为 $P=P_1+P_2=U_{UW}I_U\cos\varphi_1+U_{VW}I_V\cos\varphi_2$。

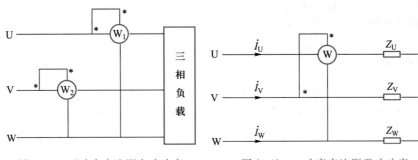

图 2-47　两功率表法测有功功率　　　图 2-48　一功率表法测无功功率

（二）对称三相电路无功功率的测量

本次实验研究对称三相电路无功功率的测量。利用一只功率表可以测量对称三相电路无功功率，如图 2-48 所示。将功率表 W 的电流线圈串联接于任意一个端线之中，而将其电压线圈并联在另外两端线之间，则功率表的读数 P 与对称三相负载无功功率 Q 的关系为 $Q=\sqrt{3}P$。

三、实验仪器

电工技术实验台、元件箱。

四、实验内容

（一）用三功率表法测量三相四线制负载的有功功率

按照图 2-46 接线，分别测出表格中不同情况下的有功功率，记录数据于表 2-27 中。

表 2-27　测量三相四线制负载的有功功率

负载情况	测量数据			计算值
	P_1/W	P_2/W	P_3/W	P/W
星形联结对称负载				
星形联结不对称负载				

（二）用两功率表法测量三相三线制负载的有功功率

按照图 2-47 接线，分别测出表格中不同情况下的有功功率，记录数据于表 2-28 中。

（三）用一功率表法测量对称三相电路的无功功率

按照图 2-48 接线，将负载接成对称容性负载，每相为白炽灯与电容的并联，测出对称负载分别为星形联结和三角形联结的有功功率，记录数据于表 2-29 中，计算电路的无功功率 Q。

表 2-28   测量三相三线制负载的有功功率

负载情况	测量数据		计算值
	P_1/W	P_2/W	P/W
星形联结对称负载			
星形联结不对称负载			
三角形联结对称负载			
三角形联结不对称负载			

表 2-29   测量对称三相电路的无功功率

负载情况	测量数据 P/W	计算值 Q/var
星形联结对称容性负载		
三角形联结对称容性负载		

五、实验注意事项

1. 每次接线完毕,同组同学应自查一遍,然后由指导教师检查后,方可接通电源,必须严格遵守"先接线,后通电;先断电,后拆线"的实验操作原则。

2. 注意功率表的接线方式、电压表量程和电流表量程的选择及功率表的读数方式。

六、思考题

1. 在三相四线制电路中,能否用两功率表法测量有功功率?

2. 为什么用两功率表法可以测量三相三线制电路中负载所消耗的有功功率?

3. 在图 2-48 中,功率表的读数 P 与对称三相负载无功功率 Q 的关系为 $Q=\sqrt{3}P$,试写出证明过程。

七、实验报告要求

1. 根据实验数据,完成表格中的各项计算任务。

2. 总结三相电路功率测量的方法与使用条件。

第 3 章 模拟电子技术实验

在实际应用中,绝大多数的有用信号都是非常微弱的模拟信号,需要经过放大、滤波等处理方能进一步应用。本章实验涵盖二极管、晶体管、晶闸管及应用电路、集成运放及功率放大、直流稳压电源设计等内容,可为巩固和加深理解基本理论知识提供坚实基础。

3.1 二极管的检测与应用

一、实验目的

1. 掌握用万用表检测半导体二极管好坏的方法。
2. 了解稳压二极管、发光二极管的性能和使用方法。
3. 熟悉二极管应用电路的工作原理,并掌握其测试方法。

二、实验原理

（一）半导体二极管的基础知识

1. PN 结的特性

PN 结具有单向导电特性,加正向电压时 PN 结导通,PN 结的正向电压为:硅材料 $0.6 \sim 0.7\,\mathrm{V}$,锗材料 $0.2 \sim 0.3\,\mathrm{V}$。加反向电压时 PN 结反向截止,反向电压过大,PN 结被反向击穿,单向导电特性被破坏。

2. 半导体二极管

半导体二极管是由一个 PN 结加上相应的电极引线和管壳构成的。从 P 区引出的电极称为阳极,从 N 区引出的电极称为阴极。PN 结的基本特性,也就是二极管的基本属性。

二极管伏安特性的正向电压区域呈非线性,当二极管承受的正向电压很低时,正向电流很小,称为死区。当二极管的正向电压超过死区电压后,电流迅速增长,正向电压维持基本不变,称为正向导通区。当二极管承受反向电压时,反向电流极小,称为反向截止区。当反向电压超过某一数值时,反向电流急剧增大,称为反向击穿。

普通二极管的主要参数有最大整流电流 I_{DM}、反向峰值电压 U_{DRM}。二极管工作时其通过的电流小于或等于 I_{DM},所加的反向电压应小于或等于 U_{DRM}。选用二极管时要求反向电流越小越好,硅管的反向电流比锗管小得多。另外,要求二极管的正向压降越小越好。

（二）二极管的应用

二极管的应用很广,利用二极管的单向导电性及导通时正向压降很小的特点,可组成整流、检波、限幅、开关等电路。利用二极管的其他特性,可使其应用在稳压、变容、温度补偿等方面。

1. 二极管整流电路

整流电路的作用是将交流电转换为单方向脉动直流电。图 3-1 为单相半波整流电路,设 $u_i = \sqrt{2}\,U_2 \sin \omega t$,则输入和输出电压波形如图 3-2 所示。

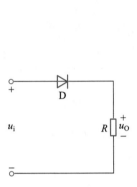

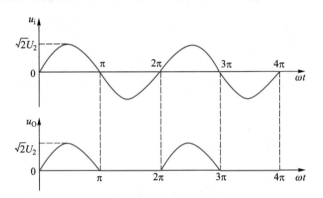

图 3-1 单相半波整流电路　　图 3-2 单相半波整流电路输入和输出电压波形

2. 二极管限幅电路

利用二极管正向导通时电压降很小且基本保持不变的特点,可以构成各种限幅电路。二极管限幅电路如图 3-3 所示,设输入电压 $u_i = U_m \sin \omega t$,则输入和输出电压波形如图 3-4 所示。

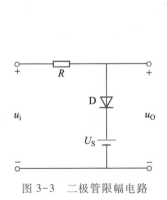

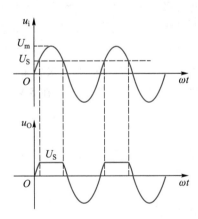

图 3-3 二极管限幅电路　　图 3-4 限幅电路输入和输出电压波形

3. 二极管与门电路

门电路是一种逻辑电路,在输入信号和输出信号之间存在着一定的因果关系即逻辑关系。图 3-5 所示为二极管与门电路,是由二极管 D_1、D_2 和电阻 R 及电源 U_{CC} 组成的。图中 A、B 为两个输入端,F 为输出端。设 $U_{CC} = 5\ \mathrm{V}$,A、B 输入端的高电平(逻辑 1)为 3 V,低电平(逻辑 0)为 0 V,并忽略二极管 D_1、D_2 的正向导通压降。图 3-5 与门电路的逻辑电平如表 3-1 所示,与门真值表如表 3-2 所示。

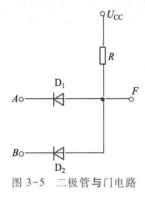

图 3-5　二极管与门电路

表 3-1　与门电路的逻辑电平

A/V	B/V	F/V
0	0	0
0	3	0
3	0	0
3	3	3

表 3-2　与门真值表

A	B	F
0	0	0
0	1	0
1	0	0
1	1	1

4. 稳压二极管

稳压二极管是一种特殊的面接触型硅二极管,主要用于稳压,在使用中应注意以下几点:

① 稳压二极管必须工作在反向击穿区。

② 稳压二极管工作时的电流应在稳定电流 I_Z 和最大稳定电流 I_{Zmax} 之间,电流小于 I_Z 将失去稳压作用,大于 I_{Zmax} 有可能使器件损坏,所以稳压二极管在使用时必须与之串接合适的限流电阻。

③ 稳压二极管不能并联使用,但可以串联使用。

5. 发光二极管

发光二极管是一种将电能直接转换成光能的光发射器件,简称 LED。发光二极管的驱动电压低、工作电流小,具有抗振动和冲击能力强、体积小、可靠性高、耗电省和寿命长等优点,广泛用于信号指示等电路中。使用发光二极管时应根据其参数选择合适的工作电流,电流太小则亮度不够,电流太大则功耗大且影响发光二极管寿命,甚至损坏,工作电压应在 5 V 以下。

三、实验仪器

模拟电子技术实验箱、示波器、指针式万用表、二极管 2AP 型和 2CP 型各 1 只、发光二极管 2 只。

四、实验内容

(一) 二极管的检测

1. 普通二极管的检测

将万用表置于 $R \times 1$ k 挡上,调零后用表笔分别正接、反接于二极管的两个引脚,这样可分别测得大、小两个阻值,其中较大的是二极管的反向电阻,较小的是二极管的正向电阻。测得正向电阻时,与黑表笔相连的是二极管的阳极(万用表置欧姆挡时,黑表笔连接表内电池正极,红表笔连接表内电池负极)。

二极管的材料及二极管的质量好坏也可以从其正向电阻、反向电阻值中判断出来。一般硅二极管的正向电阻在几千欧至几十千欧之间,锗二极管的正向电阻在 $500\ \Omega$ 至 $1\ k\Omega$ 之间。二极管的质量好坏,关键是看它有无单向导电性能,正向电阻越小,反向电阻越大的二极管的质量越好。如果两次测量时万用表的指针摆动都特别大则说明二极管是击穿的,如果摆动特别小则说明二极管是断路的。

2. 发光二极管的识别

发光二极管和普通二极管一样具有单向导电性,正向导通时才能发光。因采用的材料不同,可以发出红、橙、黄、绿、蓝等光。发光二极管在出厂时,一根引线做得比另一根引线长,通常较长的引线表示阳极,另一根为阴极。发光二极管工作电压一般为 $1.5\sim2\ V$,允许通过的电流为 $2\sim20\ mA$,电流的大小决定发光的亮度。电压、电流的大小依器件型号不同而稍有差异。

(二)二极管应用电路测试

1. 二极管限幅电路测试

按照图 3-3 电路接线,使基准电压 $U_S=5\ V$,在输入端加频率为 $1\ kHz$、幅度为 $10\ V$ 的正弦信号 u_i,用示波器观察输入电压 u_i 和输出电压 u_O 的波形,并记录于表 3-3 中。改变基准电压 U_S 的极性,观察输出电压 u_O 的波形有何变化,并记录于表 3-3 中。

表 3-3   二极管限幅电路测试数据

基准电压	输入电压 u_i 波形	输出电压 u_O 波形
$U_S=5\ V$		
$U_S=-5\ V$		

2. 二极管与门电路测试

按照图 3-6 所示二极管与门电路接线,调节电位器 R_P,使 $U_i=3\ V$,并按表 3-4 所示,将 U_i 分别接至二极管与门电路的输入端 A 点和 B 点(凡 U_A、U_B 为 $0\ V$ 时,其 A 点和 B 点必须与地相接),用万用表测出相应的输出电压 U_O,并记录于表 3-4 中。

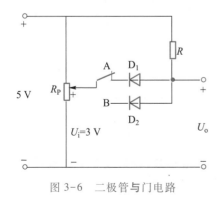

图 3-6   二极管与门电路

表 3-4   二极管与门电路测试数据

U_A/V	U_B/V	U_O/V
0	0	
0	3	
3	0	
3	3	

3. 稳压二极管稳压电路测试

① 按照如图 3-7 所示稳压二极管稳压电路接线（R_L 不接），按照表 3-5 所示的 U_I 值，调节直流稳压电源的输出电压，$R = 620\ \Omega$，用万用表测出相应的输出电压 U_O，并计算出相应的输出电流值，均记录于表 3-5 中。

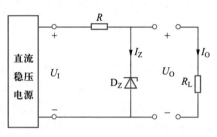

图 3-7　稳压二极管稳压电路

表 3-5　稳压二极管稳压特性测试数据

U_I/V	9.00	12.0	14.0	15.0
U_O/V				
I_Z/mA				

② 将 U_I 调到 14 V，测量稳压电路输出端接入和断开 R_L 时的输出电压 U_O 的变化，然后求出稳压二极管稳压电路的输出电阻（$R_O = \Delta U_O / \Delta I_O$），均记录于表 3-6 中。

表 3-6　稳压二极管输出电阻测试数据

$U_I = 14\ V$	U_O/V	I_O/mA	I_Z/mA	R_O/Ω
$R_L = 750\ \Omega$				
$R_L = \infty$				

4. 发光二极管电路测试

按照如图 3-8 所示发光二极管电路接线，电源电压 U_I 分别为直流电压 3 V、4 V、5 V，$R = 620\ \Omega$，测出发光二极管两端电压 U_O，计算电流 I 并观察亮度的变化，均记录于表 3-7 中。

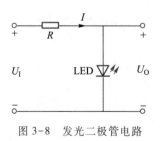

图 3-8　发光二极管电路

表 3-7　发光二极管电路测试数据

U_I/V	3.0	4.0	5.0
U_O/V			
I/mA			
亮度变化			

五、实验注意事项

1. 所选用的二极管在使用时不能超过它的极限参数，特别注意不能超过最大整流电流和最高反向工作电压，并应留有适当的余量。

2. 在高频下二极管的单向导电特性会变差。

3. 在分析设计电路时，注意稳压电路限流电阻的选择。

六、思考题

1. 查手册,说明 2AP9、2CZ52B、2CW54 符号的含义。

2. 什么是二极管的死区电压? 为什么会出现死区电压? 硅管和锗管的死区电压值约为多少?

3. 说明稳压二极管使用中应注意哪些问题。

七、实验报告要求

1. 将实验数据进行整理,并与理论值进行比较,分析产生误差的原因。

2. 画出二极管限幅电路的输入、输出波形,分析测试结果。

3. 根据表 3-4 记录数据,分析门电路的功能。

3.2　晶体管的简易测试

一、实验目的

1. 学会用万用表判别晶体管的各个管脚,并判定各个晶体管的类型、材料。

2. 熟悉晶体管直流参数的简单测试方法。

二、实验原理

(一) 晶体管的基础知识

1. 结构

晶体管是由两个 PN 结、三个电极组成的,这两个 PN 结靠得很近,工作时相互联系、相互影响,表现出与两个单独的 PN 结完全不同的特性。晶体管具有 NPN 型和 PNP 型两种结构,它们的工作原理相同,只是电源极性相反。

要使晶体管起放大作用,发射结必须正向偏置,集电结必须反向偏置,这是放大的外部条件。另外,发射区掺杂浓度比集电区掺杂浓度大,集电区掺杂浓度远远大于基区掺杂浓度,联系发射结与集电结的基区很薄,一般只有几微米。

2. 种类

晶体管主要有 NPN 型和 PNP 型两大类,可以从晶体管上标出的型号来识别。晶体管的种类划分如下。

① 按设计结构分为:点接触型、面接触型、硅平面型。

② 按工作频率分为:高频管、低频管、开关管。

③ 按功率大小分为:大功率管、中功率管、小功率管。

④ 按封装形式分为:金属封装、塑料封装。

3. 主要参数

① 直流参数

集电极-基极反向电流 I_{CBO}。此值越小说明晶体管温度稳定性越好。一般小功率晶体管约为 10 μA,硅材料晶体管更小。

集电极-发射极反向电流 I_{CEO}，也称穿透电流。此值越小说明晶体管稳定性越好，过大说明这个晶体管不宜使用。

② 极限参数

晶体管的极限参数有：集电极最大允许电流 I_{CM}、集电极最大允许耗散功率 P_{CM}、集电极-发射极反向击穿电压 $U_{(BR)CEO}$。P_{CM}、$U_{(BR)CEO}$ 和 I_{CM} 这三个极限参数决定了晶体管的安全工作区。

③ 电流放大系数

晶体管的直流放大系数和交流放大系数近似相等，在实际使用时一般不再区分，都用 β 表示，也可用 h_{FE} 表示。

4. 晶体管的选用

选用晶体管要依据它在电路中所承担的作用查阅晶体管手册，选择参数合适的晶体管型号。

① NPN 型和 PNP 型的晶体管直流偏置电路极性是完全相反的，具体连接时必须注意。

② 电路加在晶体管上的恒定或瞬态反向电压值要小于晶体管的反向击穿电压，否则晶体管很易损坏。

③ 晶体管运用时耗散的功率必须小于厂家给出的最大耗散功率，否则晶体管容易被热击穿。晶体管的耗散功率值与环境温度及散热大小形状有关，使用时注意手册说明。

（二）晶体管的测试

因为晶体管内部有两个 PN 结，所以可以通过用万用表欧姆挡测量 PN 结的正、反向电阻来确定晶体管的管脚、类型并可判断晶体管性能的好坏。

当晶体管上标记不清楚时，可以用万用表来初步确定晶体管的好坏及类型（NPN 型还是 PNP 型），并辨别出 E、B、C 三个电极。测试方法如下。

1. 判断基极和晶体管的类型

将指针式万用表欧姆挡置 $R\times100$ 或 $R\times1\,k$ 处，先假设晶体管的某极为"基极"，并把黑表笔接在假设的基极上，将红表笔先后接在其余两个极上，如果两次测得的电阻值都很小（为几百欧至几千欧），则假设的基极是正确的，且被测晶体管为 NPN 型；同理，如果两次测得的电阻值都很大（为几千欧至几十千欧），则假设的基极是正确的，且被测晶体管为 PNP 型。如果两次测得的电阻值是一大一小，则原来假设的基极是错误的，这时必须重新假设另一电极为"基极"，再重复上述测试。

2. 集电极和发射极的判别

测 NPN 型晶体管的集电极时，先在除基极以外的两个电极中假设一个为集电极，并将万用表的黑表笔搭接在假设的集电极上，红表笔搭接在假设的发射极上，用一个大电阻接基极和假设的集电极，如果万用表指针有较大的偏转，则以上假设正确；如果万用表指针偏转较小，则假设不正确。为准确起见，一般将基极以外的两个电极先后假设为集电极，进行两次测量，在万用表指针偏转较大的测量中，与黑表笔搭接的是晶体管的集电极。

3. 电流放大能力的估测

将万用表置于 $R×1k$ 挡上,黑、红表笔分别与 NPN 型晶体管的集电极、发射极相接,测量集电极、发射极之间的电阻值。当用一个电阻接于基极、集电极两管脚之间时,阻值读数会减小,即万用表指针右偏。晶体管的电流放大能力越大,则表针右偏的角度也越大。如果在测量过程中发现表针右偏的角度很小,则说明被测晶体管放大能力很低,甚至是劣质管。

4. 穿透电流 I_{CEO} 的检测

穿透电流可以用在晶体管集电极与电源之间串接直流电流表的办法来测量,也可以通过用万用表测晶体管集电极、发射极之间电阻的方法来定性检测。测量时,万用表置于 $R×1k$ 挡上,红表笔与 NPN 型晶体管的发射极相接,黑表笔与集电极相接,基极悬空。所测集电极、发射极之间的电阻值越大,则漏电流就越小,管子的性能也就越好。

目前,万用表上均设有测量晶体管的插孔,只要把万用表功能置于 h_{FE} 挡并经校正,就可以很方便地测出晶体管的 β 值,并可以判别类型及管脚。

三、实验仪器

模拟电子技术实验箱、指针式万用表、100 kΩ 电阻 1 只、盖住型号的晶体管 4 只,每只晶体管标上 A、B、C、D 记号(3AX～、3BX～、3DG～、3CG～等),管脚标上 1、2、3 记号。坏晶体管 2 只(内部开路、击穿各 1 只),标上 E、F 记号。

四、实验内容

(一)晶体管的判别

1. 用万用表判别晶体管 A、B、C、D 的材料、类型及管脚名称,把判别结果填入表 3-8 中。

表 3-8 晶体管的判别结果

被测晶体管	A			B			C			D		
材料												
类型												
管脚名称	1	2	3	1	2	3	1	2	3	1	2	3

2. 用万用表判别晶体管 E、F,把测得的结果填入表 3-9 中。

表 3-9 晶体管的测量结果

被测晶体管	E	F
测量结果		

（二）晶体管直流参数的测试

1. I_{CBO} 的测量

I_{CBO} 的测量电路如图 3-9 所示。在接通电源之前应复查一下电流表及晶体管的极性。通常小功率晶体管的 I_{CBO} 一般在 10 μA 以下。

2. I_{CEO} 的测量

I_{CEO} 的测量电路如图 3-10 所示。I_{CEO} 比 I_{CBO} 要大得多,测量时应注意选择电流表的量程。测试完毕后可将被测晶体管加温(如用手捏紧管壳),观察 I_{CEO} 随温度变化的情况。

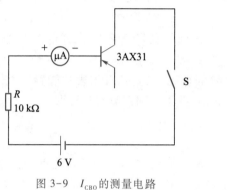
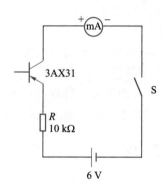

图 3-9　I_{CBO} 的测量电路　　　　图 3-10　I_{CEO} 的测量电路

五、实验注意事项

1. 测量晶体管时,注意万用表欧姆挡量程的选择。

2. 使用晶体管时应注意其极限参数 P_{CM}、$U_{(BR)CEO}$ 和 I_{CM},以防止晶体管损坏或性能变差。

六、思考题

1. 查手册,说明 3AX21、3DG6 符号的含义。

2. 晶体管是由两个 PN 结组成的,是否可以用两个二极管连接组成一个晶体管使用?

3. 晶体管的发射极和集电极是否可以调换使用? 为什么?

七、实验报告要求

1. 简述用万用表测试晶体管的材料、类型及管脚名称的简单步骤。

2. 列表整理所测晶体管的直流参数。

3. 结合本实验,将万用表欧姆挡使用方法及其注意事项做一小结。

一、实验目的

1. 学会共发射极分压式偏置放大电路静态工作点的调试与分析方法。

2. 掌握放大电路的电压放大倍数、输入电阻和输出电阻的测量方法，了解负载电阻对电压放大倍数的影响。

3. 观察静态工作点变化对输出电压波形的影响。

4. 了解负反馈对放大电路性能的影响。

二、实验原理

在模拟电子技术实验中，经常使用的电子仪器有函数信号发生器、交流毫伏表、直流稳压电源、示波器及频率计等，它们和万用表一起可以完成对模拟电子电路工作情况的测试。实验中要对各种电子仪器综合使用，各仪器间可以按照信号流向，以连线简捷、调节顺手、观察与读数方便等为原则进行合理布局，如图 3-11 所示。

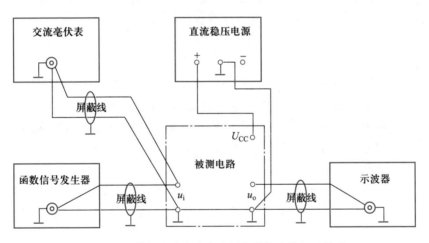

图 3-11   模拟电路实验中常用仪器仪表的相互关系

1. 静态工作点

静态工作点是指放大电路无交流信号输入时，在晶体管的输入和输出回路中所涉及的直流工作电压和工作电流。若静态工作点选得太高，容易引起饱和失真；若静态工作点选得太低，容易引起截止失真。

静态工作点的稳定电路如图 3-12 所示，静态工作点 Q 主要由 R_{B1}、R_{B2}、R_E、R_C 及电源电压 U_{CC} 决定。该电路利用 R_{B1}、R_{B2} 的分压为基极提供一个固定电压，当 $I_1 \approx I_2 >> I_B$（5 倍以上）时，则认为基极电位不变。其次在发射极串接电阻 R_E，当温度升高使 I_C 增加时，由于基极电位 V_B 固定，所以净输入电压 $U_{BE} = V_B - V_E$ 减小，从而最终导致集电极电流 I_C 减小，抑制了 I_C 的变化，稳定了静态工作点。

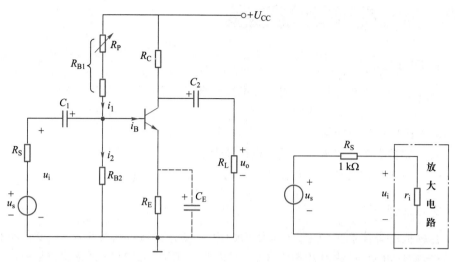

图 3-12　静态工作点的稳定电路　　　　　图 3-13　测量输入电阻电路

2. 电压放大倍数 A_u

电压放大倍数是小信号电压放大电路的主要技术指标。设输入电压 u_i 为正弦信号，输出电压 u_o 也为正弦信号，则电压放大倍数为

$$A_u = \frac{U_o}{U_i}$$

测量时应注意合理选择输入信号的幅度和频率。输入信号过小，则不便于观察，且容易串入干扰，输入信号过大，会造成失真。输入信号的频率应在电路工作频带中频区域内。另外，还应注意，由于信号源都有一定的内阻，所以测量 U_i 时，必须在被测电路与信号源连接后进行测量。

3. 输入电阻 r_i

放大电路对信号源而言，相当于一个负载，其输入端的等效电阻就是信号源的负载电阻，也就是放大电路的输入电阻 r_i。测量电路如图 3-13 所示，则输入电阻 r_i 为

$$r_i = \frac{U_i}{I_i} = \frac{U_i}{U_s - U_i} R_S$$

其中 R_S 为外接测量电阻。外接测量电阻 R_S 的数值应适当选择，不宜太大或太小。R_S 太大，将使 U_i 的数值很小，从而加大输入电阻 r_i 的测量误差；R_S 太小，则 U_s 与 U_i 的读数又十分接近，导致 $U_s - U_i$ 的误差增大，也使 r_i 的测量误差增大，一般选取 R_S 与 r_i 为同数量级的电阻。

4. 输出电阻 r_o

放大电路对负载而言，相当于一个等效信号源，其等效内阻就是放大电路的输出电阻 r_o。即从放大电路输出端看进去的戴维南等效电路的等效电阻。

计算输出电阻的方法是：假设放大电路负载开路（空载）时输出电压为 U_o'，接上

负载 R_L 后输出端电压为 U_o,可知 $U_o = \dfrac{R_L}{r_o + R_L} U_o'$,所以 $r_o = \left(\dfrac{U_o'}{U_o} - 1 \right) R_L$。

测量时应注意:

① 两次测量时输入电压 U_i 的数值应相等。

② U_i 的大小应适当,以保证 R_L 接入和断开时,输出电压为不失真的正弦波。

③ 输入信号的频率应在电路工作频带中频区域内。

④ 一般选取 R_L 与 r_o 为同数量级的电阻。

三、实验仪器

模拟电子技术实验箱、函数信号发生器、示波器、交流毫伏表、数字万用表。

四、实验内容

1. 连接线路并调整静态工作点

将实验箱直流电源的 +12 V 和实验板的 +12 V 相连,实验箱的电源地与实验板的地相连。用数字万用表直流电压挡(20 V)测量晶体管集电极和地之间的电压,调整电位器 R_P,使集电极电位 $V_C = 7$ V,测量静态工作点参数,并将测量结果填入表 3-10 中(已知 $R_C = 5.1$ kΩ)。

表 3-10 静态工作点的测量数据

测量值		计算值
U_{BE}/V	U_{CE}/V	I_C/mA

2. 测量输出电压并计算电压放大倍数

在放大电路的输入端输入有效值为 10 mV,频率为 1 kHz 的正弦交流信号,用示波器观察输出波形不失真的情况下,按照表 3-11 给定的条件,用交流毫伏表测量输入电压 U_i、输出电压 U_o,通过计算求出电压放大倍数,并填入表 3-11 中。

表 3-11 电压放大倍数的测量数据

测试条件	U_i/V	U_o/V	A_u
不加电流负反馈,放大器空载			
不加电流负反馈,$R_L = 5.1$ kΩ			
加电流负反馈,放大器空载			
加电流负反馈,$R_L = 5.1$ kΩ			

3. 测量输入电阻 r_i

按照如图 3-13 所示电路接入 $R_S = 1$ kΩ 的电阻。输入电压 $U_s = 10$ mV,$f =$

1 kHz 的正弦交流信号,用交流毫伏表测出电压 U_i 的值,并计算输入电阻 r_i,将结果填入表 3-12 中。

表 3-12　输入电阻的测量数据

U_s/V	U_i/V	$r_i/k\Omega$

4. 测量输出电阻 r_o

在放大电路输入端接入 U_i 为 10 mV,频率为 1 kHz 的正弦交流信号,在输出波形不失真的情况下,测出放大电路空载时的输出电压 U_o',接入负载电阻 $R_L = 5.1$ kΩ,测出放大电路带负载时的输出电压 U_o,并计算输出电阻 r_o,将结果填入表 3-13 中。

表 3-13　输出电阻的测量数据

U_o'/V	U_o/V	$r_o/k\Omega$

5. 观察静态工作点 Q 变化对放大电路输出波形的影响

在无负反馈的情况下,按照表 3-14 给定的条件,用示波器观察饱和失真和截止失真等输出波形,并将输出波形填入表 3-14 中。

表 3-14　Q 变化对放大电路输出波形的影响

测试条件	输出波形(无负反馈)
Q 点合适,输出无失真	
Q 点偏高,输出产生饱和失真	
Q 点偏低,输出产生截止失真	
Q 点合适,输入信号幅值太大	

6. 研究负反馈对放大电路失真的改善

在无负反馈的情况下,调节 R_P,使输出波形失真,然后将负反馈接入,用示波器观察波形的改善情况,并将波形填入表 3-15 中。

74

表 3-15　负反馈对放大电路输出波形的影响

无负反馈时失真波形	加负反馈后的改善效果

五、实验注意事项

1. 注意实验板、交流毫伏表与信号源共地。

2. 用数字万用表测量电压时要注意直流电压和交流电压挡位的选择以及量程的转换。

六、思考题

1. 调整静态工作点时，R_{B1} 要用一个固定电阻与电位器相串联，而不直接用电位器，为什么？

2. 在放大电路测试中，输入信号的频率一般选择 1 kHz，为什么不选 100 kHz 或更高的频率？

七、实验报告要求

1. 分析比较静态工作点测试数据与理论估算值。

2. 讨论静态工作点对放大电路输出波形的影响。

3. 根据测试数据，讨论负载电阻 R_L、旁路电容 C_E 对放大倍数的影响。

3.4　射极跟随器的研究

一、实验目的

1. 掌握射极跟随器的特性及测试方法。

2. 进一步学习放大电路各项参数测试方法。

二、实验原理

射极跟随器电路如图 3-14 所示，它是一个电压串联负反馈放大电路，具有输入电阻高，输出电阻低，电压放大倍数接近于 1，输出电压能够在较大范围内跟随输入电压作线性变化以及输入、输出信号同相等特点。射极跟随器的输出取自发射极，故也称为射极输出器。

1. 输入电阻 r_i

在图 3-14 所示的电路中，如考虑负载 R_L 的影响，则输入电阻 r_i 为

$$r_i = R_B \mathbin{/\mkern-5mu/} [r_{be} + (1+\beta)(R_E \mathbin{/\mkern-5mu/} R_L)]$$

由上式可知，射极跟随器的输入电阻 r_i 比共发射极单管放大电路的输入电阻

75

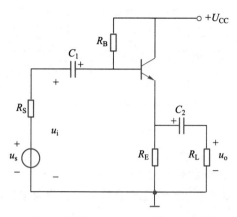

图 3-14　射极跟随器

要高得多,但由于偏置电阻 R_B 的分流作用,输入电阻难以进一步提高。输入电阻的测试方法与 3.3 节共发射极分压式偏置放大电路分析实验相同,根据所测得的 U_s 与 U_i,可计算出输入电阻

$$r_i = \frac{U_i}{I_i} = \frac{U_i}{U_s - U_i} R_S$$

2. 输出电阻 r_o

在图 3-14 所示的电路中,如考虑信号源内阻 R_S,则输出电阻 r_o 为

$$r_o = R_E /\!/ \frac{r_{be} + R_S /\!/ R_B}{1 + \beta}$$

由上式可知,射极跟随器的输出电阻 r_o 比共射极单管放大电路的输出电阻低得多。晶体管的 β 值愈高,输出电阻 r_o 愈小。输出电阻 r_o 的测试方法与 3.3 节共发射极分压式偏置放大电路分析实验相同,即先测出空载时的输出电压 U_o',再测接入负载 R_L 后的输出电压 U_o,则输出电阻

$$r_o = \left(\frac{U_o'}{U_o} - 1 \right) R_L$$

3. 电压放大倍数 A_u

在图 3-14 所示的电路中

$$A_u = \frac{(1 + \beta) R_E /\!/ R_L}{r_{be} + (1 + \beta) R_E /\!/ R_L}$$

由上式可知,射极跟随器的电压放大倍数小于 1 接近于 1,且为正值,这是深度电压串联负反馈的结果,但它的发射极电流仍是基极电流的 $1 + \beta$ 倍,所以它具有电流和功率放大作用。

4. 电压跟随范围

电压跟随范围是指射极跟随器输出电压 u_o 跟随输入电压 u_i 作线性变化的区域。当 u_i 超过一定范围时,u_o 便不能跟随 u_i 作线性变化,即 u_o 波形产生了失真。为了使输出电压 u_o 正、负半周对称,并充分利用电压跟随范围,静态工作点应选在

交流负载线中点,测量时可直接用示波器读取 u_o 的峰值,即电压跟随范围。或用交流毫伏表读取 u_o 的有效值,则电压跟随范围 $U_{op-p} = 2\sqrt{2}\,U_o$。

三、实验仪器

模拟电子技术实验箱、函数信号发生器、示波器、交流毫伏表、数字万用表。

四、实验内容

按图 3-15 连接射极跟随器电路。

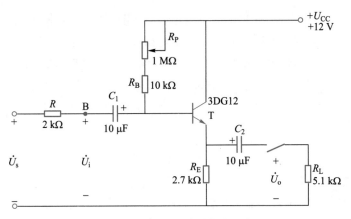

图 3-15 射极跟随器实验电路

1. 静态工作点的调整

接通 +12 V 直流电源,在输入端 B 点输入 $f = 1$ kHz 的正弦信号 u_i,用示波器观察输出电压 u_o 的波形,反复调整电位器 R_P 及信号源的输出幅度,使在示波器的屏幕上得到一个最大不失真输出电压波形,然后置 $u_i = 0$,用数字万用表直流电压挡测量晶体管各电极对地的电位,计算出发射极电流,将结果填入表 3-16 中。

表 3-16 静态工作点的测量数据

U_B/V	U_C/V	U_E/V	I_E/mA

2. 测量电压放大倍数 A_u

接入负载 $R_L = 5.1$ kΩ,在输入端 B 点输入 $f = 1$ kHz 的正弦信号 u_i,调节输入信号幅度,用示波器观察输出电压 u_o 的波形,在输出最大不失真情况下,用交流毫伏表测量输入电压 U_i、输出电压 U_o,并计算出电压放大倍数,将结果填入表 3-17 中。

表 3-17 电压放大倍数的测量数据

U_i/V	U_o/V	A_u

77

3. 测量输入电阻 r_i

在输入端输入 $f=1$ kHz 的正弦信号 u_s，用示波器观察输出电压 u_o 的波形，用交流毫伏表分别测量电压 U_s、U_i，并计算出输入电阻 r_i，将结果填入表 3-18 中。

表 3-18　输入电阻的测量数据

U_s/V	U_i/V	r_i/kΩ

4. 测量输出电阻 r_o

在输入端 B 点输入 $f=1$ kHz 的正弦信号 u_i，用示波器观察输出电压 u_o 的波形，用交流毫伏表测量放大电路空载时的输出电压 U_o'，接入负载电阻 $R_L=5.1$ kΩ，测出放大电路带负载时的输出电压 U_o，并计算输出电阻 r_o，将结果填入表 3-19 中。

表 3-19　输出电阻的测量数据

U_o'/V	U_o/V	r_o/Ω

5. 测试跟随特性

接入负载 $R_L=5.1$ kΩ，在输入端 B 点输入 $f=1$ kHz 的正弦信号 u_i，逐渐增大信号 u_i 的幅度，用示波器监视输出电压波形，在输出最大不失真情况下，用交流毫伏表测量输入电压 U_i、输出电压 U_o，将结果填入表 3-20 中。

表 3-20　跟随特性测量数据

U_i/V	U_o/V

6. 测试频率响应特性

保持输入信号 u_i 幅度不变，改变信号源频率 f，用示波器监视输出电压波形，用交流毫伏表测量不同频率下的输出电压 U_o 值，填入表 3-21 中。

表 3-21　频率响应特性测量数据

f/kHz						
U_o/V						

五、实验注意事项

1. 注意实验板、交流毫伏表与函数信号发生器共地。

2. 用数字万用表测量电压时要注意直流电压和交流电压挡位的选择以及量程的转换。

六、思考题

1. 分析射极跟随器的工作原理。

2. 根据图 3-15 的元件参数估算静态工作点,并画出交、直流负载线。

七、实验报告要求

1. 整理实验数据,并画出 $U_o=f(U_i)$ 及 $U_o=f(f)$ 曲线。

2. 总结射极跟随器的特点。

3.5　集成功率放大电路测试

一、实验目的

1. 了解集成功率放大电路的特性及其应用。

2. 学习集成功率放大电路主要技术指标的测试方法。

二、实验原理

多级放大电路的末级或末前级往往是功率放大电路,其性能是输出较大的功率去驱动负载。功率放大电路与电压放大电路完成的任务不同,电压放大电路主要是不失真地放大电压信号,而功率放大电路是为负载提供足够的功率。

（一）功率放大电路的特点

1. 输出功率要尽可能大

为了获得尽可能大的输出功率,要求功率放大电路中功放管的电压和电流应该有足够大的幅度,因而要充分利用功放管的三个极限参数,即功放管的集电极电流接近 I_{CM},管压降最大时接近 $U_{(BR)CEO}$,耗散功率接近 P_{CM}。在保证管子安全工作的前提下,尽量增大输出功率。

2. 尽可能高的功率转换效率

功放管在信号作用下向负载提供的输出功率是由直流电源供给的直流功率转换而来的,在转换的同时,功放管和电路中的耗能元件都要消耗功率。所以,要求尽量减小电路的损耗,来提高功率转换效率。若电路输出功率为 P_o,直流电源提供的总功率为 P_E,其转换效率为

$$\eta=\frac{P_o}{P_E}$$

3. 允许的非线性失真

工作在大信号极限状态下的功放管,不可避免地会存在非线性失真。不同的功放电路对非线性失真要求是不一样的。因此,只要将非线性失真限制在允许的范围内就可以了。

（二）集成功率放大电路

目前有很多种 OCL、OTL 集成功率放大电路,这些电路除具有一般集成电路的

特点外,还具有温度稳定性能好、电源利用率高、功耗低、非线性失真小等优点。有时还将各种保护电路,如过流保护、过压保护、过热保护等电路集成在芯片内部,使集成功率放大电路的使用更加安全可靠。

小功率通用型集成功率放大电路 LM386 的引脚如图 3-16 所示。其中:引脚 2 是反相输入端;引脚 3 为同相输入端;引脚 5 为输出端;引脚 6 和 4 是电源和地线;引脚 1 和 8 是电压增益调节端,使用时在引脚 7 和地线之间接旁路电容,通常取 10 μF。

LM386 是一种音频集成功率放大电路,具有功耗低、增益可调整、电源电压范围大,外接元件少等优点。其电路类型为 OTL,主要参数有:电源电压范围为 5~18 V;静态电源电流为 4 mA;输入阻抗为 50 kΩ;输出功率为 1 W (U_{CC} = 16 V,R_L = 32 Ω);电压增益为 26~46 dB;带宽为 300 kHz;总谐波失真为 0.2%。

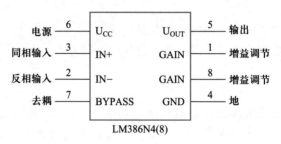

图 3-16　LM386 引脚图

三、实验仪器

模拟电子技术实验箱、函数发生器、示波器、交流毫伏表、数字万用表。

四、实验内容

(一)测试静态工作电压

1. 按照如图 3-17 所示的实验电路搭建电路,接入 U_{CC} = 12 V 的直流电压。

2. 将输入端接地,用示波器观察放大电路输出端,看有无自激现象。若有,则可以通过改变电阻 R_2 或电容 C_3 的参数来消除自激。

3. 用数字万用表直流电压挡测量集成功率放大电路 LM386 各个引脚对地的静态直流电压值,用数字万用表直流电流挡测出电源供给的电流 I_C 值,自拟表格记录数据。

(二)测试电压放大倍数、最大输出功率,计算效率

1. 在输入端输入频率为 1 kHz 的正弦交流信号,用示波器观察输出波形,逐渐加大输入电压 u_i,使输出波形达到最大且不失真为止。测量此时的输入电压 U_i、输出电压 U_o 和电源供给的电流 I_C,自拟表格记录数据。

2. 将 1、8 引脚之间的电阻去掉,重复步骤 1。

实测功率　$P_o = \left(\dfrac{U_{om}}{\sqrt{2}}\right)^2 \dfrac{1}{R_L} = \dfrac{1}{2}\dfrac{U_{om}^2}{R_L}$

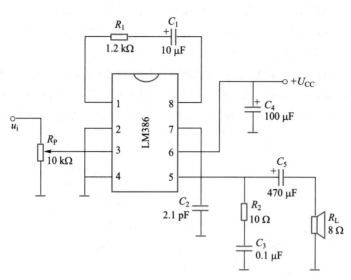

图 3-17 LM386 实验电路

五、实验注意事项

1. 实验前要清楚功放组件各引脚的位置,切不可正、负电源极性接反或输出端短路,否则会损坏集成块。

2. 用数字万用表测量电压时要注意直流电压和交流电压挡位的选择以及量程的转换。

六、思考题

1. 改变直流电源电压对输出功率和效率有何影响?

2. 功率放大电路与电压放大电路有什么不同?

七、实验报告要求

1. 总结集成功率放大电路的特点及测量方法。

2. 将实验测试数据与理论计算值相比较,并分析产生误差的原因。

3.6 集成运算放大器的线性应用

讲义:集成运算放大器的线性应用

一、实验目的

1. 通过实验加深对集成运算放大器性能的理解。

2. 了解集成运算放大器在实际使用时应考虑的一些问题。

3. 掌握由集成运算放大器组成的比例、加法、减法和积分等基本运算电路。

二、实验原理

集成运算放大器是一种高增益的直接耦合放大电路,简称集成运放。它具有很高的开环放大倍数、高输入电阻、低输出电阻,并具有较宽的频带。集成运放的线性应用范围很广,基本的应用模块有比例运算电路、加法电路、减法电路、微分电路、积分电路等,利用这些基本应用模块,可以构成各种复杂的系统。

　　本实验采用的集成运放型号为 LM741,LM741 的外形结构和引脚排列如图 3-18 所示,它是 8 脚双列直插式组件,其中:2 脚为反相输入端,3 脚为同相输入端,6 脚为输出端,4 脚接负电源,7 脚接正电源,管脚 1 和 5 为外接调零补偿电位器端,8 脚为空脚。

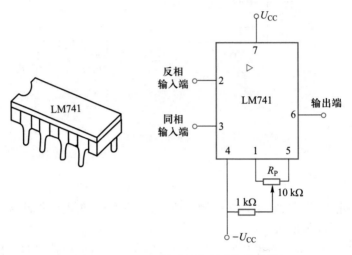

图 3-18　LM741 外形结构和引脚排列图

（一）比例运算电路

1. 反相比例运算电路

　　反相比例运算电路如图 3-19 所示,闭环电压放大倍数为 $A_{uf} = \dfrac{u_o}{u_1} = -\dfrac{R_f}{R_1}$。若取 $R_f = R_1$,则 $u_o = -u_1$,构成反相器。为了使集成运放两输入端的外接电阻对称,同相输入端所接电阻 R_2 等于反相输入端对地的等效电阻,即 $R_2 = R_1 \mathbin{/\!/} R_f$。

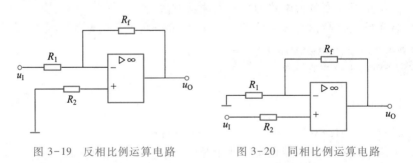

图 3-19　反相比例运算电路　　　　图 3-20　同相比例运算电路

2. 同相比例运算电路

　　同相比例运算电路如图 3-20 所示,闭环电压放大倍数为 $A_{uf} = \dfrac{u_o}{u_1} = \left(1 + \dfrac{R_f}{R_1}\right)$,图

中 $R_2 = R_1 /\!/ R_f$。若 $R_1 = \infty$ 或 $R_f = 0$，则 $u_0 = u_1$，构成电压跟随器。

（二）加、减法运算电路

1. 反相加法运算电路

反相加法运算电路如图 3-21 所示，输出电压与输入电压之间的关系为 $u_0 = -\left(\dfrac{R_f}{R_1}u_{11} + \dfrac{R_f}{R_2}u_{12}\right)$，图中 $R_3 = R_1 /\!/ R_2 /\!/ R_f$。当 $R_1 = R_2 = R_f$ 时，$u_0 = -(u_{11} + u_{12})$。

2. 减法运算电路

减法运算电路如图 3-22 所示，输出电压为 $u_0 = \left(1 + \dfrac{R_f}{R_1}\right)\left(\dfrac{R_3}{R_2 + R_3}\right)u_{12} - \dfrac{R_f}{R_1}u_{11}$。当 $R_1 = R_2, R_f = R_3$ 时，$u_0 = \dfrac{R_f}{R_1}(u_{12} - u_{11})$，当 $R_1 = R_2 = R_3 = R_f$ 时，$u_0 = u_{12} - u_{11}$。

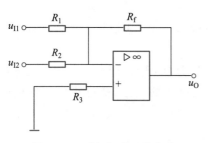
图 3-21 反相加法运算电路

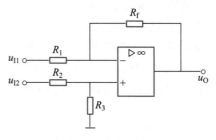
图 3-22 减法运算电路

（三）积分运算电路

反相积分运算电路如图 3-23(a) 所示。当电容两端初始电压为零时，可以得出 $u_0 = -\dfrac{1}{C_f R_1}\displaystyle\int u_1 \mathrm{d}t$。

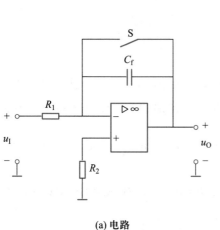

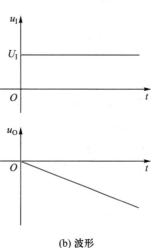

(a) 电路 　　　　　　　　　　　(b) 波形

图 3-23 反相积分运算电路

83

若输入电压 u_I 为幅度等于 U_I 的阶跃电压,则有 $u_O = -\dfrac{U_I}{R_1 C_f} t$。此时输出电压 u_O 的波形是随时间线性下降的,阶跃响应的波形如图 3-23(b)所示。若输入电压 u_I 为方波序列脉冲,则输出电压 u_O 为三角波。

三、实验仪器

模拟电子技术实验箱、函数发生器、示波器、交流毫伏表、数字万用表。

四、实验内容

(一)反相比例运算电路

1. 按如图 3-19 所示的电路接线,取 $R_1 = 10\ \text{k}\Omega$,$R_F = 100\ \text{k}\Omega$,$R_2 = R_1 /\!/ R_f$。接通 ±12 V 电源后,消振,调零。

2. 输入电压 u_I 分别为 0.2 V 和 -0.4 V 的直流电压,用数字万用表直流电压挡测量输出电压,并将测量数据填入表 3-22 中。

3. 在输入端输入有效值为 0.3 V、频率为 1 kHz 的正弦交流电压,用交流毫伏表测量输出电压,用示波器观察输入电压和输出电压的波形,并将测量数据填入表 3-22 中。

表 3-22　反相比例运算电路测量数据

		直流电压		交流电压	波形
输入电压		0.2 V	-0.4 V	0.3 V,1 kHz	
输出电压	理论值				
	实测值				

(二)同相比例运算电路

1. 按如图 3-20 所示的电路接线,取 $R_1 = 10\ \text{k}\Omega$,$R_f = 100\ \text{k}\Omega$,$R_2 = R_1 /\!/ R_f$。接通 ±12 V 电源后,消振,调零。按照反相比例运算电路的实验步骤 2 和 3,分别测量三组输出电压,并将测量数据填入表 3-23 中。

2. 设计一个同相比例运算电路,要求 $A_{uf} = 6$,标出 R_1、R_2、R_f 的数值。

(三)反相加法运算电路

1. 按如图 3-21 所示的电路接线,取 $R_1 = R_2 = 10\ \text{k}\Omega$,$R_f = 100\ \text{k}\Omega$,$R_3 = R_1 /\!/ R_2 /\!/ R_f$。

2. 接通 ±12 V 电源后,输入端接地,调整调零电位器使输出为零。

表 3-23　同相比例运算电路测量数据

		直流电压		交流电压	波形
输入电压		0.2 V	-0.4 V	0.3 V,1 kHz	
输出电压	理论值				
	实测值				

3. 实验时要注意选择合适的直流信号幅度以确保集成运算放大器工作在线性区。用数字万用表直流电压挡测量输入电压 U_{I1}、U_{I2} 及输出电压 U_O,将测量数据填入表 3-24 中。

表 3-24　反相加法运算电路测量数据

U_{I1}/V			
U_{I2}/V			
U_O/V			

（四）减法运算电路

按如图 3-22 所示的电路接线,取 $R_1 = R_2 = 10$ kΩ,$R_3 = R_f = 100$ kΩ。按照反相加法运算电路的实验步骤 2 和 3 测量电压,并将测量数据填入表 3-25 中。

表 3-25　减法运算电路测量数据

U_{I1}/V			
U_{I2}/V			
U_O/V			

（五）反相积分电路

1. 按如图 3-23(a)所示的电路接线,取 $R_1 = 100$ kΩ,$C_f = 10$ μF,$R_2 = 100$ kΩ,接通±12 V 电源后,闭合 S,此时积分器复零。

2. 打开 S,在输入端输入 $U_I = 1$ V 的阶跃电压,用数字万用表直流电压挡监测输出电压 u_O 的变化,并记录实验结果。

3. 打开 S,在输入端输入频率为 1 kHz 的方波信号,用示波器观察输出电压 u_O 和输入电压 u_I 的波形,用示波器观察输入电压和输出电压的波形,将测量结果填入自拟表格中。

五、实验注意事项

1. 实验前要清楚运放组件各引脚的位置,不可将正、负电源极性接反或输出端短路,否则会损坏集成块。

2. 实验过程中不要拆卸集成芯片,以免重装时方向插错或引脚折断。每次连接电路前都必须关掉电源。

3. 使用仪表进行测量时,要先确认仪表量程或开关位置,然后再进行测量。

六、思考题

1. 在反相比例运算电路中,若反馈电阻 R_f 支路开路,会产生什么实验现象?

2. 为了不损坏集成电路,实验中应注意什么问题?

七、实验报告要求

1. 将实验数据与理论值进行比较,分析产生误差的原因。

2. 记录实验过程中出现的故障现象,分析原因,说明应如何解决。

3. 在坐标纸上画出反相积分电路的输入电压和输出电压波形,并进行分析。

3.7　集成运算放大器的非线性应用

一、实验目的

1. 了解集成运算放大器的非线性应用,掌握电压比较器的功能。

2. 熟悉集成运算放大器在波形产生方面的应用。

3. 进一步掌握振荡频率和输出幅度的测量方法。

二、实验原理

1. 电压比较器

电压比较器的电路和传输特性如图 3-24 所示,输入信号 u_i 加于集成运放的同相输入端,参考电压 U_R 加在集成运放的反相输入端。由于集成运放处于开环状

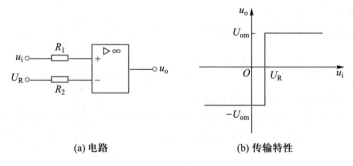

(a) 电路　　　　　　　　(b) 传输特性

图 3-24　电压比较器的电路和传输特性

态,因此集成运放工作于非线性区,分析依据为:① $i_+ = i_- = 0$;② 当 $u_i > U_R$ 时,$u_o = U_{om}$,输出为正饱和值;③ 当 $u_i < U_R$ 时,$u_o = -U_{om}$,输出为负饱和值。

2. 正弦波发生器

正弦波发生器电路如图 3-25 所示。其中 RC 串、并联网络既作选频网络又作正反馈电路,调节 R_P 可以改变负反馈强弱,以便得到良好的正弦波。

电路的振荡角频率 $\omega = \omega_0 = \dfrac{1}{RC}$,电路的振荡频率 $f_0 = \dfrac{1}{2\pi RC}$。当 $\omega = \omega_0 = \dfrac{1}{RC}$ 时,$F_u = \dfrac{1}{3}$,$\varphi(\omega) = 0°$,依据幅值平衡条件,有 $A_{uf} = 1 + \dfrac{R_P}{R_1} \geqslant 3$。该电路依靠集成运放的非线性进行限幅,故波形会产生较大的失真,为此,实际电路中需要设计自动稳幅电路。

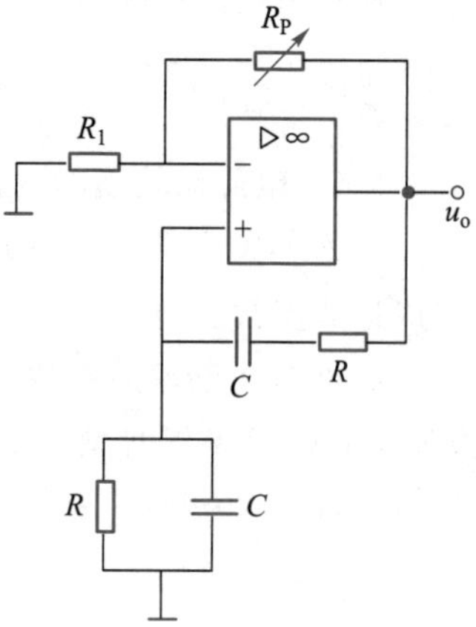

图 3-25 正弦波发生器

3. 方波发生器

方波发生器是能够直接产生方波信号的非正弦波发生器,它由迟滞比较器和 RC 积分电路组成,方波发生器电路及波形如图 3-26 所示。其中 $u_{R_2} = \dfrac{R_2}{R_1+R_2}u_o$,比较器的输出电压由电容电压 u_C 和 u_{R_2} 决定。当 $u_C > u_{R_2}$ 时,$u_o = -U_{om}$;当 $u_C < u_{R_2}$ 时,$u_o = +U_{om}$。

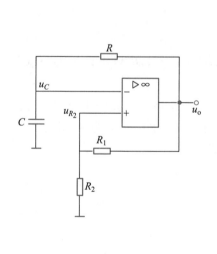

(a) 电路   (b) u_C 和 u_o 的波形

图 3-26 方波发生器电路及波形

方波发生器的周期为 $T = 2RC\ln\left(1+\dfrac{2R_2}{R_1}\right)$,方波发生器的频率为 $f = \dfrac{1}{T}$。

由此可见,改变电阻 R 或电容 C,以及改变比值 R_2/R_1 的大小,均能改变振荡频

率 f。

三、实验仪器

模拟电子技术实验箱、函数发生器、示波器、交流毫伏表、数字万用表、频率计。

四、实验内容

（一）电压比较器的测试

1. 按如图 3-24 所示的电路接线，取 $R_1 = R_2 = 10\ \text{k}\Omega$，接入 ±12 V 的工作电压，使集成运放正常工作。

2. 在输入端输入有效值为 1.4 V，频率为 1 kHz 的正弦交流电压，在 U_R 分别为 0 V、1 V 和 -1 V 三种情况下，用示波器观察输入电压和输出电压的波形，将测量结果填入表 3-26 中。

表 3-26　电压比较器的测量数据

$U_i = 1.4\ \text{V}, f = 1\ \text{kHz}$	$U_R = 0\ \text{V}$	$U_R = 1\ \text{V}$	$U_R = -1\ \text{V}$
输入波形			
输出波形			

（二）正弦波发生器测试

1. 按如图 3-25 所示的电路接线，$R_1 = 2\ \text{k}\Omega$，$R_P = 22\ \text{k}\Omega$，$R = 15\ \text{k}\Omega$，$C = 0.1\ \mu\text{F}$，接入 ±12 V 的工作电压，使集成运放正常工作。

2. 改变 R_P 电阻值，使输出电压 u_o 为幅值最大且无明显失真的正弦波。用交流毫伏表测量输出电压 u_o 的有效值，用频率计测量输出电压 u_o 的频率，用示波器测量输出电压 u_o 的波形，将测量的结果填入表 3-27 中。

表 3-27　正弦波发生器测量数据

测试条件		测试值		输出电压 u_o 波形
R	C	U_o	f	
15 kΩ	0.1 μF			

（三）方波发生器测试

1. 按如图 3-26(a) 所示的电路接线，$R_1 = 10\ \text{k}\Omega$，$R_2 = 10\ \text{k}\Omega$，$R = 10\ \text{k}\Omega$，$C = $

0.1 μF,接入±12 V 的工作电压,使集成运放正常工作。

2. 用频率计测量输出电压 u_o 的频率,用示波器测量电容电压 u_C 和输出电压 u_o 的波形,并从输出电压 u_o 的波形中求出峰峰值 U_{opp},将测量的结果填入表 3-28 中。

表 3-28 方波发生器测量数据

测试条件		测试值		u_C 波形	u_o 波形
R	C	U_{opp}	f		
10 kΩ	0.1 μF				

五、实验注意事项

1. 实验前要清楚运放组件各引脚的位置,切不可将正、负电源极性接反或输出端短路,否则会损坏集成块。

2. 实验过程中不要拆卸集成芯片,以免重装时方向插错或引脚折断。每次连接电路前都必须关掉电源。

3. 使用仪表进行测量时,要先确认仪表量程或开关位置,然后再进行测量。

六、思考题

1. 若想改变图 3-25 正弦波发生器的振荡频率,需调整电路中哪些元件?

2. 如何将方波发生器改变为三角波、矩形波、锯齿波发生器?画出设计的电路。

七、实验报告要求

1. 列表整理实验数据,并与理论值相比较。

2. 在坐标纸上画出各实验波形。

3.8 整流、滤波、稳压电路的测试

讲义:整流、滤波、稳压电路的测试

一、实验目的

1. 掌握单相桥式整流电路的工作原理和作用。

2. 掌握电容滤波电路的工作原理和作用。

3. 熟悉稳压管稳压电源的组成及各部分的作用。

二、实验原理

直流稳压电源的四个基本组成部分是:电源变压器、整流电路、滤波电路和稳压电路。电源变压器将 220 V 交流电压变为所需要的交流电压 u_2,整流电路将 u_2 变成脉动的直流电压,然后通过滤波电路滤除纹波,得到比较平滑的直流电压,经

过稳压电路后,输出电压就成为稳定的直流电压。

1. 整流电路

单相桥式整流电路是目前广泛使用的整流电路,电路的简化画法如图 3-27(a) 所示,图中 Tr 为电源变压器,设变压器二次电压 $u_2 = \sqrt{2}\, U_2 \sin \omega t$,$R_L$ 是要求直流供电的负载电阻。单相桥式整流电路输出电压的平均值 $U_0 = 0.9U_2$,输入、输出电压波形如图 3-27(b) 所示。

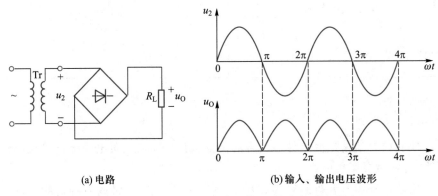

(a) 电路　　　　　　　　(b) 输入、输出电压波形

图 3-27　单相桥式整流电路及输入、输出电压波形图

2. 滤波电路

电容滤波是最简单的滤波电路,它是在整流电路的输出端与负载电阻并联一个电容 C 而组成的,电容滤波是通过电容器的充电、放电来滤掉交流分量的。桥式整流和电容滤波电路如图 3-28(a) 所示,输出电压波形如图 3-28(b) 所示。由分析可知:C 值一定,当 $R_L = \infty$(即空载)时,$U_0 = \sqrt{2}\, U_2 \approx 1.4U_2$;当 $R_L C \geqslant (3 \sim 5)\dfrac{T}{2}$ 时,$U_0 = 1.2U_2$,式中 T 为电源交流电压的周期。

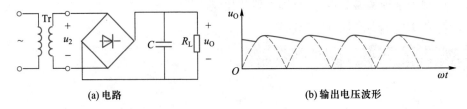

(a) 电路　　　　　　　　(b) 输出电压波形

图 3-28　桥式整流和电容滤波电路及输出电压波形

3. 稳压管稳压电路

稳压管稳压电路是最简单的一种稳压电路,这种电路主要用于对稳压要求不高的场合。桥式整流和电容滤波及稳压管稳压电路如图 3-29 所示。负载两端电压 U_0 就是稳压管的端电压 U_Z。当 U_C 发生波动时,必然使限流电阻 R 上的压降和 U_Z 发生变动,引起稳压管电流的变化,只要在 $I_Z \sim I_{Zmax}$ 范围内变动,就可以认为 U_Z 即 U_0 基本上未变动。选择稳压管时,一般取:$U_Z = U_0$,$I_{Zmax} = (1.5 \sim 3) I_{0max}$,$U_C = (2 \sim 3) U_0$。

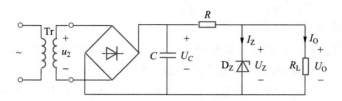

图 3-29 桥式整流和电容滤波及稳压管稳压电路

三、实验仪器

模拟电子技术实验箱、函数发生器、示波器、交流毫伏表、数字万用表。

四、实验内容

（一）测量桥式整流电路的输出电压和输出波形

1. 用数字万用表交流电压挡测量实验箱上的交流电源输出 14 V，接入实验板的交流输入端，用示波器观察输入电压波形。

2. 按如图 3-27(a)所示的电路接线，接负载电阻 $R_L = 240\ \Omega$。用数字万用表直流电压挡测量桥式整流电路的输出电压 U_O，用示波器观察输出电压的波形，将所测量的数值及观察的输入、输出电压波形填入表 3-29 中。

表 3-29 桥式整流电路的测量数据

测试条件	输入电压 U_2/V	输出电压 U_O/V	u_2 波形	u_O 波形
$R_L = 240\ \Omega$				

（二）测量桥式整流和电容滤波电路的输出电压和输出波形

按如图 3-28(a)所示的电路接线，接负载电阻 $R_L = 240\ \Omega$。逐渐改变滤波电容 C 的大小，用数字万用表直流电压挡测量输出电压 U_O，用示波器观察输入和输出电压的波形，将所测量的数值及观察的输入、输出电压波形填入表 3-30 中。

表 3-30 桥式整流和电容滤波的测量数据

$R_L = 240\ \Omega$	$C_1 = 22\ \mu F$	$C_2 = 100\ \mu F$	$C_3 = 220\ \mu F$
输入电压 U_2/V			
输出电压 U_O/V			
u_2 波形			
u_o 波形			

（三）改变负载电阻和电网电压，观察输出电压的变化

1. 按如图 3-28(a)所示的电路接线，$U_2 = 14$ V，$C = 220$ μF，改变负载电阻 R_L，用数字万用表直流电压挡测量输出电压 U_0，用示波器观察输入和输出电压的波形，将所测量的数值及观察的输入、输出电压波形填入表 3-31 中。

2. 按如图 3-28(a)所示的电路接线，$C = 220$ μF，$R_L = 240$ Ω，改变电网电压 U_2，用数字万用表直流电压挡测量输出电压 U_0，用示波器观察输入和输出电压的波形，将所测量的数值及观察的输入、输出电压波形填入表 3-31 中。

表 3-31 改变负载电阻和电网电压的测量数据

负载变化			电网电压变化		
$U_2 = 14$ V，$C = 220$ μF			$R_L = 240$ Ω，$C = 220$ μF		
R_L	120 Ω	240 Ω	U_2	10 V	14 V
U_0/V			U_0/V		
u_2 波形			u_2 波形		
u_0 波形			u_0 波形		

（四）测量桥式整流和电容滤波及稳压管稳压电路的输出电压和波形

按如图 3-29 所示的电路接线，$U_2 = 14$ V，$C = 220$ μF，$R_L = 240$ Ω，接入限流电阻及稳压二极管，用数字万用表直流电压挡测量输出电压 U_0，用示波器观察输入和输出电压的波形，将所测量的数值及观察的输入、输出电压波形记录于自拟表格中。

五、实验注意事项

1. 测量输入电压有效值时要用数字万用表的交流电压挡，并选择合适的量程。
2. 测量输出电压平均值时要用数字万用表的直流电压挡，并选择合适的量程。
3. 示波器观察波形时，应先调整好 Y 输入基准点，并选择 DC 方式输入。

六、思考题

1. 在桥式整流电路中，发生某个二极管接反、击穿、开路等故障时，电路将出现什么现象？
2. 在稳压二极管电路中，U_C 与 U_0 之间必须满足什么条件才能实现稳压作用？

七、实验报告要求

1. 将实验数据与理论值进行比较，分析产生误差的原因。
2. 对实验过程中出现的故障现象，分析原因，说明应如何解决。

3.9 集成直流稳压电源的设计

一、实验目的

1. 熟悉集成三端稳压器的型号、参数及其应用。

2. 熟悉集成三端可调稳压器的使用方法及外部元器件参数的选择。

3. 掌握可调直流稳压电源的设计方法。

二、实验内容

（一）电路设计技术指标

1. 输入交流电压：220 V±10%，50 Hz

2. 输出直流电压：1.5～15 V，连续可调

3. 输出电流：0～5 A

4. 电压调整率：$S_U < 0.05\%/V$

5. 内阻：$< 0.1\ \Omega$

6. 纹波电压峰值：< 5 mV

（二）电路设计要求

1. 选择电路形式，画出原理电路图。

2. 选择电路元器件的型号及参数，并列出元件清单。

3. 画出安装布线图。

4. 拟定调试内容及步骤，画出测试电路及记录表格。

（三）电路安装、调整与测试

1. 按安装布线图进行安装。安装完毕后应认真检查电路中各元器件有无接错、漏接和接触不良的地方。应特别注意：二极管的引脚和滤波电容器的极性不能接反，三端稳压器引脚不能接错，输出端不能有短路现象。

2. 通电前应再认真检查一遍安装电路，确认无误后，才可以接通交流电源，进行调整与测试。

三、实验仪器

自选实验仪器，并列出实验仪器清单。

四、实验报告要求

1. 写出整个设计全过程，画出原理图。

2. 写出调试步骤及实验过程中解决的问题，整理所测实验数据。

3. 介绍设计方案的优点，提出改进意见，总结本次设计的收获。

4. 列出元件清单。

5. 列出参考书目。

3.10　晶闸管的简易测试

一、实验目的

1. 观察晶闸管的结构、掌握测试晶闸管的正确方法。
2. 研究晶闸管的导通条件与关断条件。

二、实验原理

1. 结构

晶闸管内部结构由 PNPN 四层半导体交替叠合而成,中间形成三个 PN 结。阳极 A 从上端 P 区引出,阴极 K 从下端 N 区引出,又在中间 P 区上引出门极 G。

2. 导通和关断条件

① 晶闸管导通的条件是在阳极和阴极之间加正向电压,同时门极和阴极之间加适当的正向电压。

② 晶闸管导通以后的关断方法是在阳极上加反向电压或将阳极电流减小到足够小的程度(维持电流 I_H 以下)。

3. 型号命名方法

型号为 KP□—□□,其中 K 为晶闸管;P 为普通型;第一个□为额定正向平均电流;第二个□为额定电压,用其百位数或千位数及百位数表示,它为 U_{FRM} 和 U_{RRM} 中较小的一个;第三个□为导通时平均电压组别(小于 100 A 不标),共九级,用 A～I 字母表示 0.4～1.2 V。

4. 主要参数

① 正向平均电流 I_F:在规定的散热条件和环境温度及全导通的条件下,晶闸管可以连续通过的工频正弦半波电流在一个周期内的平均值。工作中,阳极电流不能超过此值,以免 PN 结的结温过高,使晶闸管烧坏。

② 维持电流 I_H:在规定的环境温度和门极断开情况下,维持晶闸管导通状态的最小电流。当晶闸管正向工作电流小于 I_H 时,晶闸管自动关断。

③ 正向重复峰值电压 U_{FRM}:在门极断路和晶闸管正向阻断的条件下,可以重复加在晶闸管两端的正向峰值电压。按规定此电压为正向转折电压 U_{BO} 的 80%。

④ 反向重复峰值电压 U_{RRM}:在额定结温和门极断开时,可以重复加在晶闸管两端的反向峰值电压。按规定此电压为反向转折电压 U_{BR} 的 80%。

⑤ 门极触发电压 U_G 和电流 I_G:在晶闸管的阳极和阴极之间加 6 V 直流正向电压后,能使晶闸管完全导通所必需的最小门极电压和门极电流。

三、实验仪器

模拟电子技术实验箱、数字万用表、晶闸管若干只。

四、实验内容

（一）鉴别晶闸管的好坏

用数字万用表 $R \times 1 k$ 电阻挡测量三只晶闸管的阳极－阴极（A–K）之间以及用 $R \times 10$ 或 $R \times 100$ 电阻挡测量三只晶闸管的门极－阴极（G–K）之间的正、反向电阻，并将测量数据填入表 3–32 中。

表 3–32　晶闸管测量数据

被测晶闸管	R_{AK}	R_{KA}	R_{GK}	R_{KG}	结论
T_1					
T_2					
T_3					

（二）晶闸管导通条件实验

按如图 3–30 所示的电路接线。

1. 当 110 V 直流电源电压的正极加到晶闸管的阳极时，门极不加电压或接上反向电压，观察白炽灯是否亮。当门极加正向电压，观察白炽灯是否亮。

2. 当 110 V 直流电源电压的负极加到晶闸管的阳极时，给门极接上反向电压或正向电压，观察白炽灯是否亮。

3. 当白炽灯亮时，切断门极电源，观察白炽灯是否继续亮。

4. 当白炽灯亮时，给门极加上反向电压，观察白炽灯是否继续亮。

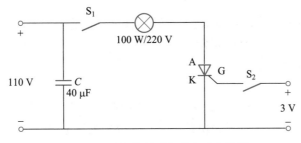

图 3–30　晶闸管导通条件实验电路图

（三）晶闸管关断条件实验

按如图 3–31 所示电路接通 110 V 直流电源。

1. 合上开关 S_1，晶闸管导通，灯亮。

2. 断开开关 S_1，再合上开关 S_2，灯灭。

3. 合上开关 S_1，断开开关 S_2，晶闸管导通，灯亮。调节可变电阻，使负载电源电压 U_a 减小，这时白炽灯慢慢地暗淡下来。在白炽灯完全熄灭之前，按下按钮 SB 让电流从毫安表通过，继续减小负载电源电压 U_a，使流过晶闸管的阳极电流逐渐减小到某值（一般为几十毫安），毫安表指针突然下降到零，然后再调节可变电阻使 U_a

升高,这时观察白炽灯不再亮,这说明晶闸管已经完全关断,恢复阻断状态。毫安表从某数值突然下降到零,该电流就是被测晶闸管的维持电流 I_H。

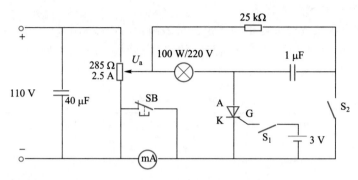

图 3-31　晶闸管关断条件实验电路图

五、实验注意事项

1. 用数字万用表不同电阻挡测量晶闸管门极与阴极之间的正向电阻时,测出的 R_{GK} 阻值会相差很大。所以用数字万用表测试晶闸管各极间的阻值时应采用同一挡进行测量。不要用 $R×10k$ 挡测量,以免损坏门极。

2. 在做关断实验时,一定要在白炽灯快要熄灭,通过白炽灯的电流非常小时,才可以按下常闭按钮 SB,否则将损坏表头。此外,关断电容值(1 μF)不能太小,否则,因其放电时间太短,小于晶闸管关断所需时间而使其无法关断。

六、思考题

1. 晶闸管导通的条件是什么? 导通时,其电流的大小由什么决定? 晶闸管阻断时,承受电压的大小由什么决定?

2. 为什么晶闸管导通后,门极就失去控制作用? 在什么条件下晶闸管才能从导通转为截止?

3. 晶闸管门极上几十毫安的小电流可以控制阳极上几十甚至几百安培的大电流,它与晶体管中用较小的基极电流控制较大的集电极电流有什么不同?

七、实验报告要求

1. 根据实验记录判断被测晶闸管的好坏,写出简易测量方法。
2. 根据实验内容写出晶闸管的导通条件和关断条件。

第4章 数字电子技术实验

数字信号是用来对信息编码的代码信号,具有较强的抗干扰能力,便于传输与处理。本章实验涵盖了门电路功能测试、组合逻辑电路、时序逻辑电路、555 定时器、D/A 与 A/D 转换等内容,是系统掌握数字电子技术相关理论的基础实验。

4.1 TTL 集成逻辑门的逻辑功能与参数测试

一、实验目的

1. 掌握 TTL 集成与非门的逻辑功能和主要参数的测试方法。
2. 掌握 TTL 器件的使用规则。
3. 熟悉数字电子技术实验箱的结构、基本功能和使用方法。

二、实验原理

1. 与非门的逻辑功能

双四输入与非门 74LS20,即在一个集成芯片内含有两个互相独立的与非门,每个与非门有四个输入端,其逻辑符号及引脚排列如图 4-1(a)(b)所示。

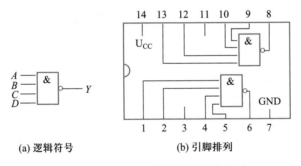

(a) 逻辑符号　　　　(b) 引脚排列

图 4-1　74LS20 逻辑符号及引脚排列

与非门的逻辑功能是:当输入端中有一个或一个以上是低电平时,输出端为高电平;只有当输入端全部为高电平时,输出端才是低电平。74LS20 逻辑表达式为 $Y = \overline{ABCD}$。

2. TTL 与非门的主要参数

(1) 低电平输出电源电流 I_{CCL} 和高电平输出电源电流 I_{CCH}

与非门处于不同的工作状态,电源提供的电流是不同的。I_{CCL} 是指所有输入端悬空,输出端空载时,电源提供器件的电流。I_{CCH} 是指输出端空载,每个门各有一个以上的输入端接地,其余输入端悬空时,电源提供给器件的电流。通常 $I_{CCL}>I_{CCH}$,它们的大小标志着器件静态功耗的大小。

器件的最大功耗为 $P_{CCL}=U_{CC}I_{CCL}$,手册中提供的电源电流和功耗数值是指整个器件总的电源电流和总的功耗,I_{CCL} 和 I_{CCH} 测试电路如图 4-2(a)(b)所示。

（2）低电平输入电流 I_{iL} 和高电平输入电流 I_{iH}

I_{iL} 是指被测输入端接地,其余输入端悬空,输出端空载时,由被测输入端流出的电流值。在多级门电路中,I_{iL} 相当于前级门输出为低电平时,后级向前级门灌入的电流,因此它关系到前级门的灌电流负载能力,即直接影响前级门电路带负载的个数,因此希望 I_{iL} 小些。

I_{iH} 是指被测输入端接高电平,其余输入端接地,输出端空载时,流入被测输入端的电流值。在多级门电路中,它相当于前级门输出高电平时,前级门的拉电流,其大小关系到前级门的拉电流负载能力,一般希望 I_{iH} 小些。由于 I_{iH} 较小,难以测量,一般免于测试。

I_{iL} 与 I_{iH} 的测试电路如图 4-2(c)(d)所示。

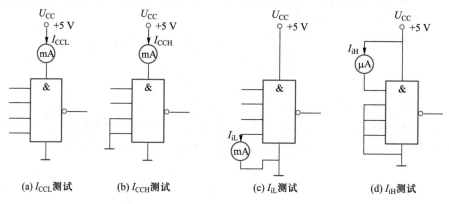

(a) I_{CCL} 测试　　(b) I_{CCH} 测试　　(c) I_{iL} 测试　　(d) I_{iH} 测试

图 4-2　TTL 与非门静态参数测试电路

（3）扇出系数 N

扇出系数 N 是指门电路能驱动同类门的个数,它是衡量门电路负载能力的一个参数,TTL 与非门有两种不同性质的负载,即灌电流负载和拉电流负载,因此有两种扇出系数,即低电平扇出系数 N_L 和高电平扇出系数 N_H。通常 $I_{iH}<I_{iL}$,则 $N_H>N_L$,所以常以 N_L 作为门的扇出系数。扇出系数的测试电路如图 4-3 所示,门的输入端全部悬空,输出端接灌电流负载 R_L,调节 R_L 使 I_{oL} 增大,U_{oL} 随之增高,当 U_{oL} 达到 U_{oLm}(手册中规定低电平规范值为 0.4 V)时的 I_{oL} 就是允许灌入的最大负载电流,则 $N_L=\dfrac{I_{oL}}{I_{iL}}$,通常 N_L 小于等于 8。

（4）电压传输特性

门的输出电压 U_o 随输入电压 U_i 而变化的曲线 $U_o=f(U_i)$,称为门的电压传输特性,通过它可读得门电路的一些重要参数,如输出高电平 U_{oH}、输出低电平 U_{oL}、关门电平 U_{off}、开门电平 U_{on}、阈值电平 U_T 及抗干扰容限 U_{NL}、U_{NH} 等值。传输特性测试电路如图 4-4 所示,采用逐点测试法,即调节电位器 R_P,逐点测得 U_i 及 U_o,然后绘成曲线。

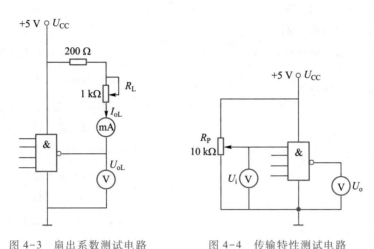

图 4-3 扇出系数测试电路　　图 4-4 传输特性测试电路

(5) 平均传输延迟时间 t_{pd}

平均传输延迟时间 t_{pd} 是衡量门电路开关速度的参数,它是指输出波形边沿的 $0.5U_m$ 至输入波形对应边沿 $0.5U_m$ 的时间间隔,如图 4-5 所示。

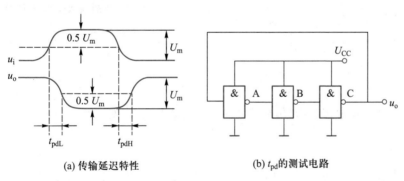

(a) 传输延迟特性　　(b) t_{pd}的测试电路

图 4-5 传输延迟特性和 t_{pd}的测试电路

图 4-5(a) 中的 t_{pdL} 为导通延迟时间,t_{pdH} 为截止延迟时间,平均传输延迟时间为 $t_{pd} = \frac{1}{2}(t_{pdL} + t_{pdH})$,$t_{pd}$ 的测试电路如图 4-5(b) 所示,由于 TTL 门电路的延迟时间较小,直接测量时对函数信号发生器和示波器的性能要求较高,故实验采用测量由奇数个与非门组成的环形振荡器的振荡周期 T 来求得。其工作原理是:假设电路在接通电源后某一瞬间,电路中的 A 点为逻辑 1,经过三级门的延迟后,使 A 点由原来的逻辑 1 变为逻辑 0;再经过三级门的延迟后,A 点电平又重新回到逻辑 1。电路中其他各点电平也随着变化。说明使 A 点发生一个周期的振荡,必须经过六级门的延迟时间。因此,平均传输延迟时间为 $t_{pd} = T/6$。TTL 电路的 t_{pd} 一般在 10～40 ns 之间,74LS20 主要参数规范如表 4-1 所示。

表 4-1　74LS20 主要参数规范

参数名称和符号			规范值	单位	测试条件
直流参数	低电平输出电源电流	I_{CCL}	<14	mA	$U_{CC} = 5$ V,输入端悬空,输出端空载
	高电平输出电源电流	I_{CCH}	<7	mA	$U_{CC} = 5$ V,输入端接地,输出端空载
	低电平输入电流	I_{iL}	≤1.4	mA	$U_{CC} = 5$ V,被测输入端接地,其他输入端悬空,输出端空载
	高电平输入电流	I_{iH}	<50	μA	$U_{CC} = 5$ V,被测输入端 $U_{in} = 2.4$ V,其他输入端接地,输出端空载
			<1	mA	$U_{CC} = 5$ V,被测输入端 $U_{in} = 5$ V,其他输入端接地,输出端空载
	输出高电平	U_{oH}	≥3.4	V	$U_{CC} = 5$ V,被测输入端 $U_{in} = 0.8$ V,其他输入端悬空,$I_{oH} = 400$ μA
	输出低电平	U_{oL}	<0.3	V	$U_{CC} = 5$ V,被测输入端 $U_{in} = 2.0$ V,其他输入端悬空,$I_{oL} = 12.8$ mA
	扇出系数	N	4~8		同 U_{oH} 和 U_{oL}
交流参数	平均传输延迟时间	t_{pd}	≤20	ns	$U_{CC} = 5$ V,被测输入端输入信号:$U_{in} = 3.0$ V,$f = 2$ MHz

三、实验仪器

数字电子技术实验箱、集成芯片 74LS20、毫安表、微安表。

四、实验内容

在合适的位置选取一个 14P 插座,按定位标记插好 74LS20 集成芯片。

1. 验证 TTL 集成芯片 74LS20 的逻辑功能

按如图 4-1(b)所示电路接线,取 74LS20 的一组**与非**门,输入端接实验箱的电平输出,输出端接实验箱的状态显示,14 脚接 5 V 电源的"+"端,7 脚接电源"地"。打开实验箱电源开关,接通+5 V 电源,改变电路的输入电平,观察输出变化,状态显示二极管亮,表示输出为 **1**,反之为 **0**。74LS20 有 4 个输入端,有 16 个最小项,观察输入变化时的输出状态,将测试结果填入表 4-2 中。

2. 74LS20 主要参数测试

(1) 分别按图 4-2、图 4-3、图 4-5(b)接线并进行测试,将测试结果填入表 4-3 中。

(2) 按图 4-4 接线,调节电位器 R_P,使 U_i 从 0 V 向高电平变化,逐点测量 U_i 和 U_o 的对应值,将测试结果填入表 4-4 中。

表 4-2　74LS20 功能测试

输入	1 脚												
	2 脚												
	4 脚												
	5 脚												
输出	6 脚												

表 4-3　74LS20 主要参数测试数据

I_{CCL}/mA	I_{CCH}/mA	I_{iL}/mA	I_{oL}/mA	$N = I_{oL}/I_{iL}$	$t_{pd} = T/6/ns$

表 4-4　电压传输特性测试数据

U_i/V	0	0.2	0.4	0.6	0.8	1.0	1.5	2.0	2.5	3.0	3.5	4.0
U_o/V												

五、实验注意事项

1. 实验时切勿拿起芯片,以防损坏。连线时注意各引脚功能,不要接错。

2. 布线顺序:先接地线和电源线,再接不变的固定输入端,最后按信号流向连接输入线、输出线和控制线。

六、思考题

1. TTL 闲置输入端如何处理?

2. 门电路的最大输出电流是多少?

七、实验报告要求

1. 记录、整理实验结果,并对结果进行分析。

2. 画出实测的电压传输特性曲线,并从中读出各有关参数值。

4.2　TTL 门电路测试及组合逻辑电路分析

一、实验目的

1. 进一步熟悉数字电子技术实验箱的基本功能和使用方法。

2. 掌握数字集成芯片的使用,学习检查集成芯片好坏的方法,掌握集成门电路逻辑功能测试方法。

讲义:TTL 门电路测试及组合逻辑电路分析

3. 掌握组合逻辑电路的分析方法。

二、实验原理

1. TTL 集成逻辑门电路

TTL 集成逻辑门电路系列有很多不同功能、不同用途的逻辑门电路。通过实验的方法逐项验证其真值表,测试其逻辑功能。同时,根据逻辑功能是否正确,可以初步判断集成芯片的好坏。

(1) 74LS00 与非门

74LS00 是一个由四个 2 输入**与非门**组成的器件,74LS00 外引线排列如图 4-6 所示。2 输入**与非门**的逻辑表达式为 $Y = \overline{AB}$,其引脚逻辑:$3 = \overline{1 \cdot 2}, 6 = \overline{4 \cdot 5}, 8 = \overline{9 \cdot 10}, 11 = \overline{12 \cdot 13}$,逻辑功能是:输入有低,输出为高;输入全高,输出为低。

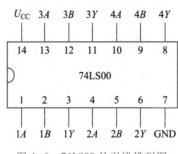 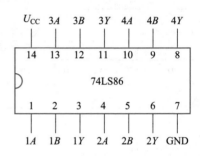

图 4-6   74LS00 外引线排列图   图 4-7   74LS86 外引线排列图

(2) 74LS86 异或门

74LS86 是一个由四个 2 输入**异或门**组成的器件,74LS86 外引线排列如图 4-7 所示。**异或**运算逻辑表达为 $Y = A \oplus B = \overline{A}B + A\overline{B}$,其引脚逻辑:$3 = 1 \oplus 2, 6 = 4 \oplus 5, 8 = 9 \oplus 10, 11 = 12 \oplus 13$,逻辑功能是:当两个变量取值相同时,运算结果为 **0**;当两个变量取值不同时,运算结果为 **1**。

(3) 74LS08 与门

74LS08 是一个由四个 2 输入**与门**组成的器件,74LS08 外引线排列如图 4-8 所示。2 输入**与门**的逻辑表达式为 $Y = AB$,其引脚逻辑:$3 = 1 \cdot 2, 6 = 4 \cdot 5, 8 = 9 \cdot 10, 11 = 12 \cdot 13$,逻辑功能是:输入有低,输出为低;输入全高,输出为高。

(4) 74LS32 或门

74LS32 是一个由四个 2 输入**或门**组成的器件,74LS32 外引线排列如图 4-9 所示。2 输入**或门**的逻辑表达式为 $Y = A + B$,其引脚逻辑:$3 = 1 + 2, 6 = 4 + 5, 8 = 9 + 10, 11 = 12 + 13$,逻辑功能是:输入有高,输出为高;输入全低,输出为低。

2. 组合逻辑电路分析

组合逻辑电路是最常见的逻辑电路,其特点是输出逻辑状态完全由当前输入状态决定,而与过去的输出状态无关。

分析组合逻辑电路的步骤为:已知组合逻辑电路图→写出逻辑表达式→运用

代数法或卡诺图法化简→建立真值表→分析逻辑电路的功能。

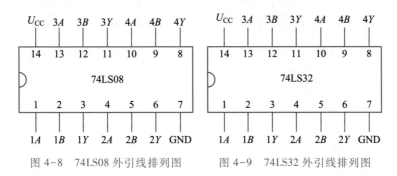

图 4-8　74LS08 外引线排列图　　　图 4-9　74LS32 外引线排列图

三、实验仪器

数字电子技术实验箱、数字集成芯片 74LS00、74LS86、74LS08、74LS32。

四、实验内容

（一）测试数字集成芯片的逻辑功能

1. 测试 74LS00 的逻辑功能

取 74LS00 的一组**与非门**，输入端接实验箱的电平输出，输出端接实验箱的状态显示，14 脚接 5 V 电源的"+"端，7 脚接电源"地"。打开实验箱电源开关，接通 +5 V 电源。改变电路的输入电平，观察输出变化，状态显示二极管亮，表示输出为 **1**，反之为 **0**，将测试结果填入表 4-5 中。

2. 测试 74LS86、74LS08、74LS32 的逻辑功能

仿照测试 74LS00 逻辑功能的方法，依次测试 74LS86、74LS08、74LS32 的逻辑功能，观察输入变化时的输出状态，分别将测试结果填入表 4-6、表 4-7、表 4-8 中。

表 4-5　74LS00 真值表

输入		输出
1 脚	2 脚	3 脚

表 4-6　74LS86 真值表

输入		输出
1 脚	2 脚	3 脚

表 4-7　74LS08 真值表

输入		输出
1 脚	2 脚	3 脚

表 4-8　74LS32 真值表

输入		输出
1 脚	2 脚	3 脚

（二）组合逻辑电路分析

1. 组合逻辑电路如图 4-10 所示，选择 74LS00 集成电路芯片，按照如图 4-10 所示电路接线，输入端接实验箱的电平输出，输出端接实验箱的状态显示，14 脚接 5 V 电源的"+"端，7 脚接电源"地"。改变电路的输入电平，观察输出变化，将测试结果填入表 4-9 中，分析组合逻辑电路的逻辑功能，验证理论分析的结果。

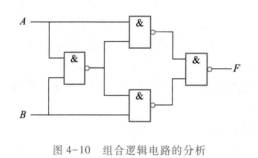

图 4-10　组合逻辑电路的分析

表 4-9　组合逻辑电路功能的测试结果

A	B	F

2. 组合逻辑电路如图 4-11 所示，选择 74LS08、74LS86、74LS32 集成电路芯片，按照图 4-11 所示电路接线，将测试结果填入表 4-10 中，试分析组合逻辑电路的逻

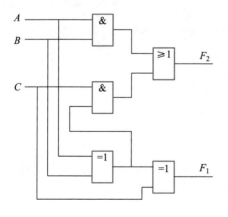

图 4-11　组合逻辑电路的分析

表 4-10　组合逻辑电路功能的测试结果

A	B	C	F_1	F_2

辑功能,验证理论分析的结果。

五、实验注意事项

1. 插线要平整、牢固、不可立体交叉连接,合理布局,严防短路,以便检查。
2. 在连接、拆除导线时,要关闭电源,手要捏住导线接头,以防导线断开。

六、思考题

1. 与非门 74LS00 是否可以进行**线与**？为什么？
2. 如何用**与非门**构成**异或**门电路？
3. 什么是组合逻辑电路？它在电路结构上有哪些特点？

七、实验报告要求

1. 使用 TTL 集成电路时应注意哪些问题？
2. 整理各实验记录表格,验证其逻辑功能。
3. 总结组合逻辑电路的一般分析方法。

4.3　SSI 组合逻辑电路的设计

一、实验目的

1. 熟悉组合逻辑电路的组成及特点。
2. 掌握用门电路设计组合逻辑电路的方法。

二、实验原理

1. 组合逻辑电路设计步骤

组合逻辑电路的设计步骤为:已知逻辑要求→确定输入、输出变量→列出真值表→写出逻辑表达式→运用逻辑代数法或卡诺图法化简→得到最简逻辑表达式→画出逻辑图,最后用实验来验证设计的正确性。所谓“最简”是指在给定的逻辑门电路中,所用的器件数最少,器件的种类最少,器件间的连线最短。

2. 组合逻辑电路设计举例

用**与非门**设计一个表决电路。当 4 个输入端中有 3 个或 4 个为 **1** 时,输出端才为 **1**。

设计步骤:根据题意列出真值表如表 4-11 所示,利用卡诺图化简如图 4-12 所示,由卡诺图得出逻辑表达式,并整理成**与非**的形式

$$F = ABC + BCD + ACD + ABD = \overline{\overline{ABC} \cdot \overline{BCD} \cdot \overline{ACD} \cdot \overline{ABD}}$$

根据逻辑表达式画出用**与非门**构成的逻辑电路如图 4-13 所示。

表 4-11　表决电路真值表

A	0	0	0	0	0	0	0	0	1	1	1	1	1	1	1	1
B	0	0	0	0	1	1	1	1	0	0	0	0	1	1	1	1
C	0	0	1	1	0	0	1	1	0	0	1	1	0	0	1	1
D	0	1	0	1	0	1	0	1	0	1	0	1	0	1	0	1
F	0	0	0	0	0	0	0	1	0	0	0	1	0	1	1	1

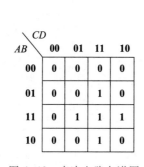
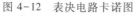

图 4-12　表决电路卡诺图

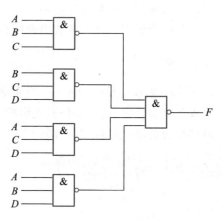

图 4-13　表决电路逻辑图

三、实验仪器

数字电子技术实验箱、集成芯片 74LS00、74LS20、74LS08、74LS86、74LS32。

四、实验内容

1. 设计一个多数表决电路,当 3 个输入中有 2 个或 3 个输入为 **1** 时,输出才为 **1**。试用**与非门**实现这一逻辑功能。

2. 设计用**与非门**及用**异或门**、**与门**组成的半加器电路。

3. 设计一个一位全加器,要求用**异或门**、**与门**、**或门**组成。

4. 设计一个将余 3 码变换为 8421BCD 码的组合逻辑电路。

五、实验注意事项

1. 插线要平整、牢固,不可立体交叉连接,合理布局,严防短路,以便检查。

2. 在连接、拆除导线时,要关闭电源,手要捏住导线接头,以防导线断开。

六、思考题

1. 逻辑函数的化简对组合逻辑电路的设计有何实际意义?

2. 说明单输出组合逻辑电路和多输出组合逻辑电路在设计时的异同点。

七、实验报告要求

1. 列写实验任务的设计过程，画出设计的电路图。
2. 对所设计的电路进行实验测试，记录测试结果。
3. 写出组合逻辑电路的设计体会。

4.4　MSI 集成电路的功能测试及应用

一、实验目的

1. 了解编码器、译码器、数据选择器的逻辑功能及使用方法。
2. 掌握用译码器、数据选择器实现组合逻辑函数的方法。

二、实验原理

1. 10 线-4 线优先编码器 74LS147

编码器是用二进制码表示十进制数或其他一些特殊信息的电路。常用的编码器有普通编码器和优先编码器两类，编码器又可分为二进制编码器和二-十进制编码器。

74LS147 为 10 线-4 线优先编码器，其外引线排列如图 4-14 所示。该编码器输入为 1~9 九个数字，输出为 BCD 码，数字 0 不是输入信号，输入与输出都是低电平有效。其特点为输出是输入编码二进制数的反码。

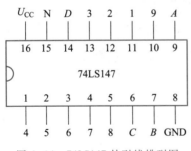

图 4-14　74LS147 外引线排列图

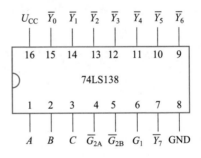

图 4-15　74LS138 外引线排列图

2. 3 线-8 线译码器 74LS138

译码器的作用和编码器相反，它是将给定的代码按照其原意变换成对应的输出信号或另一种代码的逻辑电路。译码器大致分为变量译码器、码制变换译码器、显示译码器等。

74LS138 是 TTL 系列中的 3 线-8 线译码器，它的外引线排列如图 4-15 所示，其中 A、B 和 C 是二进制代码输入端，$\overline{Y_0}$、$\overline{Y_1}$、$\cdots$、$\overline{Y_7}$ 是输出端，低电平有效，G_1、$\overline{G_{2A}}$、$\overline{G_{2B}}$ 是使能控制端，当 $G_1\overline{G_{2A}}\,\overline{G_{2B}} \neq \mathbf{100}$ 时，译码器被禁止，所有输出 $\overline{Y_i} = \mathbf{1}$；当 $G_1\overline{G_{2A}}\,\overline{G_{2B}} = \mathbf{100}$ 时，每一个输出端的输出函数为 $\overline{Y_i} = \overline{m_i}$，其中 m_i 为输入 C、B、A 的最

小项。

3. 8 选 1 数据选择器 74LS151

数据选择器 74LS151 具有 8 个输入端 $D_0 \sim$ D_7，一对互补输出端 Y 和 $\overline{W}$，三个数据通道选择端 A、B、C 和输出使能控制端 $\overline{G}$，其外引线排列如图 4-16 所示，其中 Y 是输出端，$\overline{W}$ 是 Y 的非信号，m_i 为输入 C、B、A 的最小项，D_i 是对应的输入端，$\overline{G}$ 是使能控制端。当 $\overline{G} = 0$，多路选择器被选通，正常工作，$Y = \sum_{i=0}^{7} m_i D_i$；当 $\overline{G} = 1$，多路选择器未被选通，Y 端输出低电平。

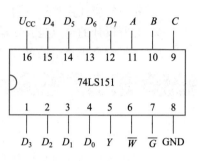

图 4-16　74LS151 外引线排列图

三、实验仪器

数字电子技术实验箱、集成芯片 74LS147、74LS138、74LS151、74LS20。

四、实验内容

1. 测试 74LS138 集成芯片的逻辑功能

输入端接实验箱的电平输出，输出端接实验箱的状态显示，16 脚接 5 V 电源的"+"端，8 脚接电源"地"。改变电路的输入电平，观察输出变化，将测试结果填入表 4-12 中，验证 3 线-8 线译码器 74LS138 的逻辑功能。

表 4-12　74LS138 逻辑功能测试表

控制端			通道选择			输出							
G_1	$\overline{G}_{2A}$	$\overline{G}_{2B}$	C	B	A	$\overline{Y}_0$	$\overline{Y}_1$	$\overline{Y}_2$	$\overline{Y}_3$	$\overline{Y}_4$	$\overline{Y}_5$	$\overline{Y}_6$	$\overline{Y}_7$
0	×	×	×	×	×								
×	1	×	×	×	×								
×	×	1	×	×	×								
1	0	0	0	0	0								
1	0	0	0	0	1								
1	0	0	0	1	0								
1	0	0	0	1	1								
1	0	0	1	0	0								
1	0	0	1	0	1								
1	0	0	1	1	0								
1	0	0	1	1	1								

2. 74LS138 的应用

① 74LS138 和 74LS20 构成的组合逻辑电路如图 4-17 所示。按图连接电路，自拟测试表格，测试电路的逻辑功能。

② 试用 74LS138 和适当的门电路设计实现一位全加器。

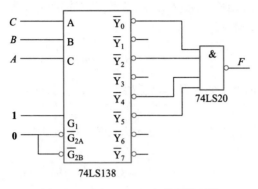

图 4-17　用 74LS138 实现逻辑函数

3. 测试 74LS151 集成芯片的逻辑功能

输入端接实验箱的电平输出，输出端接实验箱的状态显示，16 脚接 5 V 电源的"+"端，8 脚接电源"地"。改变电路的输入电平，观察输出变化，将测试结果填入表 4-13 中，验证 8 选 1 数据选择器的逻辑功能。

4. 74LS151 的应用

① 74LS151 构成的组合逻辑电路如图 4-18 所示。按图连接电路，自拟测试表格，测试电路的逻辑功能。

表 4-13　74LS151 逻辑功能测试表

输入			使能	输出	
C	B	A	$\overline{G}$	Y	$\overline{W}$
×	×	×	1		
0	0	0	0		
0	0	1	0		
0	1	0	0		
0	1	1	0		
1	0	0	0		
1	0	1	0		
1	1	0	0		
1	1	1	0		

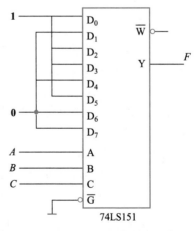

图 4-18　74LS151 构成的组合
逻辑电路

109

② 试用 74LS151 设计实现三人多数表决电路。

五、实验注意事项

1. 实验时切勿拿起芯片,以防损坏。连线时注意各引脚功能,不要接错。

2. 布线顺序:先接地线和电源线,再接不变的固定输入端,最后按信号流向连接输入线、输出线和控制线。

六. 思考题

1. 当逻辑函数的变量个数多于地址码的个数时,如何用数据选择器实现逻辑函数?

2. 二进制译码器有什么特点? 为什么说它特别适用于实现多输出组合逻辑函数?

3. 在使用集成芯片 74LS151 和 74LS138 时,各使能控制端应如何处理?

七、实验报告要求

1. 说明用数据选择器设计三人多数表决电路的详细过程,整理实验结果。

2. 总结译码器和数据选择器的性能和使用方法。

4.5 触发器功能测试及其简单应用

讲义:触发器
功能测试及其
简单应用

一、实验目的

1. 熟悉常用触发器的逻辑功能,掌握触发器之间逻辑功能的转换方法。

2. 掌握触发器逻辑功能的测试方法,了解触发器的一些简单应用。

二、实验原理

触发器是组成时序电路的重要单元电路,利用触发器可以构成计数器、分频器、寄存器、时钟脉冲控制器。根据逻辑功能的不同,触发器可分为 RS 触发器、D 触发器、JK 触发器、T 触发器等;根据触发方式的不同,触发器可分为电平触发器、边沿触发器和主从触发器等,触发器的逻辑功能可用特性表、激励表、特性方程和时序图来描述。

1. 基本 RS 触发器

用**与非门**组成的基本 RS 触发器如图 4-19 所示,基本 RS 触发器具有置 0、置 1 和"保持"三种功能。通常称 $\bar{S}$ 为置 1 输入端,因为 $\bar{S} = 0 (\bar{R} = 1)$ 时触发器被置 1;$\bar{R}$ 为置 0 输入端,因为 $\bar{R} = 0 (\bar{S} = 1)$ 时触发器被置 0;当 $\bar{S} = \bar{R} = 1$ 时状态保持;当 $\bar{S} = \bar{R} = 0$ 时,触发器状态不定,应避免此种情况发生,表 4-14 为基本 RS 触发器的功能表。

基本 RS 触发器也可以用两个**或非门**组成,此时为高电平触发有效。

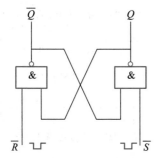

图 4-19　与非门组成的基本 RS 触发器

表 4-14　基本 RS 触发器真值表

$\bar{R}$	$\bar{S}$	Q^{n+1}	$\bar{Q}^{n+1}$
0	1	0	1
1	0	1	0
1	1	Q^n	$\bar{Q}^n$
0	0	1	1

2. JK 触发器

在输入信号为双端的情况下,JK 触发器是功能完善、使用灵活和通用性较强的一种触发器。JK 触发器特性方程为 $Q^{n+1} = J\bar{Q}^n + \bar{K}Q^n$,真值表如表 4-15 所示。74LS76 是双 JK 下降沿触发器,其外引线排列如图 4-20 所示。

表 4-15　JK 触发器真值表

输入					输出	
$\bar{R}_D$	$\bar{S}_D$	CP	J	K	Q^{n+1}	$\bar{Q}^{n+1}$
0	1	×	×	×	0	1
1	0	×	×	×	1	0
1	1	↓	0	0	Q^n	$\bar{Q}^n$
1	1	↓	0	1	0	1
1	1	↓	1	0	1	0
1	1	↓	1	1	$\bar{Q}^n$	Q^n

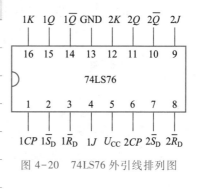

图 4-20　74LS76 外引线排列图

3. D 触发器

在输入信号为单端的情况下,D 触发器用起来最为方便,D 触发器的特性方程为 $Q^{n+1} = D$,真值表如表 4-16 所示。74LS74 是双 D 上升沿触发器,其外引线排列如图 4-21 所示。

4. 触发器之间的相互转换

各种触发器之间逻辑功能可以相互转换。在用一种触发器代替另一种触发器使用时,通常利用令它们特性方程相等的原则来实现功能转换。

例如,将 JK 触发器的 J、K 两端连在一起,并认它为 T 端,就得到所需的 T 触发器,如图 4-22(a)所示,其状态方程为:$Q^{n+1} = T\bar{Q}^n + \bar{T}Q^n$。由状态方程可知,当 $T = 0$ 时,时钟脉冲作用后,其状态保持不变;当 $T = 1$ 时,时钟脉冲作用后,触发器状态翻

表 4-16 D 触发器真值表

输入				输出	
$\overline{R}_D$	$\overline{S}_D$	CP	D	Q^{n+1}	$\overline{Q}^{n+1}$
0	**1**	×	×	**0**	**1**
1	**0**	×	×	**1**	**0**
1	**1**	↑	**0**	**0**	**1**
1	**1**	↑	**1**	**1**	**0**

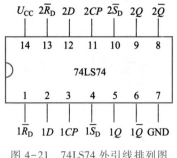

图 4-21 74LS74 外引线排列图

转。所以,若将 T 触发器的 T 端置 **1**,如图 4-22(b)所示,即得 T' 触发器。T' 触发器的 CP 端每来一个脉冲信号,触发器的状态就翻转一次,故称之为翻转触发器。JK 触发器也可转换为 D 触发器,如图 4-22(c)所示。

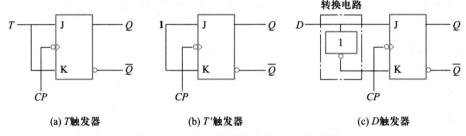

(a) T 触发器　　　　(b) T' 触发器　　　　(c) D 触发器

图 4-22 JK 触发器转换为 T、T'、D 触发器

三、实验仪器

数字电子技术实验箱、数字集成芯片 74LS00、74LS74、74LS76、74LS86、双踪示波器。

四、实验内容

1. 测试基本 RS 触发器的逻辑功能

按图 4-19 所示电路用 74LS00 **与非**门芯片构成基本 RS 触发器,接通芯片电源线和地线,在基本 RS 触发器的 $\overline{S}$、$\overline{R}$ 输入端输入不同的逻辑电平,记录输出 Q、$\overline{Q}$ 的逻辑状态,填入表 4-17 中,并与表 4-14 数据进行比较,验证其逻辑功能。

表 4-17 基本 RS 触发器功能测试表

$\overline{R}$	$\overline{S}$	Q	$\overline{Q}$
0	**1**		
1	**0**		
1	**1**		
0	**0**		

2. 测试 74LS76 的逻辑功能

在 74LS76 双 JK 下降沿触发器的芯片中取其中一个 JK 触发器,按表 4-18 在各个输入端分别接逻辑开关,CP 接单次脉冲,输出端接发光二极管。测试 JK 触发器的逻辑功能,并与表 4-15 数据进行比较,写出输出端的表达式。

表 4-18 74LS76 功能测试表

$\overline{R}_D$	$\overline{S}_D$	CP	J	K	Q^{n+1}	$\overline{Q}^{n+1}$
0	1	×	×	×		
1	0	×	×	×		
1	1	↓	0	0		
1	1	↓	0	1		
1	1	↓	1	0		
1	1	↓	1	1		

3. 测试 74LS74 的逻辑功能

在 74LS74 双 D 上升沿触发器的芯片中取其中一个 D 触发器,按表 4-19 在各输入端分别接逻辑开关,CP 接单次脉冲,输出端接发光二极管。测试 D 触发器的逻辑功能,并与表 4-16 数据进行比较,写出输出端的表达式。

表 4-19 74LS74 功能测试表

$\overline{R}_D$	$\overline{S}_D$	CP	D	Q^{n+1}	$\overline{Q}^{n+1}$
0	1	×	×		
1	0	×	×		
1	1	↑	0		
1	1	↑	1		

4. 触发器逻辑功能的转换

参照图 4-22 电路,将 JK 触发器分别转换成 T 触发器、T' 触发器、D 触发器,并检验逻辑功能,测试方法自定。

5. 双相时钟脉冲电路

用 JK 触发器及**与非门**构成的双相时钟脉冲电路如图 4-23 所示,此电路用来

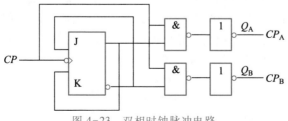

图 4-23 双相时钟脉冲电路

将时钟脉冲 CP 转换成两相时钟脉冲 CP_A 及 CP_B,其频率相同、相位不同。

分析电路工作原理,并按图 4-23 接线,用双踪示波器同时观察 CP、CP_A,CP、CP_B 及 CP_A、CP_B 波形,记录并描绘之。

五、实验注意事项

1. 实验时切勿拿起芯片,以防损坏,连线时注意各引脚功能,不要接错。

2. 调试时按逻辑要求先进行静态测试,后进行动态测试。

六、思考题

1. 用**与非**门组成的基本 RS 触发器的约束条件是什么? 如果改用**或非**门组成的基本 RS 触发器,其约束条件是什么?

2. JK 触发器和 D 触发器所使用的时钟脉冲能否用逻辑电平开关提供?

七、实验报告要求

1. 画出触发器之间转换的逻辑图和连线图,说明拟定的测试方法和结果。

2. 写出在分析和调试过程中出现的问题,并说明解决问题的方法。

3. 体会触发器的应用。

4.6　时序逻辑电路的分析

一、实验目的

1. 熟悉时序逻辑电路的分析方法。

2. 掌握时序逻辑电路的测试方法。

二、实验原理

组合逻辑电路的输出仅与输入有关,而时序逻辑电路的输出不仅与输入有关而且与电路原来的状态有关。时序逻辑电路由触发器和组合逻辑电路组成,而触发器必不可少,组合逻辑电路可简可繁。所有触发器的状态都在同一时钟信号作用下发生变化的时序逻辑电路称为同步时序逻辑电路。各触发器的状态不在同一时钟信号作用下发生变化的时序逻辑电路称为异步时序逻辑电路。

同步时序逻辑电路的分析步骤为:已知时序逻辑电路逻辑图→写出各个触发器的驱动方程、状态方程和输出方程→写出状态表→画出状态图、时序图→分析时序逻辑电路的功能。异步时序逻辑电路的分析方法与同步时序逻辑电路的分析方法基本相同,由于异步时序逻辑电路中的各个触发器时钟不同,因此分析异步时序逻辑电路时,应标出状态方程的有效条件。

三、实验仪器

数字电子技术实验箱、集成芯片 74LS00、74LS74、74LS76。

四、实验内容

1. 选择适当的集成电路芯片,按照图 4-24、图 4-25 连接电路,输入端接实验箱的电平输出,输出端接实验箱的状态显示,改变电路的输入电平,观察输出变化,自拟表格,写出状态表,画出状态图、时序图,分析同步时序逻辑电路的逻辑功能,验证理论分析的结果。

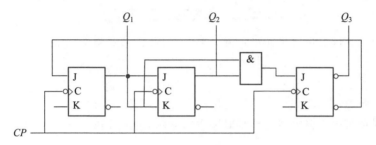

图 4-24 同步时序逻辑电路一

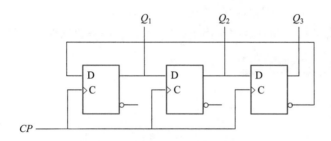

图 4-25 同步时序逻辑电路二

2. 选择适当的集成电路芯片,按照图 4-26、图 4-27 连接电路,输入端接实验箱的电平输出,输出端接实验箱的状态显示,改变电路的输入电平,观察输出变化,自拟表格,写出状态表,画出状态图、时序图,分析异步时序逻辑电路的逻辑功能,验证理论分析的结果。

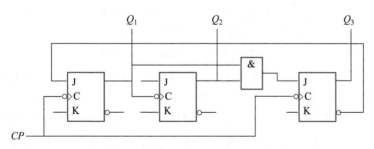

图 4-26 异步时序逻辑电路一

五、实验注意事项

1. 实验时切勿拿起芯片,以防损坏,连线时注意各引脚功能,不要接错。

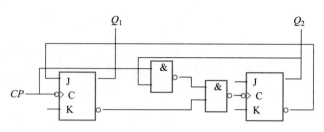

图 4-27　异步时序逻辑电路二

2. 调试时按逻辑要求先进行静态测试,后进行动态测试。

六、思考题

1. 时序逻辑电路和组合逻辑电路的根本区别是什么?
2. 同步时序逻辑电路与异步时序逻辑电路有何不同?

七、实验报告要求

1. 分析实验中各个电路的逻辑功能及工作特点。
2. 写出在分析和调试过程中出现的问题,并说明解决问题的方法。

4.7　移位寄存器及其应用

一、实验目的

1. 掌握中规模 4 位双向移位寄存器逻辑功能及使用方法。
2. 熟悉移位寄存器的应用,实现数据的串行、并行转换和构成环形计数器。

二、实验原理

1. 移位寄存器 74LS194

移位寄存器是一个具有移位功能的寄存器,是指寄存器中所存的代码能够在移位脉冲的作用下依次左移或右移。既能左移又能右移的称为双向移位寄存器,只需要改变左、右移的控制信号便可实现双向移位要求。根据移位寄存器存取信息的方式不同分为串入串出、串入并出、并入串出、并入并出四种形式。

本实验选用的 4 位双向通用移位寄存器,型号为 74LS194 或 CC40194,两者功能相同,可互换使用,其逻辑符号及引脚排列如图 4-28(a)(b)所示。其中 D_0、D_1、D_2、D_3 为并行输入端;Q_0、Q_1、Q_2、Q_3 为并行输出端;S_R 为右移串行输入端,S_L 为左移串行输入端;S_1、S_0 为操作模式控制端;$\overline{C}_R$ 为直接无条件清零端;CP 为时钟脉冲输入端。

74LS194 有 5 种不同操作模式:即并行送数寄存,右移(方向由 $Q_0 \rightarrow Q_3$),左移(方向由 $Q_3 \rightarrow Q_0$),保持及清零。S_1、S_0 和 $\overline{C}_R$ 端的控制作用如表 4-20 所示。

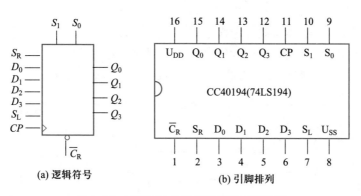

图 4-28 74LS194 的逻辑符号及引脚排列

表 4-20 74LS194 的功能表

功能	输入									输出			
	CP	$\overline{C_R}$	S_1	S_0	S_R	S_L	D_0	D_1	D_2	D_3	Q_0	Q_1	Q_2	Q_3
清除	×	0	×	×	×	×	×	×	×	×	0	0	0	0
送数	↑	1	1	1	×	×	a	b	c	d	a	b	c	d
右移	↑	1	0	1	D_{SR}	×	×	×	×	×	D_{SR}	Q_0	Q_1	Q_2
左移	↑	1	1	0	×	D_{SL}	×	×	×	×	Q_1	Q_2	Q_3	D_{SL}
保持	↑	1	0	0	×	×	×	×	×	×	Q_0^n	Q_1^n	Q_2^n	Q_3^n
保持	↓	1	×	×	×	×	×	×	×	×	Q_0^n	Q_1^n	Q_2^n	Q_3^n

2. 移位寄存器应用

移位寄存器应用很广,可构成移位寄存器型计数器、顺序脉冲发生器、串行累加器,可用于数据转换,即把串行数据转换为并行数据,或把并行数据转换为串行数据等。

(1)串行/并行转换器

串行/并行转换是指串行输入的数码,经转换电路之后变换成并行输出。图 4-29 是用二片 74LS194(CC40194)4 位双向通用移位寄存器组成的七位串行/并行转换器。

电路中 S_0 端接高电平 **1**,S_1 受 Q_7 控制,两片寄存器连接成串行输入右移工作模式,Q_7 是转换结束标志。当 $Q_7 = 1$ 时,S_1 为 **0**,使之成为 $S_1 S_0 = 01$ 的串行输入右移工作方式,当 $Q_7 = 0$ 时,$S_1 = 1$,有 $S_1 S_0 = 10$,则串行送数结束,标志着串行输入的数据已转换成并行输出了。串行/并行转换的具体过程如下。

转换前,$\overline{C_R}$ 端加低电平,使 1、2 集成芯片寄存器的内容清 **0**,此时 $S_1 S_0 = 11$,寄存器执行并行输入工作方式。当第一个 CP 脉冲到来后,寄存器的输出状态 $Q_0 \sim Q_7$ 为 **01111111**,与此同时 $S_1 S_0$ 变为 **01**,转换电路变为执行串入右移工作方式,串行输入数据由 1 片的 S_R 端加入。随着 CP 脉冲的依次加入,输出状态的变化可列成如

表 4-21 所示。

由表 4-21 可见,右移操作七次之后,Q_7 变为 **0**,$S_1 S_0$ 又变为 **11**,说明串行输入结束。这时,串行输入的数码已经转换成了并行输出。当再来一个 CP 脉冲时,电路又重新执行一次并行输入,为第二组串行数码转换做好了准备。

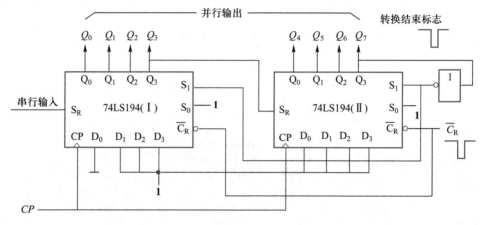

图 4-29　七位串行/并行转换器

表 4-21　图 4-29 七位串行/并行转换器状态转换表

CP	Q_0	Q_1	Q_2	Q_3	Q_4	Q_5	Q_6	Q_7	说明
0	**0**	**0**	**0**	**0**	**0**	**0**	**0**	**0**	清零
1	**0**	**1**	**1**	**1**	**1**	**1**	**1**	**1**	送数
2	d_0	**0**	**1**	**1**	**1**	**1**	**1**	**1**	右移操作七次
3	d_1	d_0	**0**	**1**	**1**	**1**	**1**	**1**	
4	d_2	d_1	d_0	**0**	**1**	**1**	**1**	**1**	
5	d_3	d_2	d_1	d_0	**0**	**1**	**1**	**1**	
6	d_4	d_3	d_2	d_1	d_0	**0**	**1**	**1**	
7	d_5	d_4	d_3	d_2	d_1	d_0	**0**	**1**	
8	d_6	d_5	d_4	d_3	d_2	d_1	d_0	**0**	
9	**0**	**1**	**1**	**1**	**1**	**1**	**1**	**1**	送数

(2) 并行/串行转换器

并行/串行转换器是指并行输入的数码经转换电路之后,成串行输出。图 4-30 是用两片 74LS194(CC40194)组成的七位并行/串行转换器,它比图 4-29 多了两只与非门 G_1 和 G_2,电路工作方式同样为右移。

寄存器清 **0** 后,加一个转换起动信号(负脉冲或低电平)。此时,由于工作方式控制信号 $S_1 S_0$ 为 **11**,转换电路执行并行输入操作。当第一个 CP 脉冲到来后,$Q_0 Q_1 Q_2 Q_3 Q_4 Q_5 Q_6 Q_7$ 的状态为 $D_0 D_1 D_2 D_3 D_4 D_5 D_6 D_7$,并行输入数码存入寄存器。从

而使得 G_1 输出为 **1**,G_2 输出为 **0**,结果,S_1S_0 变为 **01**,转换电路随着 CP 脉冲的加入,开始执行右移串行输出,随着 CP 脉冲的依次加入,输出状态依次右移,待右移操作七次后,$Q_0 \sim Q_6$ 的状态都为高电平 **1**,与非门 G_1 输出为低电平,G_2 门输出为高电平,S_1S_0 又变为 **11**,表示并行/串行转换结束,且为第二次并行输入创造了条件。转换过程如表 4-22 所示。

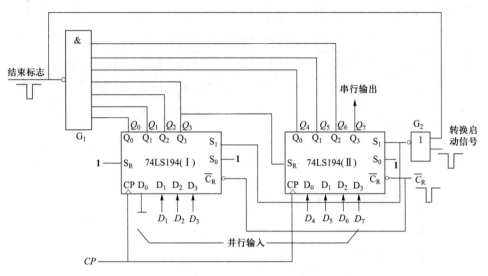

图 4-30　七位并行/串行转换器

表 4-22　图 4-30 七位并行/串行转换器状态转换表

CP	Q_0	Q_1	Q_2	Q_3	Q_4	Q_5	Q_6	Q_7	串行输出
0	0	0	0	0	0	0	0	0	
1	0	D_1	D_2	D_3	D_4	D_5	D_6	D_7	
2	1	0	D_1	D_2	D_3	D_4	D_5	D_6	D_7
3	1	1	0	D_1	D_2	D_3	D_4	D_5	D_6　D_7
4	1	1	1	0	D_1	D_2	D_3	D_4	D_5　D_6　D_7
5	1	1	1	1	0	D_1	D_2	D_3	D_4　D_5　D_6　D_7
6	1	1	1	1	1	0	D_1	D_2	D_3　D_4　D_5　D_6　D_7
7	1	1	1	1	1	1	0	D_1	D_2　D_3　D_4　D_5　D_6　D_7
8	1	1	1	1	1	1	1	0	D_1　D_2　D_3　D_4　D_5　D_6　D_7
9	0	D_1	D_2	D_3	D_4	D_5	D_6	D_7	

三、实验仪器

数字电子技术实验箱、集成芯片 74LS194、74LS00、74LS20。

四、实验内容

1. 测试 74LS194(CC40194)的逻辑功能

按图 4-28 接线,$\overline{C}_R$、S_1、S_0、S_L、S_R、D_0、D_1、D_2、D_3 分别接至逻辑开关的输出插口,Q_0、Q_1、Q_2、Q_3 接至逻辑电平显示输入插口,CP 端接单次脉冲源。按表 4-23 所规定的输入状态,逐项进行测试。

表 4-23　74LS194 的逻辑功能测试结果

清除	模式		时钟	串行		输入	输出	功能总结
$\overline{C}_R$	S_1	S_0	CP	S_L	S_R	$D_0D_1D_2D_3$	$Q_0Q_1Q_2Q_3$	
0	×	×	×	×	×	××××		
1	1	1	↑	×	×	abcd		
1	0	1	↑	×	0	××××		
1	0	1	↑	×	1	××××		
1	0	1	↑	×	0	××××		
1	0	1	↑	×	0	××××		
1	1	0	↑	1	×	××××		
1	1	0	↑	1	×	××××		
1	1	0	↑	1	×	××××		
1	1	0	↑	1	×	××××		
1	0	0	↑	×	×	××××		

(1) 清除:令 $\overline{C}_R = 0$,其他输入均为任意态,这时寄存器输出 Q_0、Q_1、Q_2、Q_3 应均为 0。清除后,置 $\overline{C}_R = 1$。

(2) 送数:令 $\overline{C}_R = S_1 = S_0 = 1$,送入任意 4 位二进制数,如 $D_0D_1D_2D_3 = abcd$,加 CP 脉冲,观察 $CP = 0$、CP 由 0→1、CP 由 1→0 三种情况下寄存器输出状态的变化,观察寄存器输出状态变化是否发生在 CP 脉冲的上升沿。

(3) 右移:清零后,令 $\overline{C}_R = S_1 = S_0 = 1$,由右移输入端 S_R 送入二进制数码如 0100,令 $\overline{C}_R = 1$,$S_1 = 0$,$S_0 = 1$,由 CP 端连续输入 4 个脉冲,观察输出情况,记录之。

(4) 左移:先清零或预置,由左移输入端 S_L 送入二进制数码如 1111,再令 $\overline{C}_R = 1$,$S_1 = 1$,$S_0 = 0$,连续加 4 个 CP 脉冲,观察输出情况,记录之。

(5) 保持:寄存器预置任意 4 位二进制数码 abcd,令 $\overline{C}_R = 1$,$S_1 = S_0 = 0$,加 CP 脉冲,观察寄存器输出状态,记录之。

2. 实现数据的串、并行转换

(1) 串行输入、并行输出

按图 4-29 接线,进行右移串入、并出实验,串入数码自定;改接线路用左移方式实现并行输出。自拟表格,记录之。

(2)并行输入、串行输出

按图 4-30 接线,进行右移并入、串出实验,并入数码自定;改接线路用左移方式实现串行输出。自拟表格,记录之。

五、实验注意事项

1. 实验时切勿拿起芯片,以防损坏。连线时注意各引脚功能,不要接错。

2. 布线顺序:先接地线和电源线,再接不变的固定输入端,最后按信号流向连接输入线、输出线和控制线。

六、思考题

1. 在对 74LS194 进行送数后,若要使输出端改成另外的数码,是否一定要使寄存器清零?

2. 画出用两片 74LS194 构成的七位左移串行/并行转换器线路。

3. 画出用两片 74LS194 构成的七位左移并行/串行转换器线路。

七、实验报告要求

1. 分析表 4-23 的实验结果,总结移位寄存器 74LS194 的逻辑功能并写入表格"功能总结"一栏中。

2. 分析串行/并行转换器、并行/串行转换器所得结果的正确性。

4.8 任意进制计数器的设计

讲义:任意进制计数器的设计

一、实验目的

1. 进一步熟悉集成计数器的逻辑功能和各控制端的作用。

2. 掌握用集成计数器实现任意进制计数器的方法。

3. 学会集成计数器的级联方法。

二、实验原理

1. 集成同步二进制加法计数器 74LS161、74LS163

74LS161、74LS163 都是同步四位二进制加法计数器,即同步十六进制加法计数器。表 4-24 是 74LS161(74LS160)的功能表,表 4-25 是 74LS163 的功能表,所不同的是 74LS163 为同步清零,而 74LS161 为异步清零。74LS161、74LS163 的外引脚排列如图 4-31 所示。

表 4-24 74LS161(74LS160)的功能表

输入					输出
$\overline{CLR}$	$\overline{LOAD}$	ENT	ENP	CP	Q^n
0	×	×	×	×	异步清零
1	0	×	×	↑	同步预置
1	1	1	1	↑	计数
1	1	0	×	×	保持
1	1	×	0	×	保持

表 4-25 74LS163 的功能表

输入					输出
$\overline{CLR}$	$\overline{LOAD}$	ENT	ENP	CP	Q^n
0	×	×	×	↑	同步清零
1	0	×	×	↑	同步预置
1	1	1	1	↑	计数
1	1	0	×	×	保持
1	1	×	0	×	保持

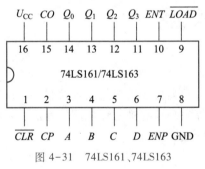

图 4-31 74LS161、74LS163
(74LS160)外引脚排列图

2. 集成异步二进制加法计数器 74LS293

74LS293 是异步四位二进制加法计数器,它由一个二进制和一个八进制计数器组成,时钟端 CK_A 和 Q_A 组成二进制计数器,时钟端 CK_B 和 Q_D、Q_C、Q_B 组成八进制计数器,两个计数器具有相同的清除端 $R_0(1)$ 和 $R_0(2)$。两个计数器串接可组成十六进制的计数器,使用起来非常灵活。表 4-26 是 74LS293 的功能表,74LS293 的外引脚排列如图 4-32 所示。

表 4-26 74LS293 功能表

输入				输出
$R_0(1)$	$R_0(2)$	CK_A	CK_B	Q
1	**1**	×	×	清零
0	×	↓	↓	计数
×	**0**	↓	↓	计数

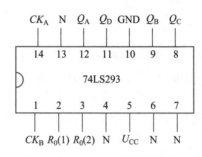

图 4-32 74LS293 外引脚排列图

3. 集成同步十进制加法计数器 74LS160

74LS160 是同步十进制加法计数器,74LS160 和 74LS161 的功能表和外引脚排列相同。

4. 集成异步十进制加法计数器 74LS290

74LS290 由一个二进制计数器和一个五进制计数器组成,其中时钟 CK_A 和输出 Q_A 组成二进制计数器,时钟 CK_B 和输出端 Q_D、Q_C、Q_B 组成五进制计数器。另外这两个计数器还有公共置 0 端 $R_0(1)$ 和 $R_0(2)$ 和公共置 9 端 $S_9(1)$ 和 $S_9(2)$。74LS290 本身就是二、五进制计数器,若将 Q_A 连接到 CK_B 就得到十进制计数器。表 4-27 为 74LS290 的功能表,74LS290 的外引脚排列如图 4-33 所示。

表 4-27 74LS290 功能表

输入				输出			
$R_0(1)$	$R_0(2)$	$S_9(1)$	$S_9(2)$	Q_D	Q_C	Q_B	Q_A
1	**1**	**0**	×	**0**	**0**	**0**	**0**
1	**1**	×	**0**	**0**	**0**	**0**	**0**
×	×	**1**	**1**	**1**	**0**	**0**	**1**
×	**0**	×	**0**	计数			
0	×	**0**	×	计数			
0	×	×	**0**	计数			
×	**0**	**0**	×	计数			

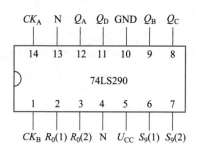

图 4-33　74LS290 外引脚排列图

5. 任意进制计数器

常用的集成计数器都有典型的产品,不必自己设计。若要构成任意进制计数器,可利用这些计数器,并增加适当的外电路构成。用 N 进制计数器实现 M 进制计数器时,若 $N>M$,要得到 M 进制计数器,需要去掉 $N-M$ 个状态,可以用反馈清零法或反馈预置数法;若 $N<M$,则要用多片 N 进制计数器来实现,芯片间的级联方法有串行进位、并行进位、整体清零和整体置数四种方法。

（1）反馈清零法

反馈清零法就是利用计数器清零端的清零作用,截取计数过程中的某一个中间状态控制清零端,使计数器由此返回到零重新开始计数,这样就去掉了一些状态,把模较大的计数器改为模较小的计数器。用 N 进制计数器实现 M 进制计数器时,若为同步清零,则在 $M-1$ 状态将计数器清零;若为异步清零,则在 M 状态将计数器清零。

74LS161 和 74LS163 都是集成同步十六进制加法计数器,74LS163 具有同步清零端,如图 4-34 所示电路的工作状态为 **0000 ~ 1011**,构成了十二进制计数器。74LS161 具有异步清零端,如图 4-35 所示电路的工作状态为 **0000 ~ 1011**,构成了十二进制计数器。

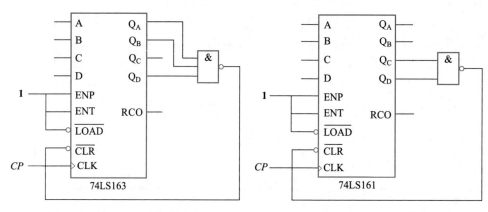

图 4-34　74LS163 反馈清零法　　　　　图 4-35　74LS161 反馈清零法

（2）反馈预置数法

反馈预置数法是利用计数器预置数端的置位作用,从 N 进制计数器循环中任何一个状态置入适当的数值而跳过 $N-M$ 个状态,得到 M 进制计数器。

74LS163 具有同步预置数端,在如图 4-36(a)所示电路中,选择 **1011** 产生 $\overline{LOAD}=0$ 的预置数信号,预置数为 **0000**,工作状态为 **0000~1011**,构成了十二进制计数器。

在如图 4-36(b)所示电路中,选择 **1100** 产生 $\overline{LOAD}=0$ 的预置数信号,预置数为 **0001**,工作状态为 **0001~1100**,构成了十二进制计数器。

在如图 4-36(c)所示电路中,选择 **1101** 产生 $\overline{LOAD}=0$ 的预置数信号,预置数为 **0010**,工作状态为 **0010~1101**,构成了十二进制计数器。

在如图 4-36(d)所示电路中,选择 **1110** 产生 $\overline{LOAD}=0$ 的预置数信号,预置数为 **0011**,工作状态为 **0011~1110**,构成了十二进制计数器。

在如图 4-36(e)所示电路中,选择 **1111** 产生 $\overline{LOAD}=0$ 的预置数信号,预置数为 **0100**,工作状态为 **0100~1111**,构成了十二进制计数器。

在如图 4-36(f)所示电路中,选择由进位信号置最小数的方法,当输出为 **1111** 时,进位端给出高电平,经非门送到 $\overline{LOAD}$ 端,预置数为 **0100**,工作状态为 **0100~1111**,构成了十二进制计数器。

（3）级联法

将多个计数器级联起来,可以获得计数容量更大的 M 进制计数器。一般集成计数器都设有级联用的输入端和输出端,只要正确连接这些级联端,就可以获得所需进制的计数器。

方法之一是用多片 N 进制计数器串联起来,使 $N_1 \cdot N_2 \cdots \cdot N_n > M$,然后使用整体清零或置数法,形成 M 进制计数器。图 4-37 所示电路为级间采用串行进位和整体清零方式构成的二十四进制计数器。

方法之二是假如 M 可分解成两个因数相乘,即 $M = N_1 \cdot N_2$,则可采用同步或异步方式将一个 N_1 进制计数器和一个 N_2 进制计数器连接起来,构成 M 进制计数器。同步方式连接是指两个计数器的时钟端连接到一起,低位进位控制高位的计数使能端。异步方式连接是指低位计数器的进位信号连接到高位计数器的时钟端。

三、实验仪器

数字电子技术实验箱、集成芯片 74LS161、74LS163、74LS293、74LS160、74LS290、74LS00、74LS20。

四、实验内容

1. 验证集成同步二进制加法计数器 74LS161、74LS163 的逻辑功能,试分别用74LS161、74LS163 构成十二进制计数器。

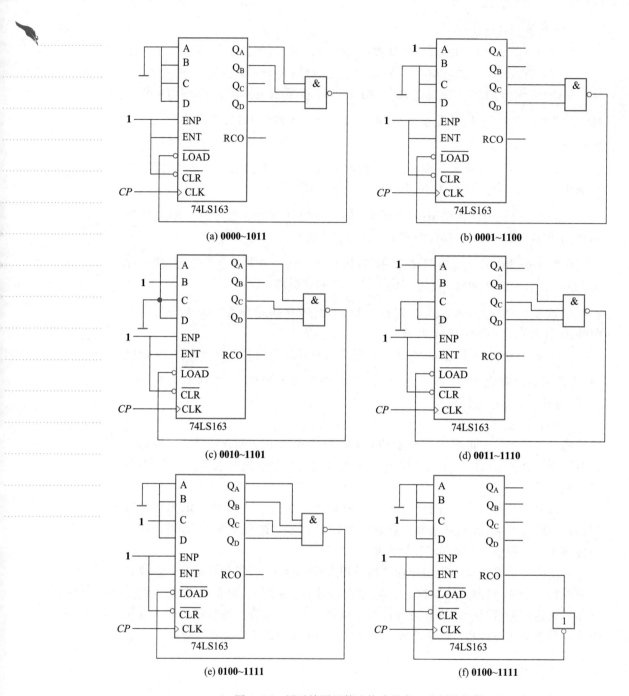

图 4-36　用反馈预置数法构成的十二进制计数器

2. 验证集成异步二进制加法计数器 74LS293 的逻辑功能,试用 74LS293 构成十进制计数器。

3. 验证集成异步十进制加法计数器 74LS290 的逻辑功能,试用两片 74LS290 构成二十四进制计数器。

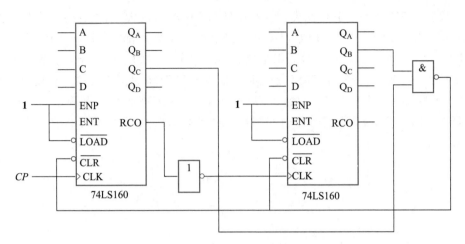

图 4-37　采用串行进位和整体清零方式构成的二十四进制计数器

4. 验证集成同步十进制加法计数器 74LS160 的逻辑功能,试用两片 74LS160 组成六十进制计数器。

五、实验注意事项

1. 实验时切勿拿起芯片,以防损坏,连线时注意各引脚功能,不要接错。

2. 在连接、拆除导线时,要关闭电源,手要捏住导线接头,以防导线断开。

六、思考题

1. 试简述用同步清零控制端和同步置数控制端构成 M 进制计数器的方法。

2. 利用计数器的级联获得大容量 M 进制计数器时应注意什么?

七、实验报告要求

1. 写出详细的设计过程,并画出所设计的电路图。

2. 分析在设计和调试过程中出现的问题,并说明解决问题的方法。

4.9 555 定时器及其应用

一、实验目的

1. 熟悉 555 定时器结构、工作原理及其特点。

2. 掌握用 555 定时器构成单稳态触发器、多谐振荡器和施密特触发器的方法。

二、实验原理

1. 555 定时器

555 定时器是一种数字、模拟混合型的中规模集成电路,应用十分广泛。它是一种产生时间延迟和多种脉冲信号的电路,由于内部电压标准使用了三个 5 kΩ 电阻,故取名 555 电路。其电路类型有双极型和 CMOS 型两大类,二者的结构与工作原理类似。几乎所有的双极型产品型号最后的三位数码都是 555 或 556;所有的 CMOS 型产品型号最后四位数码都是 7555 或 7556,二者的逻辑功能和引脚排列完全相同,易于互换。555 和 7555 是单定时器,556 和 7556 是双定时器。双极型的电源电压为+5 ~ +15 V,输出的最大电流可达 200 mA,CMOS 型的电源电压为+3 ~ +18 V。图 4-38 为 555 定时器内部结构框图及引脚排列,555 定时器的功能如表 4-28 所示。

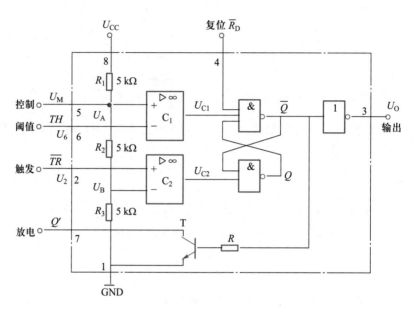

图 4-38 555 定时器内部结构框图及引脚排列

表 4-28 555 定时器的功能

输入			输出	
阈值输入 U_6	触发输入 U_2	复位 $\overline{R}_D$	输出 U_o	放电管 T 的状态
×	×	0	0	导通
$<U_A$	$<U_B$	1	1	截止
$>U_A$	$>U_B$	1	0	导通
$<U_A$	$>U_B$	1	不变	不变

2. 555 定时器构成的单稳态触发器

图 4-39 为一个由 555 定时器构成的单稳态触发器。电路中 R_i 和 C_i 为输入回路的微分环节,确保 u_2 的负脉冲宽度 $t_{P1}<t_{PO}$,t_{PO} 为单稳态输出脉冲宽度,一般要求 $t_{P1}>5R_iC_i$。电路中 R、C 为单稳态触发器的定时元件,其连接点的信号 u_c 加到阈值

输入 TH(6 脚)和放电管 T 的集电极 Q'(7 脚)。复位输入端 $\overline{R}_D$(4 脚)接高电平,即不允许其复位;控制端 U_M(5 脚)通过电容 0.01 μF 接地,以保证 555 定时器上下比较器的参考电压为 $2U_{CC}/3$、$U_{CC}/3$ 不变。由图 4-39 电路分析可知 $t_{PO} = RC\ln 3 \approx 1.1RC$。电路中 u_1、u_2、u_0 和 u_C 的工作波形如图 4-40 所示。

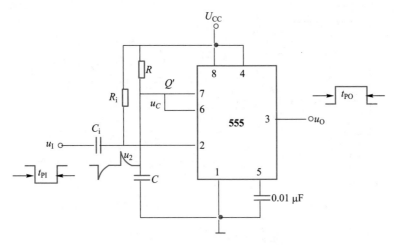

图 4-39 单稳态触发器电路

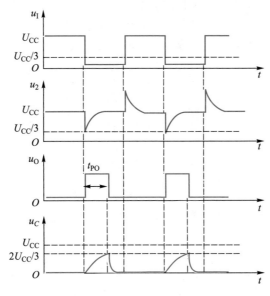

图 4-40 单稳态触发器工作波形

3. 555 定时器构成的多谐振荡器

用 555 定时器构成的多谐振荡器如图 4-41 所示。将施密特触发器的反相输出端经 RC 积分电路接回到它的输入端,就构成了多谐振荡器。电路中 u_0 和 u_C 的工作波形如图 4-42 所示。多谐振荡器输出信号的占空比为

$$d = \frac{T_1}{T_1+T_2} \approx \frac{R_A+R_B}{R_A+2R_B}$$

可见,若取 $R_B \gg R_A$,电路即可输出占空比为 50% 的方波信号。

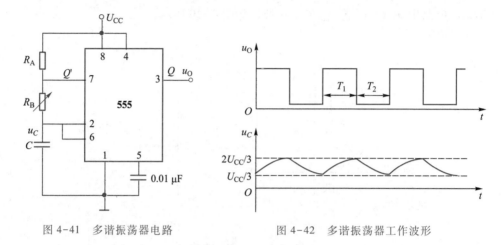

图 4-41　多谐振荡器电路 　　　　图 4-42　多谐振荡器工作波形

4.555 定时器构成的模拟响声电路

图 4-43 为由 555 定时器构成的模拟响声电路,电路由两个多谐振荡器构成,第 1 个振荡器的频率小于第 2 个振荡器的频率,且将低频振荡器的输出端 3 接到高频振荡器的复位端 4。当振荡器 1 输出高电平时,振荡器 2 振荡;当振荡器 1 输出低电平时,振荡器 2 停止振荡,故扬声器发出"呜……呜……"的间歇声响。

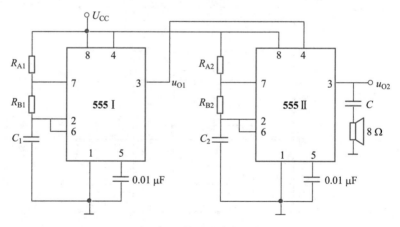

图 4-43　模拟响声发生器

三、实验仪器

数字电子技术实验箱、555 定时器、二极管、电位器、电阻、电容、数字万用表、双踪示波器。

四、实验内容

1. 用 555 定时器构成单稳态触发器

按图 4-39 接好线路,取 $R = 5.1$ kΩ,$C = 0.1$ μF,由 u_I 输入一个连续脉冲,保证其周期 T 大于 t_{PO},用双踪示波器观察,记录输入电压 u_I、输出电压 u_O 波形,测量输出脉冲宽度 t_{PO}。增大 R 的值,观察输出电压 u_O 的波形和电容电压 u_C 的波形,并记录。

2. 用 555 定时器构成多谐振荡器

按图 4-41 接好线路,取 $R_A = 100$ kΩ,$R_B = 100$ kΩ,$C = 0.1$ μF,检查电路接线无误后接通电源,用双踪示波器观察,记录输出电压 u_O 的波形,并测量输出波形的频率。减小 R_B 的值,再观察、记录输出电压波形,测量其振荡频率和占空比。

3. 用 555 定时器构成施密特触发器

自己选择元件参数,画好电路图,并根据电路图接好电路。输入频率为 1 kHz 的正弦电压,对应画出输入电压和输出电压波形。然后在电压控制端 5 外接 1.5 ~ 5 V 的可调电压,观察输出脉冲宽度的变化。

4. 模拟响声电路

按图 4-43 接线,并选择电路元件参数,使振荡器 1 振荡频率为 1 kHz,振荡器 2 振荡频率为 2 kHz。用双踪示波器观察两个振荡器的输出波形,试听音响效果。调换外接阻容元件,再试听音响效果。

五、实验注意事项

1. 实验前要清楚 555 定时器各引脚的位置,切不可将电源极性接反或输出端短路,否则会损坏集成块。

2. 注意 555 定时器的工作电压,双极型的电源电压为 +5 ~ +15 V,输出的最大电流可达 200 mA,CMOS 型的电源电压为 +3 ~ +18 V。

六、思考题

1. 在实验中 555 定时器 5 脚所接的电容起什么作用?
2. 你能想到几种产生脉冲信号的方法? 试一一说明。

七、实验报告要求

1. 整理测试结果,画出实验内容中所测量的波形图。
2. 比较多谐振荡器、单稳态触发器、施密特触发器的工作特点,说明每种电路的主要用途。

4.10 D/A、A/D 转换器

一、实验目的

1. 了解 D/A、A/D 转换器的基本结构和工作原理。

2. 掌握集成 D/A 和 A/D 转换器的功能及其应用。

二、实验原理

在电子技术应用中,经常需要把数字信号转换为模拟信号,或者把模拟信号转换为数字信号。数字信号到模拟信号的转换称为数模转换(简称 D/A 转换),能实现 D/A 转换的电路称为 D/A 转换器或 DAC。模拟信号到数字信号的转换称为模数转换(简称 A/D 转换),能实现 A/D 转换的电路称为 A/D 转换器或 ADC。

1. D/A 转换器(DAC0808)

DAC0808 是采用双极型工艺制成的单片电流输出型 8 位 D/A 转换器,是权电流型 D/A 转换器,DAC0808 的内部结构框图如图 4-44 所示。它由倒 T 形电阻网络、模拟开关、运算放大器和参考电压 U_{REF} 等组成。其中:$D_0 \sim D_7$ 是数字信号输入端;I_O 是求和电流输出端;$U_{REF(+)}$、$U_{REF(-)}$ 是正、负基准电压输入端;$COMP$ 是外接补偿电容端;U_{CC}、U_{EE} 是正、负电源输入端;GND 是接地端。

用 DAC0808 这类器件构成 D/A 转换器时需要外接运算放大器和产生基准电流用的电阻 R_1,如图 4-45 所示。

在 $U_{REF} = 5\ V$、$R_1 = 5\ k\Omega$、$R_f = 5\ k\Omega$ 的情况下,可知输出电压为

$$u_O = \frac{R_f U_{REF}}{2^8 R_1} \sum_{i=0}^{7} D_i \cdot 2^i = \frac{5}{2^8} \sum_{i=0}^{7} D_i \cdot 2^i$$

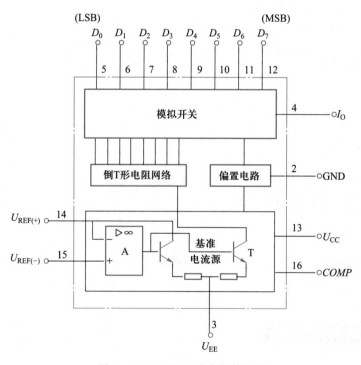

图 4-44 DAC0808 内部结构框图

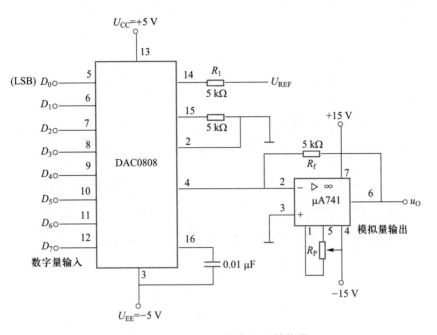

图 4-45 DAC0808 构成 D/A 转换器

2. A/D 转换器（ADC0809）

ADC0809 是采用 CMOS 工艺制成的单片 8 位 8 通道逐次渐近型模数转换器，其逻辑框图及引脚排列如图 4-46(a)(b)所示。

ADC0809 由 8 位逐次渐近型 A/D 转换器、地址锁存和译码电路、三态输出锁存器等部分组成。其中：$IN_0 \sim IN_7$ 是 8 路模拟信号输入端；A_2、A_1、A_0 是地址输入端，根据 $A_2 A_1 A_0$ 的地址编码选通 8 路模拟信号 $IN_0 \sim IN_7$ 中的任何一路进行 A/D 转换，地址译码与模拟输入通道的选通关系如表 4-29 所示。

表 4-29 ADC0809 地址译码与模拟输入通道选通关系

被选模拟通道	地址		
	A_2	A_1	A_0
IN_0	0	0	0
IN_1	0	0	1
IN_2	0	1	0
IN_3	0	1	1
IN_4	1	0	0
IN_5	1	0	0
IN_6	1	1	0
IN_7	1	1	1

133

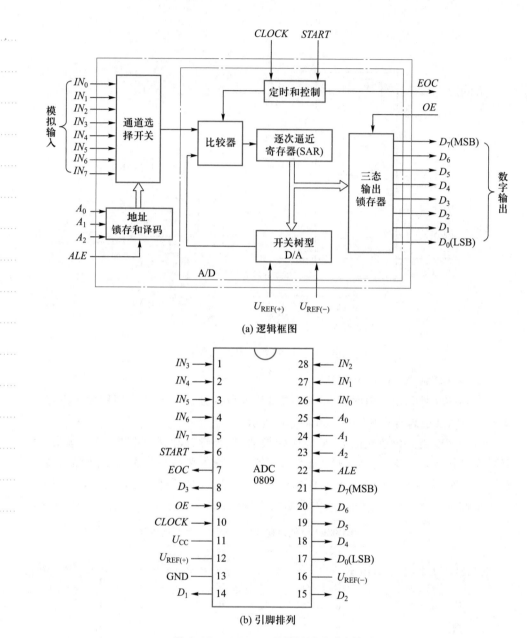

(a) 逻辑框图

(b) 引脚排列

图 4-46　ADC0809 逻辑框图及引脚排列

　　ALE:地址锁存允许信号,在此引脚施加正脉冲(上升沿有效)时,地址码被锁存,从而选通相应模拟信号的通道信号,送 A/D 转换器进行 A/D 转换;*START*:启动信号输入端,启动 A/D 转换应在此脚施加正脉冲,当上升沿到达时,内部寄存器清零,在下降沿到达后,开始进行 A/D 转换过程;*EOC*:转换结束输出信号(转换结束标志),高电平有效,转换在进行中 *EOC* 为低电平,转换结束 *EOC* 自动变为高电平,标志 A/D 转换已结束;*OE*:输出允许信号,高电平有效,即 *OE*=**1** 时,将输出寄存器中数据放到数据总线上;*CP*:时钟信号输入端,外接时钟频率一般为 640 kHz;

$U_{REF(+)}$、$U_{REF(-)}$:分别为正、负基准电压,一般 $U_{REF(+)}$ 接+5 V 电源,$U_{REF(-)}$ 接地;$D_0 \sim$ D_7:数字信号输出端,D_0 为最低位,D_7 为最高位;U_{CC}:接+5 V 电源;GND:接地端。ADC0809 通过引脚 $IN_0 \sim IN_7$ 输入 8 路单边模拟输入电压,ALE 将 3 位地址线 A_2、A_1、A_0 进行锁存,然后由译码电路选通 8 路中某一路进行 A/D 转换。

三、实验仪器

数字电子技术实验箱、DAC0808、ADC0809、μA741、示波器、数字万用表。

四、实验内容

（一）D/A 转换器 DAC0808 应用

将 D/A 转换器接成如图 4-45 所示的电路。

1. $D_0 \sim D_7$ 端接数电实验箱的逻辑电平输出端,输出端接直流数字电压表,U_{CC}、U_{REF} 接+5 V 电源,U_{EE} 接-5 V 电源,运放 μA741 电源接±15 V。

2. 调零

将 $D_0 \sim D_7$ 端全部设为零,其中调零电阻 R_P 为 10 kΩ 的电位器,调节运算放大器的电位器使 μA741 的输出为零。

3. 按表 4-30 所列的数据输入数字信号,用数字电压表测量运算放大器的输出电压 u_0 填入表中,并与理论值进行比较。

表 4-30 DAC0808 输出测试值

输入数字量								输出 u_0/V
D_7	D_6	D_5	D_4	D_3	D_2	D_1	D_0	
0	0	0	0	0	0	0	0	
0	0	0	1	0	0	0	0	
0	0	1	0	0	0	0	0	
0	0	1	1	0	0	0	0	
0	1	0	0	0	0	0	0	
0	1	0	1	0	0	0	0	
0	1	1	0	0	0	0	0	
0	1	1	1	0	0	0	0	
1	0	1	0	0	0	0	0	
1	0	1	1	0	0	0	0	
1	1	1	1	0	0	0	0	

（二）A/D 转换器 ADC0809 应用

1. 测试脚 6（*ALE*）、脚 22（*START*）、脚 7（*OE*）的功能

如图 4-47 所示，将 *CP* 时钟端接入连续脉冲源，调至 100 kHz，A_2、A_1、A_0 接逻辑电平输出，并调至低电平；将脚 6、脚 22 连接于 P 点，接单次脉冲源，将 *EOC* 接逻辑电平显示，调节输入模拟量 IN_0 为某值，按一下 P 端单次脉冲源按钮，相应的输出数字量便由实验箱逻辑电平显示出来，完成一次 A/D 转换，记录在表格 4-31 中。

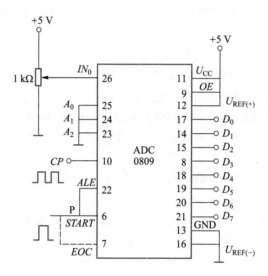

图 4-47　ADC0809 应用电路图

表 4-31　ADC0809 输出测试值

输入电压/V	输出值		误差
	理论值	实测值	
0.0			
0.5			
1.0			
1.5			
2.0			
2.5			
3.0			
3.5			
4.0			
4.5			
5.0			

2. 自动转换状态

将 *ALE*、*START* 与 *EOC* 端连接在一起,如图 4-47 中虚线所示,则电路处于自动状态,开始时接单次脉冲源,启动后断开 P 点与单次脉冲源的连接,观察 A/D 转换器的工作情况。

五、实验注意事项

1. 注意 DAC0808 的电源极性 U_{CC}、U_{EE},不要接错。

2. 搞清楚 DAC0808 的模拟量输出与 $U_{REF(+)}$、$U_{REF(-)}$ 的变化关系。

3. 注意 ADC0809 各个控制端的接法。

六、思考题

1. 给一个 8 位 D/A 转换器输入二进制数 **10000000** 时,其输出电压为 5 V。问如果输入二进制数 **00000001** 和 **11001101** 时,D/A 转换器的输出模拟电压分别为何值?

2. N 位 A/D 转换器的分辨率为多少?

七、实验报告要求

1. 按要求完成电路图及填好所需的实验表格。

2. 整理实验数据,分析实验结果。

第 5 章　变压器与电动机实验

变压器和电动机是常用的电气设备,在电力系统和电子线路中应用广泛。通过对变压器和电动机工作状态的测试以及控制,帮助实验者加深理解电气设备的工作原理,掌握电气设备的使用方法,学会分析、排除常见故障,为实验者实际应用奠定基础。

5.1　单相变压器特性的测试

一、实验目的

1. 学会单相变压器同名端的判断方法。
2. 通过测量,学会计算单相变压器的各项参数。
3. 学习变压器空载特性和外特性的测绘方法。

二、实验原理

（一）变压器同名端的判断方法

1. 直流法

电路如图 5-1 所示,当开关 S 闭合瞬间,若毫安表的指针正偏,则可断定 1、3 为同名端;若指针反偏,则可断定 1、4 为同名端。

2. 交流法

电路如图 5-2 所示,将变压器两个绕组的任意两端(如 2、4)连接在一起,在一次绕组两端加低电压,用交流电压表分别测出端电压 U_{13}、U_{12} 和 U_{34}。若 U_{13} 为两个绕组端电压之差,则可断定 1、3 为同名端;若 U_{13} 为两个绕组端电压之和,则可断定 1、4 为同名端。

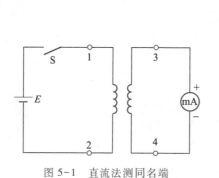

图 5-1　直流法测同名端　　　　图 5-2　交流法测同名端

（二）变压器参数

如图 5-3 所示为测试变压器参数的电路,由各个仪表读取变压器一次绕组（UX,低压侧）的电压 U_1、电流 I_1、功率 P_1 及二次绕组（ux,高压侧）的电压 U_2、电流 I_2,并使用万用表 $R \times 1$ 挡测出一次、二次绕组的电阻 R_1 和 R_2,即可求得变压器的以下各项参数值:电压比 $K_U = \dfrac{U_1}{U_2}$,电流比 $K_I = \dfrac{I_1}{I_2}$,一次绕组阻抗 $|Z_1| = \dfrac{U_1}{I_1}$,二次绕组阻抗 $|Z_2| = \dfrac{U_2}{I_2}$,阻抗比 $K = \dfrac{|Z_1|}{|Z_2|}$,负载功率 $P_2 = U_2 I_2 \cos \varphi_2$,损耗功率 $p_0 = P_1 - P_2$,功率因数 $\cos \varphi = \dfrac{P_1}{U_1 I_1}$,一次绕组铜耗 $p_{Cu1} = I_1^2 R_1$,二次绕组铜耗 $p_{Cu2} = I_2^2 R_2$,铁耗 $p_{Fe} = p_0 - p_{Cu1} - p_{Cu2}$。

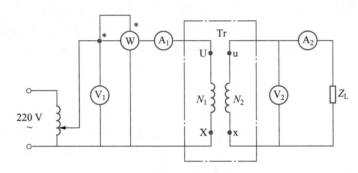

图 5-3　测试变压器参数电路

（三）变压器外特性测试

为了满足三组白炽灯负载额定电压为 220 V 的要求,故以变压器的低压绕组（36 V）作为一次绕组,高压绕组（220 V）作为二次绕组,即当作一台升压变压器使用。

在保持一次绕组电压 $U_1 = 36$ V 不变时,逐次增加白炽灯负载（每只白炽灯为 15 W）,测定电压 U_1、U_2 和电流 I_1、I_2,即可绘出变压器的外特性,即负载特性曲线 $U_2 = f(I_2)$。

三、实验仪器

电工技术实验台、白炽灯（220 V/15 W）、单相变压器（36 V/220 V,50 V·A）

四、实验内容

（一）判断变压器同名端

1. 用直流法判断图 5-1 中变压器各绕组的同名端。

2. 用交流法判断图 5-2 中变压器各绕组的同名端。

（二）测绘变压器外特性曲线

按图 5-3 电路接线,其中 UX 为变压器的一次绕组,ux 为变压器的二次绕组,即电源经调压器接至变压器一次绕组,二次绕组 220 V 连接 Z_L 即 15 W 的灯组负载(5 只白炽灯并联),经检查无误后方可进行实验。

将调压器手柄置于输出电压为零的位置(逆时针旋转到底),然后合上电源开关,并调节调压器,使其输出 36 V 电压。分别测试负载开路及负载逐次增加情况下(最多亮 5 只白炽灯)各个仪表的读数,自拟数据表格,记录并绘制变压器外特性曲线。实验完毕将调压器调零,断开电源。

实验时,可先将 5 只白炽灯并联,并断开控制每个白炽灯的相应开关,通电且电压调至规定值后,再逐一打开各个白炽灯的开关,并记录仪表读数。当负载为 4 只及 5 只白炽灯时,变压器已处于超载运行状态,很容易烧坏。因此,测试和记录时应尽量缩短超载工作时间,不宜超过 3 分钟。

(三)测绘变压器空载特性曲线

将高压侧(二次绕组)开路,确认调压器处在零位后,合上电源,调节调压器输出电压,使 U_1 从零逐次上升到 1.2 倍的额定电压(1.2×36 V),分别记录各次测得的电压 U_1、U_{20} 和电流 I_{10} 数据,记入自拟的数据表格,用 U_1 和 I_{10} 绘制变压器的空载特性曲线。

五、实验注意事项

1. 本实验采用调节调压器提供一次绕组电压 U_1,故使用调压器时应首先调至零位,然后才可合上电源。此外,必须用电压表监视调压器的输出电压,防止被测变压器二次绕组输出过高电压而损坏实验设备,同时注意安全,谨防触电。

2. 由负载实验转到空载实验时,要注意及时变更仪表量程。

六、思考题

1. 为什么本实验将低压绕组作为一次绕组进行通电实验?在实验过程中应注意什么问题?

2. 为什么变压器的励磁参数一定是在空载实验加额定电压的情况下求出?

七、实验报告要求

1. 根据实验内容,自拟数据表格,绘出变压器的外特性和空载特性曲线。

2. 根据额定负载时测得的数据,计算变压器的各项参数。

3. 计算变压器的电压调整率$\left(\Delta U\% = \dfrac{U_{20} - U_{2N}}{U_{20}} \times 100\% \right)$。

5.2 三相异步电动机的起动与调速

一、实验目的

1. 熟悉三相异步电动机的起动方法。

2. 掌握绕线式三相异步电动机转子回路串联三相对称电阻的调速方法。

二、实验原理

将电动机的三相电源引出线直接与三相电源连接的起动称为直接起动(也称全压起动),直接起动时,起动电流 $I_{st} = (4 \sim 7)I_N$,只有容量较小的电动机才能直接起动。

功率较大的鼠笼式三相异步电动机,常采用降压起动的方法,以限制起动电流。如定子电路串联电阻或电抗起动、自耦变压器降压起动、Y-△换接起动等。自耦变压器降压起动时,若变压器电压比为 K,则 $I'_{st} = \dfrac{1}{K^2}I_{st}$,即降压后的起动电流 I'_{st} 是全压起动时电流 I_{st} 的 $\dfrac{1}{K^2}$ 倍。Y-△换接起动只能用于△联结的电动机,且 $I_{st(Y)} = \dfrac{1}{3}I_{st(\triangle)}$。

绕线式三相异步电动机常采用转子回路串联三相对称电阻的方法起动。其起动转矩随电阻 R_2 增大而增大,临界值为 T_{max}。最大转矩 T_{max} 与转子电阻无关,临界转差率 s_m 与转子电路电阻 R_2 成正比,基本原理如图 5-4 所示,需要说明的是并非 R_2 越大,T_{st} 就越大。适当选取 R_2 不仅可使起动电流减小,还可使起动转矩增大,以实现带载起动的目的。

根据公式 $n = (1-s)\dfrac{60f_1}{p}$,三相异步电动机的调速方法有变频($f_1$)调速、变极对数($p$)调速与变转差率($s$)调速三种基本方法。变频调速设备复杂,投资较大;变极对数调速常见于双速电动机或多速电动机,不能平滑调速;变转差率调速最为简便。对绕线式三相异步电动机而言,最常用的是在转子电路串联三相对称电阻进行调速。转子回路串阻的阻值可连续变化,可实现较平滑的调速性能。

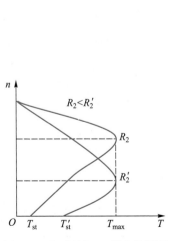

图 5-4　起动转矩 T_{st} 增大的原理

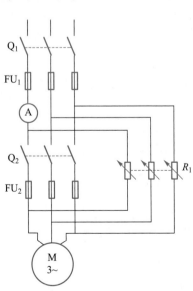

图 5-5　定子回路的串阻起动

三、实验仪器

电工技术实验台、绕线式三相异步电动机、三相可调负载电阻箱、转速表。

四、实验内容

（一）三相异步电动机的起动

1. 定子回路串阻起动

实验线路如图 5-5 所示，R_1 为一个三相可调负载电阻箱。断开 Q_2，改变 R_1，测量在不同电阻值时的起动电流，将三组数据记录于表 5-1 中。

表 5-1　定子回路串阻起动实验数据

R_1/Ω			
起动电流 I_{st}/A			

2. 自耦降压起动

实验线路如图 5-6 所示。Q_2 在起动位置，合上 Q_3，测量在不同电压下的起动电流，将三组数据记录于表 5-2 中。

表 5-2　自耦降压起动实验数据

U_2/V			
起动电流 I_{st}/A			

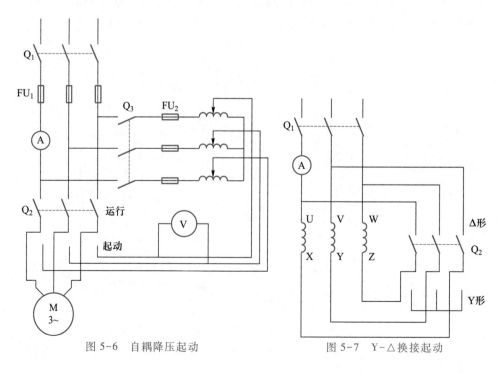

图 5-6　自耦降压起动　　　　　　图 5-7　Y-△换接起动

142

3. Y-△换接起动

实验线路如图 5-7 所示(或用 Y-△转换器)。图中 UX、VY、WZ 为三相异步电动机的三相定子绕组。分别测量 Q_2 在三角形位置和星形位置时的起动电流,记录数据于表 5-3 中。

表 5-3　Y-△换接起动实验数据

起动方法	△	Y
起动电流 I_{st}/A		

4. 绕线式三相异步电动机转子回路串联三相对称电阻起动

按图 5-8 接线,测量不同电阻值 R_2 时的三组起动电流数据,记录数据于表 5-4 中。

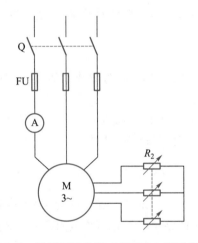

图 5-8　转子回路串联三相对称电阻示意图

表 5-4　转子回路串联三相对称电阻起动实验数据

R_2/Ω			
起动电流 I_{st}/A			

(二) 三相异步电动机的调速

1. 变频调速

将变频器接入电路,即输入接三相电源,输出端接三相异步电动机,然后观察频率对转速的调节作用,将变频器上显示的每一频率值与转速的对应数值记入表 5-5 中。

表 5-5　变频调速实验数据

频率/Hz				
转速/(r/min)				

2. 绕线式三相异步电动机转子回路串联三相对称电阻调速

仍按图 5-8 接线,装好机械式转速表。将变阻器阻值 R_2 由零逐渐增大,观察电动机转速随电阻值的变化关系(注意改变电阻箱阻值时,一定要在断电情况下进行)。将所串联阻值与相应的稳定转速 n 填入表 5-6 中。

表 5-6　转子回路串联三相对称电阻调速实验数据

R_2/Ω					
$n/(\text{r/min})$					

五、实验注意事项

1. 起动电流的测量时间很短,读数时应迅速、准确。

2. 实验时起动次数不宜过多。遇异常情况,应迅速断开电源开关。

六、思考题

1. 本实验中的起动皆为空载起动,若带载起动,则各种起动实验中的起动电流是否会增大? 为什么?

2. 仅从起动性能上考虑,哪种起动方式最好? 若转子串联电阻调速后的电动机长期运行在低速情况下,会带来什么问题?

七、实验报告要求

1. 要求将各种起动方法与理论结论进行比较,验证其正确性。

2. 用坐标纸画出转子回路串联三相对称电阻调速的机械特性曲线。

5.3　三相异步电动机正反转继电接触器控制

讲义：三相异步电动机的正反转控制

一、实验目的

1. 了解按钮、继电器、接触器等控制电器的结构、工作原理和使用方法。

2. 了解控制系统中保护、自锁及互锁环节的作用。

3. 通过对三相鼠笼式异步电动机点动、自锁控制以及正、反转控制线路的实际安装接线,掌握由电气原理图变换成安装线路图的知识。

二、实验原理

(一)控制电器

1. 控制按钮

控制按钮通常用于短时通、断小电流的控制回路,以实现近、远距离控制电动机等执行部件的起、停或正、反转。按钮是专供人工操作使用的。对于复合按钮,其触点的动作规律是:当按下时,其动断触头先断,动合触头后合;当松手时,则动合触头先断,动断触头后合。

2. 交流接触器

交流接触器主要构造为:

① 电磁系统——铁心、线圈和短路环。

② 触头系统——主触头和辅助触头,还可按照线圈得电前后触头的动作状态,分为动合、动断两类。

③ 消弧系统——在切断大电流的触头上装有灭弧罩,以迅速切断电源。

④ 接线端子与复位弹簧。

3. 故障保护措施

① 采用熔断器做短路保护,当电动机或电器发生短路时,及时熔断熔体,达到保护线路、保护电源的目的。熔体熔断时间与流过的电流关系称为熔断器的保护特性,这是选择熔体的主要依据。

② 采用热继电器实现过载保护,使电动机免受长期过载的危害。其主要的技术指标是额定电流值,即电流超过此值的20%时,其动断触头应能在一定时间内切断控制回路,动作后只能由人工复位。

(二) 继电接触器控制电路

1. 点动控制

用按钮、接触器组成的异步电动机点动控制电路如图5-9所示。合上电源开关Q,按下SB按钮,接触器线圈KM通电,主动合触点KM闭合,电动机M通电运行。松开SB按钮,KM断电,电动机M停转。

2. 单向连续运转控制

单向连续运转控制电路如图5-10所示。SB₁为起动按钮,SB₂为停止按钮。合上电源开关Q,按下SB₁按钮,接触器线圈KM通电,主动合触点KM闭合,电动

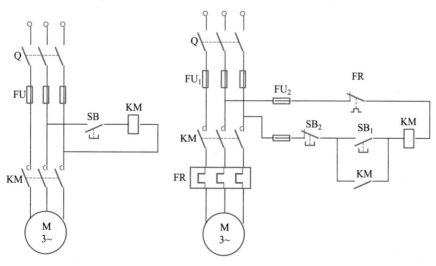

图5-9 异步电动机的点动控制   图5-10 异步电动机的单向连续运转控制

机 M 通电运行。松开 SB_1，线圈仍通过辅助触点继续保持通电，电动机 M 继续运行。按下 SB_2 按钮，线圈断电，电动机 M 停转。

3. 正、反转控制

三相异步电动机的转动方向取决于定子旋转磁场的转向，而旋转磁场的转向取决于三相电源的相序，因此，要使三相异步电动机反转，只要将电动机接三相电源线中的任意两相对调连接即可。若在电动机单向运转控制电路基础上再增加一个接触器及相应的控制线路就可实现正、反转控制，如图 5-11 所示。为了避免两个接触器同时吸合工作，造成电源短路的严重事故，可采用以下方法：

（1）如图 5-11(b)所示采用互锁控制，即将两个接触器的辅助动断触点分别串联到另一个接触器的线圈支路上，达到两个接触器不能同时工作的控制作用。它的缺点是要反转时，必须先按停止按钮，再按另一转向的起动按钮。

（2）如图 5-11(c)所示采用双重互锁控制，即将两个起动按钮的动断触点分别串联到另一接触器线圈的控制支路上。这样，若正转时要反转，直接按反转起动按钮 SB_2，其动断触点断开，使正转接触器 KM_1 线圈断电，主触点断开。接着串联于反转接触器线圈支路中的动断触点 KM_1 恢复闭合，反转接触器 KM_2 线圈通电，电动机就反转。此时，电动机正反转的控制可直接切换。

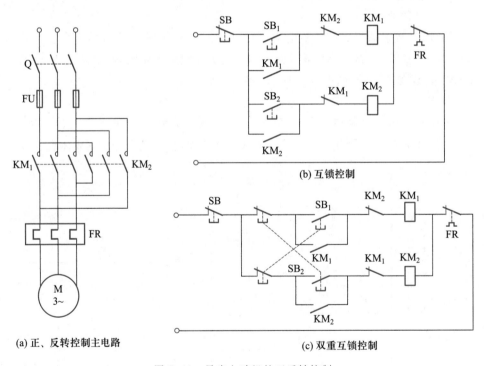

(a) 正、反转控制主电路

(b) 互锁控制

(c) 双重互锁控制

图 5-11　异步电动机的正反转控制

三、实验仪器

电工技术实验台、元件箱、鼠笼式三相异步电动机。

四、实验内容

(一)识别控制电路图

1. 认识各电器的结构、图形符号、接线方法,记录电动机及各电器铭牌数据,并用万用表检查各电器的线圈、触头是否完好。

2. 了解交流接触器、热继电器、按钮等控制电器的结构及动作原理。对照图5-9做读图练习,注意各电器是未通电时的状态。在控制电路图中,同一电器的线圈和触点用同一文字符号表示,但同一电器的线圈和触点会分布在不同的支路中,起着不同的作用。

(二)直接控制

1. 点动控制

按图5-9点动控制线路接线(先主电路,后控制电路)。经检查无误后,方可进行通电操作。闭合电源开关Q作起动准备,按起动按钮SB,对电动机M进行点动控制,观察电动机和接触器的运行情况。

2. 单向连续运转控制

按图5-10接线(先主电路,后控制电路)。经检查无误后,方可进行通电操作。闭合电源开关Q作起动准备,按下SB_1,观察起动情况;松开SB_1,体会自锁作用,按下SB_2,观察并记录电动机及各电器的运行情况。

3. 互锁控制的正反转控制

按图5-11(a)(b)或(a)(c)接线(先主电路,后控制电路)。经检查无误后,接通电源开关Q。

分别按正转按钮SB_1、反转按钮SB_2、停转按钮SB,观察并记录电动机转向和接触器的运行情况,并比较(a)(b)与(a)(c)两种连接方式的异同。

填写表5-7,说明异步电动机正反转控制电路各元件的状态。用**1**表示线圈通电或触头、按钮在闭合状态,用**0**表示线圈不通电或触头、按钮在断开状态。

表5-7 异步电动机正反转控制电路各元件状态表

状态	SB	SB$_1$	SB$_2$	KM$_1$			KM$_2$		
停转									
正转									
反转									

(三)失压、欠压保护

1. 按正转按钮SB_1或反转按钮SB_2,电动机起动后按下实验台上的停止按钮,断开实验线路三相电源,模拟电动机失压(或零压)状态,观察电动机与接触器的动作情况,随后再按实验台上的起动按钮,接通三相电源,但不按 SB_1 或 SB_2,观察电动机能否自行起动。

2. 重新起动电动机后,逐渐减小三相自耦调压器的输出电压,直至接触器释放,观察电动机能否自行停转。

五、实验注意事项

1. 三相电压较高,注意人身安全。

2. 接线时先接主电路,后接控制电路。经检查无误后,方可接通电源。

3. 实验时,切勿在短时间内频繁起、停,以避免接触器触头因频繁起动而烧坏。

六、思考题

1. 为什么热继电器不能做短路保护? 为什么在三相主电路中只用两个(当然三个也可以)热元件就可以保护电动机?

2. 从结构和功能上看,点动控制线路与自锁控制线路的主要区别是什么?

3. 在正反转控制电路中,短路、过载、失压、欠压保护等功能是如何实现的? 在实际应用中这几种保护有何意义?

七、实验报告要求

1. 说明实验电路的工作原理,并对实验结果及观察的现象进行分析。

2. 画出故障现象的原理图,并分析故障原因,说明排除的方法。

5.4　三相异步电动机的 Y-△ 降压起动控制

一、实验目的

1. 进一步提高按图接线的能力。

2. 了解时间继电器的结构、使用方法、延时时间的调整及在控制系统中的应用。

3. 熟悉异步电动机 Y-△ 降压起动控制的运行情况和操作方法。

二、实验原理

Y-△ 降压起动是指电动机起动时,把定子绕组接成 Y 形,以降低起动电压,限制起动电流。待电动机起动后,再把定子绕组改接成 △ 形,使电动机全压运行。凡是在正常运行时定子绕组作 △ 形连接的异步电动机,均可采用这种降压起动方法。

按时间原则控制电路的特点是各个动作之间有一定的时间间隔,使用的元件主要是时间继电器。时间继电器是一种延时动作的继电器,它从接收信号(如线圈带电)到执行动作(如触点动作)具有一定的时间间隔。此时间间隔可按需要预先设定,以协调和控制生产机械的各种动作。时间继电器的延时时间通常可在 0.4~

80 s 范围内调节。

时间继电器控制鼠笼式异步电动机 Y-△ 降压起动的电路如图 5-12 所示。从主回路看，当接触器 KM_1、KM_2 主触头闭合，KM_3 主触头断开时，电动机三相定子绕组作 Y 联结，而当接触器 KM_1、KM_3 主触头闭合，KM_2 主触头断开时，电动机三相定子绕组作 △ 联结。因此，所设计的控制线路若能先使 KM_1 和 KM_2 得电闭合，后经一定时间的延时，使 KM_2 失电断开，而后使 KM_3 得电闭合，则电动机就能实现降压起动后自动转换到正常工作运转。图 5-12 的控制线路能满足上述要求，具有以下特点：

(1) 接触器 KM_3 和 KM_2 通过动断触头 $KM_3(5-7)$ 与 $KM_2(5-11)$ 实现电气互锁，保证 KM_3 和 KM_2 不会同时得电，以防三相电源的短路事故发生。

(2) 依靠时间继电器 KT 延时动合触头 (11-13) 的延时闭合作用，保证在按下 SB_1 后，使 KM_2 先得电，并依靠 KT(7-9) 先断，KT(11-13) 后合的动作顺序，保证 KM_2 先断，而后再自动接通 KM_3，也避免了换接时电源可能发生的短路事故。

(3) 本线路正常运行（△ 联结）时，接触器 KM_2 及时间继电器 KT 均处于断电状态。

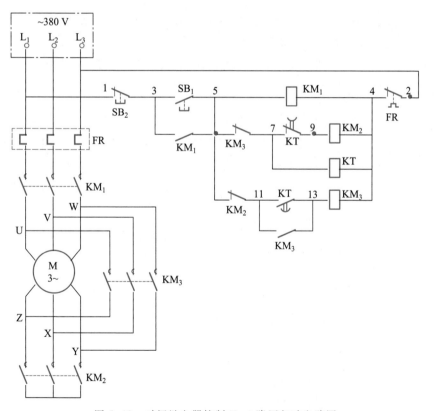

图 5-12 时间继电器控制 Y-△ 降压起动电路图

三、实验仪器

电工技术实验台、元件箱、万用表、鼠笼式三相异步电动机。

四、实验内容

（一）时间继电器控制 Y-△ 自动降压起动线路

（1）按图 5-12 线路进行接线，先接主回路，后接控制回路。要求按图示的节点编号从左到右，从上到下，逐次连接。

（2）在不通电的情况下，用万用表检查线路连接是否正确，特别注意 KM₂ 与 KM₃ 的两个互锁触头 KM₃(5-7) 与 KM₂(5-11) 是否正确接入。经检查无误后，方可通电操作。

（3）按起动按钮 SB₁，观察电动机的整个起动过程及各继电器的动作情况，记录 Y-△ 换接起动所用的时间。

（4）按停止按钮 SB₂，观察电动机及各继电器的动作情况。

（5）调整时间继电器的设定时间，观察接触器 KM₂、KM₃ 的动作时间是否相应地改变。

（6）实验完毕，按下实验台上的停止按钮，切断实验线路电源。

（二）接触器控制 Y-△ 降压起动线路

（1）按图 5-13 线路进行接线，先接主回路后接控制回路。经检查无误后，方

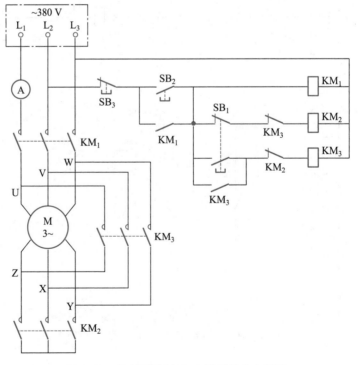

图 5-13　接触器控制 Y-△ 降压起动电路图

可通电操作。

（2）按下按钮 SB_2，电动机作 Y 联结起动，注意观察起动时，电流表最大读数 $I_{Y起动} = \underline{\hspace{3cm}}$ A。

（3）稍后，待电动机转速接近正常转速时，按下按钮 SB_1，使电动机作△联结正常运行。

（4）按停止按钮 SB_3，电动机断电停止运行。

（5）先按下按钮 SB_2，再按下按钮 SB_1，观察电动机在△联结直接起动时的电流表最大读数 $I_{△起动} = \underline{\hspace{3cm}}$ A。

（6）实验完毕，按实验台上的停止按钮，切断实验线路电源。

五、实验注意事项

1. 注意人身安全，严禁带电操作。

2. 只有在断电的情况下，方可用万用表欧姆挡来检查线路连接是否正确。

六、思考题

1. 采用 Y-△降压起动对鼠笼式电动机有何要求？

2. 降压起动的自动控制线路与手动控制线路相比较，有哪些优点？

七、实验报告要求

1. 画出 Y-△降压起动电路接线图。

2. 说明实验电路的工作原理，并对实验结果及观察的现象进行分析。

5.5 三相异步电动机的时间控制和顺序控制设计

一、实验目的

1. 了解时间继电器的结构、工作原理及其在控制电路中的作用。

2. 学习设计简单控制电路及排除故障的方法。

二、实验内容

1. 设计延时起动控制电路

设计一台电动机和一盏白炽灯顺序延时动作的控制电路，要求按下起动按钮白炽灯亮；灯亮大约 5 s 后，电动机自行起动；电动机和灯同时关断。要求具有短路保护、过载保护、失压保护、欠压保护。

2. 设计顺序控制电路

设计一台电动机和一盏白炽灯的顺序工作控制电路，要求按下起动按钮白炽灯先亮，而后电动机才能起动；电动机停止运行后，白炽灯才能灭。要求具有短路保护、过载保护、失压保护、欠压保护。

三、实验仪器

自选实验仪器,并列出实验仪器清单。

四、实验报告要求

1. 写出整个设计全过程,画出原理图。
2. 写出调试步骤及实验过程中解决的问题。
3. 总结继电接触器控制线路的接线技巧。

5.6　PLC 控制三相异步电动机的正反转

一、实验目的

1. 了解用 PLC 控制代替传统接线控制的方法。
2. 熟悉 PLC 实验装置,掌握编程软件的使用。学会用编程语言编写电动机正反转控制程序。
3. 学会对可编程控制器的 I/O 口地址分配及应用,掌握 I/O 口端子的接线方法。

二、实验原理

三相异步电动机的旋转方向取决于三相电源接入定子绕组的相序,要使三相异步电动机反转,只要将电动机接三相电源线中的任意两相对调连接即可。控制要求:按下 SB_1,接触器 KM_1 得电,电动机正转;按下 SB_2,接触器 KM_2 得电,电动机反转。按下 SB,电动机停止转动;KM_1 与 KM_2 必须形成互锁,如图 5-14 所示。

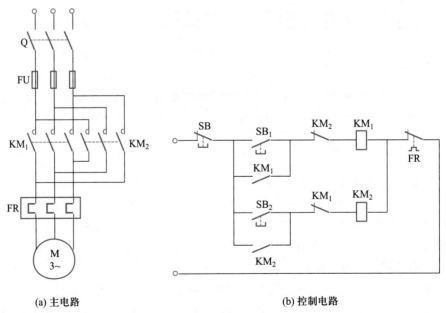

(a) 主电路　　　　(b) 控制电路

图 5-14　异步电动机的正反转控制

PLC 控制三相异步电动机正反转:按下正转按钮后延时 1 s,正转接触器 KM$_1$ 线圈得电,电动机开始正转。在正转的情况下,要想实现反转,必须先按下停止按钮,使正转接触器断电。此时即使松开停止按钮,Q0.0、Q0.1 仍失电。而后按下反转按钮延时 1 s,反转接触器 KM$_2$ 线圈得电,电动机开始反转。

三、实验设备

QSPLCX-SM1 型实验箱(S7-1214PLC)、安装有 STEP 7 V15 编程软件的计算机一台、元件箱、三相异步电动机。

四、实验内容

1. 用 QSPLCX-SM1 型实验箱模块里的指示灯模拟电动机的正反转运行,分别用实验箱面板 2 个指示灯 L1、L2 表示电动机的正转与反转,要求电动机的正反转控制实现互锁。同学们可以在实验室用实物相连构成电动机正反转电路,用 PLC 程序控制电动机正反转的实际操作。

2. I/O 口地址分配。用 PLC 控制电动机正反转的控制系统中需使用四个输入口、两个输出口。输入、输出地址分配如表 5-8 所示。

表 5-8　I/O 口地址分配

输入			输出		
输入	输入元件	功能	输出	输出元件	功能
I0.0	SB$_1$	正转启动	Q0.0	KM$_1$	正转接触器
I0.1	SB$_2$	反转启动	Q0.1	KM$_2$	反转接触器
I0.2	SB	停止			
I0.3	FR	发热保护			

3. 实验接线图如图 5-15 所示,根据 I/O 表及 QSPLCX-SM1 型实验箱 PLC 的配置图、电动机等进行 PLC 端子接线。

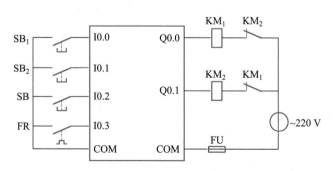

图 5-15　PLC 控制正反转接线图

4. 梯形图程序的编写如图 5-16 所示。编程环境:按开发工具 STEP 7 V15 软件要求编辑和调试自己的应用程序。

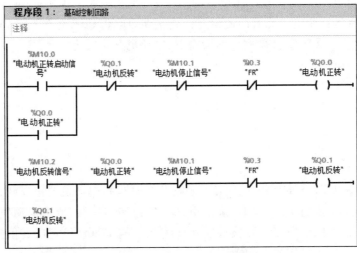

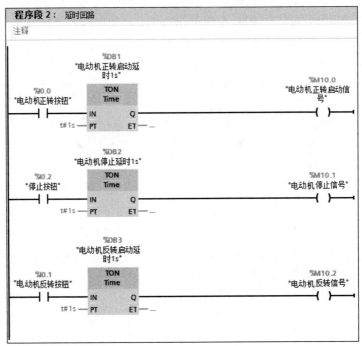

图 5-16　三相异步电动机正反转的控制梯形图

5.程序下载及调试。打开主机电源,将程序下载到主机中。下载操作方法见"开发工具(STEP7 V15 软件)的使用"。启动并运行程序,观察指令的执行情况和实验现象。注意:程序下载时,必须给 PLC 上电。

五、实验注意事项

1.实验前必须清楚实验中所用各仪器及设备的使用方法。

2. 做电动机正反转的控制实验,接线时必须断开电源;经检查无误后方可通电实验。

3. 实验过程中需要改接线时,断开电源后方可进行。

六、思考题

如何实现电动机在正向(反向)转动停止后(或一定时间后),反转(正转)才能启动? 试用 PLC 程序进行控制。

七、实验报告要求

根据实验观察结果,及时整理分析实验记录,总结实验中应注意的问题,写出实验心得体会。

第6章 综合设计性实验

综合设计性实验是在掌握基本实验技能基础上对知识应用能力的综合提升训练,要求实验者综合应用理论课程多章的理论知识,设计一个具有初步工程应用背景的实用电路。实验者需具备设计实验方案和实验步骤的能力,并可通过查阅文献或虚拟仿真等方法完成电路原理图和参数的设计,能够分析并解决实验中出现的一般问题。

* 6.1 RC 有源低通滤波电路的设计

一、实验目的

1. 了解利用电阻、电容和集成运算放大器组成有源低通滤波器的原理。
2. 学习有源滤波器幅频特性的测量方法。
3. 学习有源滤波器的分析和设计方法,了解滤波器的结构和参数对滤波器性能的影响。

二、实验原理

在实际的电子系统中,我们经常需要对模拟信号中不需要的一些信号成分进行处理,设法将其衰减到足够小的程度,从而获取高质量的有用信号,可用在信息处理、数据传输、抑制干扰等方面,滤波器就具有这种功能。

1. 滤波器的分类及特点

滤波器通常分为无源滤波器、RC 有源滤波器、开关电容滤波器、数字滤波器四种类型。其中,前三种是采用硬件电路实现的滤波器,而数字滤波器是对输入离散信号的数字代码进行运算处理,从而达到改变信号频谱的目的。

无源滤波器由无源器件 R、C 和 L 组成,它的缺点是在较低频率下工作时,电感 L 的体积和重量较大,而且滤波效果不理想。

由 RC 元件与运算放大器组成的滤波器称为 RC 有源滤波器,其功能是让一定频率范围内的信号通过,抑制或急剧衰减此频率范围以外的信号。RC 有源滤波器在体积和重量方面优势明显,另外运算放大器具有高输入阻抗和低输出阻抗的特点,可为有源滤波器提供一定的信号增益。根据对频率范围的选择不同,可分为低通(low pass filter,LPF)、高通(high pass filter,HPF)、带通(band pass filter,BPF)与带阻(band reject filter,BRF)四种滤波器,它们的幅频特性如图 6-1 所示。具有理想幅频特性的滤波器是很难实现的,只能用实际的幅频特性去逼近。一般来说,滤波器的幅频特性越好,其相频特性越差,反之亦然。滤波器的阶数越高,幅频特性衰减的速率越快,但 *RC* 网络的阶数越高,元件参数计算越烦琐,电路调试越困难。任何高阶滤波器均可以用较低的二阶 *RC* 有源滤波器级联实现。

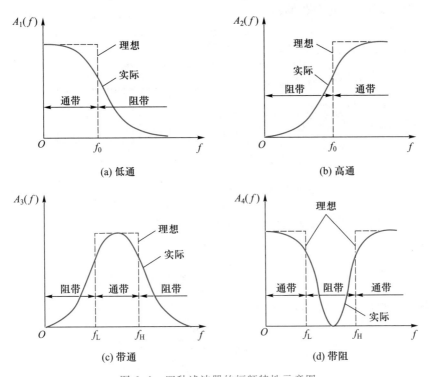

图 6-1 四种滤波器的幅频特性示意图

2. 滤波器主要性能指标

（1）传递函数 $H(s)$：反映滤波器增益随频率的变化关系,也称为电路的频率响应、频率特性。

（2）通带增益 A_0：通频带内放大倍数。

（3）截止频率 f_0：滤波器增益下降到其通频带增益 A_0 的 0.707 倍时所对应的频率（也称上限频率 f_H 或下限频率 f_L）,对低通滤波器而言,即通带与阻带的界限频率。

（4）品质因数 Q：对低通滤波器而言,它的大小会影响在截止频率处幅频特性的形状。

3. 有源低通滤波器原理

RC 有源滤波器有两种常用的类型:一种是无限增益多重反馈型(multi-feedback,MFB)滤波器,一种是压控电压源型(voltage-controlled voltage-source)滤波器,也称为 Sallen-Key 滤波器。MFB 滤波器是反相滤波器,含有一个以上的反馈路径,集成运放作为高增益有源器件使用,其优点是 Q 值和截止频率对元件改变的敏感度较低,缺点是滤波器增益精度不高。Sallen-Key 滤波器是同相滤波器,其将集成运放当作有限增益有源器件使用,优点是具有高输入阻抗,增益设置与滤波器阻

157

容元件无关,所以增益精度极高。本节以 MFB 低通滤波器的设计为例进行说明。

二阶 MFB 低通滤波器的原理图如图 6-2 所示。该滤波器电路由 R_1、C_1 组成的低通滤波电路以及 R_3、C_2 组成的积分电路组成,这两级电路表现出低通特性,通过 R_2 的正反馈对 Q 进行控制。

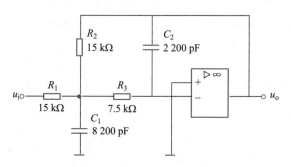

图 6-2　二阶 MFB 低通滤波器原理图

标准二阶有源低通滤波器的传递函数为

$$H(s) = \frac{H_0 \omega_C^2}{s^2 + \dfrac{\omega_C}{Q}s + \omega_C^2}$$

分析图 6-2 电路,可求得传递函数为

$$H(s) = \frac{-1/(R_1 R_3 C_1 C_2)}{s^2 + \dfrac{s}{C_1}\left(\dfrac{1}{R_1} + \dfrac{1}{R_2} + \dfrac{1}{R_3}\right) + \dfrac{1}{R_2 R_3 C_1 C_2}}$$

比较上述两式可得

$$\omega_C = \frac{1}{\sqrt{R_2 R_3 C_1 C_2}}, \quad H_0 = -\frac{R_2}{R_1}, \quad Q = \frac{\sqrt{C_1/C_2}}{\sqrt{R_2 R_3/R_1^2} + \sqrt{R_3/R_2} + \sqrt{R_2/R_3}}$$

滤波器的设计任务之一就是根据滤波器的 ω_C、H_0 和 Q 三个参数来确定电路中各元件参数。为了简化运算,先令 C_2 取一合适的值,然后令 $C_1 = nC_2$,可得

$$R_2 = R_1 A_0, \quad R_3 = \frac{1}{\omega_C^2 R_2 C_1 C_2}, \quad R_1 = \frac{1 + \sqrt{1 - 4Q^2(1 + A_0)/n}}{2\omega_C Q C_2 A_0}$$

上式必须满足 $n \geq 4Q^2(1 + A_0)$,如取 $n = 4Q^2(1 + A_0)$,则

$$R_1 = \frac{1}{2\omega_C Q C_2 A_0}$$

令 $R_0 = \dfrac{1}{\omega_C C_2}$,滤波器中各项参数的计算公式可进一步简化为

$$C_1 = 4Q^2(1 + A_0)C_2, \quad R_1 = \frac{R_0}{2QA_0}, \quad R_2 = A_0 R_1, \quad R_3 = R_0/[2Q(1 + A_0)]$$

因此只要确定 C_2 的值,其余的参数可随之确定。

三、实验仪器

实验所需主要仪器及元器件有:模拟电路实验箱、函数信号发生器、示波器、电阻、电位器和电容等。

四、实验内容

1. 分析图 6-2 所示的二阶 MFB 低通滤波器,并对其进行软件仿真,分析其参数指标,及其幅频、相频特性曲线,计算其品质因数 Q 和实际截止频率 f_0。

2. 对电路参数做适当调整,并重新设计和进行软件仿真,观察电路参数对品质因数 Q 和截止频率 f_0 的影响。

3. 在实验箱上进行实际电路的连接,测量滤波器的通带增益 A_0 以及截止频率 f_0。

4. 改变低通滤波器的电路参数,观察参数对品质因数 Q 和截止频率 f_0 的影响,并与仿真结果做比较。

5. 输入接函数信号发生器,令其输出为 $U=2$ V 的正弦波信号,在滤波器截止频率 f_0 附近改变输入信号频率,用示波器或交流毫伏表观察输出电压幅度的变化是否具备低通特性。如不具备,应排除电路故障。

6. 选定适当幅度的正弦输入信号,在输出波形不失真的条件下,逐点改变输入信号频率,测量输出电压,记入表 6-1 中,并描绘频率特性曲线。

表 6-1   幅频特性测量数据

f/kHz	0.1	0.5	1.0	1.5	2.0	2.5	3.0
U_o/V							
f/kHz	3.2	3.4	3.6	3.7	4.0	4.5	5.0
U_o/V							

五、实验注意事项

1. 为了选取合理的电阻值,滤波器截止频率 f_0 越高,C_2 的电容值越小。但电容值太小时需考虑寄生电容的影响,否则会产生较大的误差。

2．实际电路中,电阻和电容应取标称值。由于器件本身和标称值存在的误差,实际的滤波器参数可能偏离设计值,尤其是当滤波器的增益比较高时,电阻或电容的误差会使电路特性发生变化。因此,增益 A_0 的取值一般在 1~10 为宜。

六、思考题

1. 查阅资料,了解其他类型滤波器的电路设计。

2. 如何构成多阶滤波器? 与二阶滤波器相比,多阶滤波器的优点和缺点是什么?

一、实验目的

1. 掌握利用集成运算放大器组成低频波形振荡器的原理。
2. 理解 RC 选频电路的工作原理。
3. 了解正弦波、矩形波和三角波信号发生器的设计和调试方法。

二、实验原理

我们常把正弦波或其他波形输入到放大器等电路中,以比较输入、输出信号的差别,但并未谈到如何产生这些信号,实际中这类信号都是由振荡器产生的,本实验将通过正弦波、矩形波和三角波等波形发生电路的设计和测试,进一步提高应用集成运算放大器的能力。

1. 正弦波振荡器

正弦波是一种最基本的测试信号,其产生方法的电路形式有很多,这里仅介绍使用集成运算放大器组成的低频正弦波振荡器。

集成运算放大器是一种高放大倍数的间接耦合放大器,在线性放大的基础上,增加正反馈和选频网络,使之满足自激振荡的幅值条件和相位条件,就能够产生一定频率和幅值的正弦波信号。

如图 6-3(a)所示为 RC 正弦波振荡器的基本形式。R_1、R_2、C_1、C_2 构成了维恩电桥,将其加到运算放大器的同相输入端,就可得到振荡器的原型。同相放大器的增益为 $A_u = 1 + \dfrac{R_f}{R_3}$,为了达到振荡器增益为 1 的条件,需令 $R_f = 2R_3$,这样同相放大器的增益等于 3,它与正反馈组件增益 $A_u' = \dfrac{1}{3}$ 的乘积就为 1。该电路的振荡频率由正反馈选频网络的参数决定,如果 $R_1 = R_2 = R = 1\ \mathrm{k\Omega}$、$C_1 = C_2 = C = 0.1\ \mu\mathrm{F}$,则该点的频率称为谐振频率,其计算式为

$$f_o = \frac{1}{2\pi RC} = \frac{1}{2\pi \times 1 \times 10^3 \times 0.1 \times 10^{-6}}\ \mathrm{Hz} = 1.59\ \mathrm{kHz}$$

受集成运算放大器通频带宽度的限制,由集成运算放大器组成的正弦波振荡器的频率一般都在低频范围内,一般 $f_o < 1\ \mathrm{MHz}$。

该电路的缺点在于,其闭环增益为 1,无法自起振;实际中使用的电路如图 6-3(b)所示,它是在图 6-3(a)的基础上增加了稳定幅值功能的 RC 正弦波振荡器。振荡器上电时,输出电压的幅值较小,不足以使 D_1 或 D_2 导通,电阻 R_4、R_5 构成反馈电阻,放大电路的放大倍数较高;当信号被同相放大器多次循环放大,直到电压等于稳压二极管的稳压值与导通电压之和时,两只稳压二极管导通,此时电阻 R_5 被短路,反馈电阻变成电阻 R_4,放大电路的放大倍数自动降低,起到稳定幅值的作用。

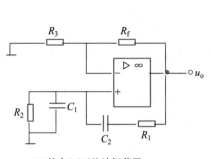

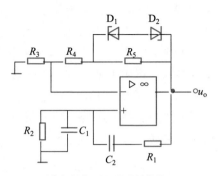

(a) 基本RC正弦波振荡器   (b) 可自起振的RC正弦波振荡器

图 6-3   RC 正弦波振荡器

2. 矩形波与三角波振荡器

在实际电路中,三角波和矩形波常用作触发和时钟信号,有非常重要的作用。同样,这两类信号也可由多种形式的振荡电路产生,这里使用集成运算放大器来产生矩形波和三角波。

利用集成运算放大器组成的电压比较器只有正负饱和值的输出特性,可构成矩形波发生器;利用集成运算放大器组成的积分电路在恒定电压输入时的恒流充、放电特性,可构成三角波发生器。因此,将电压比较器与积分电路级联起来,并引入正反馈,就能组成简易的矩形波与三角波信号发生器。其原理如图 6-4(a) 所示。

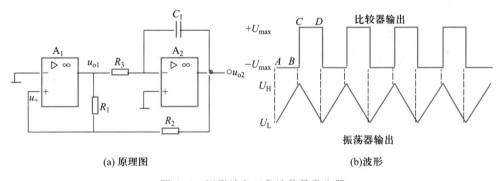

(a) 原理图   (b)波形

图 6-4   矩形波和三角波信号发生器

在图 6-4(a) 中,A_1 构成了同相输入的滞回电压比较器,其同相输入端的信号 u_+ 由下式决定

$$u_+ = \frac{R_2}{R_1+R_2}u_{o1} + \frac{R_1}{R_1+R_2}u_{o2}$$

式中,$u_{o1} = \pm U_{max}$,即 A_1 的饱和值,其输出经积分电路中的积分电容 C_1 充电或放电,使 u_{o2} 线性增加或减小,由此改变了 A_1 同相输入端的电压 u_+,使得 A_1 的输出 u_{o1} 按规律地在$+U_{max}$与$-U_{max}$之间翻转,得到矩形波,如图 6-4(b) 所示。

同时,如图 6-4(b) 所示,假设一开始比较器就因饱和而输出最大的负向电平 $-U_{max}$,而后进入积分器,在积分器输出端 u_{o2} 产生一个电平由小到大变化的过程(图

161

中 A-B 段)。当 u_{o2} 达到最大触发点 U_H 时(图中 C 点),通过电阻 R_2 反馈到比较器的输入端,比较器即刻翻转输出最大的正向电平+U_{max}。该电平又会被积分器积分而在输出端 u_{o2} 出现一个电平由大到小变化的过程(图中 C-D 段)。当 u_{o2} 达到最小触发点 U_L 时(图中 D 点),又会令比较器翻转而重复上述过程,最终会在 u_{o2} 得到一个频率、幅度稳定的三角波信号。

三角波振荡器输出的三角波信号的最大值 U_H 与最小值 U_L,分别用下面两个关系式来确定

$$U_L = -U_{max} \frac{R_2}{R_1}$$

$$U_H = +U_{max} \frac{R_2}{R_1}$$

三角波振荡器的频率可以用下面的公式来计算

$$f_r = \frac{1}{4R_3C_1} \cdot \frac{R_1}{R_2}$$

三、实验仪器

实验所需主要仪器及元器件有:模拟电路实验箱、信号发生器、数字万用表、稳压二极管、电阻、电位器和电容等。

四、实验内容

1. 正弦波振荡器

设计一个两波段频率可调的 RC 正弦波振荡器,波段的频率范围分别为 $20 \sim 200$ Hz 和 $200 \sim 2000$ Hz。参考电路如图 6-3(b)所示,其中 $R_3 = R_5 = 10$ kΩ,$R_4 = 20$ kΩ,$U_{D_1} = U_{D_2} = 4.7$ V,其余参数值自行推导。

按照图 6-3(b)连接实验线路,并参照表 6-2 提示的步骤与内容进行测试,记录每一组参数对应的实验数据和波形。集成运算放大器采用±12 V 电源供电。

表 6-2　正弦波振荡器实验数据

波段	电容 $C_1 = C_2 = C$	电阻 $R_1 = R_2 = R$	对应频率 $f_0 = \dfrac{1}{2\pi RC}$	幅值	波形
1					
2					
3					
4					

2. 三角波振荡器

在图 6-4(a)的基础上设计一个振荡频率可以调节的矩形波和三角波信号发生器。其中，A_1 作为电压比较器，可以采用专用芯片 LM311；A_2 作为积分器，可以采用双运算放大器 LM358，芯片的引脚排列和使用方法可自行查阅资料，电路其他参数请自行设计并仿真。

按照所设计的电路连接实验线路，使用示波器观测 u_{o1} 和 u_{o2} 的波形；改变电路参数以调节频率和幅值，检验设计的正确性；自拟实验数据表格，记录至少三组实验数据和波形。

五、实验注意事项

1. 所选用的稳压二极管在使用时不能超过它的极限参数，特别注意不能超过其额定功率和最高反向工作电压，并应留有适当的余量。

2. 为了满足谐振条件，实验中应当注意电阻阻值的选取。

六、思考题

1. 简述如图 6-3(a)所示的基本 *RC* 正弦波振荡器的起振条件和振荡频率，其输出正弦波的幅值由哪些因素决定？

2. 图 6-3(b)所示的 *RC* 正弦波振荡器中，为什么要并联两只稳压二极管？其输出正弦波的频率是如何调节的？估算该电路输出正弦波的幅值。

3. 简述在图 6-4(a)所示矩形波和三角波信号发生器中，如何改变其振荡频率和输出波形的峰值？

6.3　多路竞赛抢答器的设计

一、实验目的

1. 熟练使用各种常用集成门电路、触发器和逻辑功能部件。
2. 掌握简单组合逻辑电路和时序逻辑电路的设计方法。

二、实验原理

在知识竞赛尤其是做抢答题时，只靠人的视觉或听觉很难判断出哪一组或哪个选手先抢到答题资格，因此必须借助一套系统来完成这个任务，本实验介绍运用数字芯片实现多路竞赛抢答器的工作原理及设计思路，此抢答器具有分辨时间短、结构清晰、成本低、制作方便等优点。

多路竞赛抢答器需要实现如下功能：主持人可实现"开始抢答""状态清除"的控制；参赛选手可通过按键进行抢答；当多路信号同时输入时，可实现最先按下按键组别信号的记录与显示，并锁定其他组别的按钮，从而实现对多人抢答信号中最快输入信号的选择。

根据功能描述，每一组别控制一个按钮。当某组最先按下该按钮时，对应的指示灯点亮,同时锁定其他组别的按钮输入功能,所以应由具有记忆功能的时序逻辑电路完成。基于上述描述,优先权判别电路应选用具有锁存功能的双稳态触发器。

　　根据上述分析,多路竞赛抢答器应由脉冲产生电路、优先权判别电路、控制电路、编码译码电路、显示电路等部分组成。其系统总体框图如图 6-5 所示。

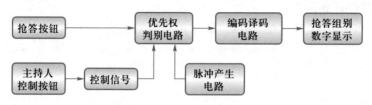

图 6-5　多路竞赛抢答器系统总体框图

　　本实验采用 D 触发器来判断和记忆优先抢答的组别,选用上升沿触发的 D 触发器芯片 74LS175,其引脚排列如图 6-6 所示。

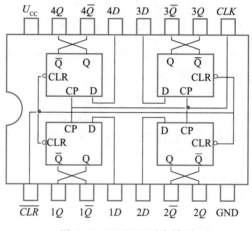

图 6-6　74LS175 引脚排列

1. 复位信号产生电路

74LS175 内部含 4 个 D 触发器,共用一个时钟脉冲 CLK 和复位信号 $\overline{CLR}$,其中 $\overline{CLR}$ 为清零端,低电平有效,可用于主持人进行电路状态复位,进行系统清零,通过按键将引脚 $\overline{CLR}$ 接地即可。抢答前,由主持人操作复位按钮,产生一个负脉冲的复位信号,各个 D 触发器均被置为 **0** 态。

2. 抢答电路的设计

以四路设计为例,在四路 D 触发器的输入端输入的按键状态决定 D 端的状态。当有一个 D 触发器的输入为高电平时,就在时钟信号的作用下将状态传递到 Q 端。此时,可在 Q 端连接发光二极管将 Q 端的状态显示出来。

　　对其他组别信号的锁定可通过与 Q 端相连接的门电路进行实现,选用四输入的**与门**和四个 $\overline{Q}$ 端相连,当有一个 $\overline{Q}$ 端的状态是低电平时,则通过组合逻辑电路使输入脉冲被禁止,从而实现在有人抢答的第一时间显示出抢答状态,并对当前状态保存,防止其他人的抢答对当前状态产生影响。其电路设计如图 6-7 所示。

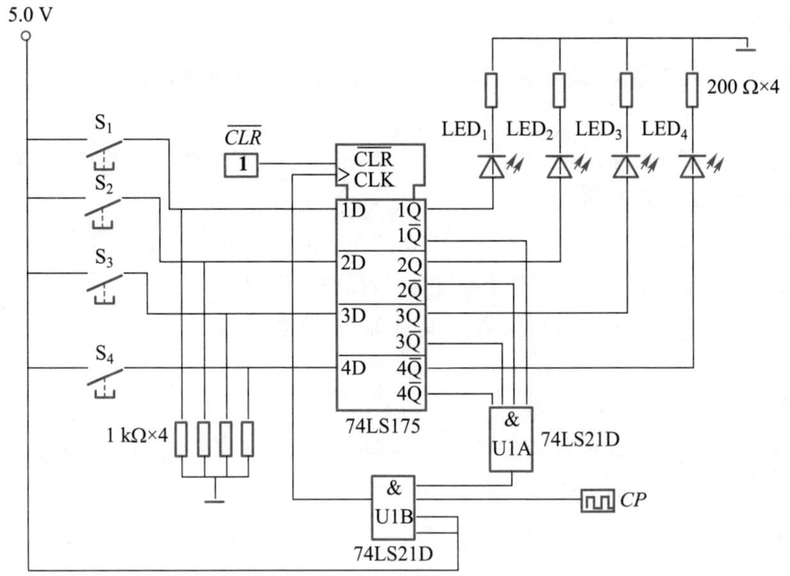

图 6-7　抢答电路设计

抢答前,由主持人操作 $\overline{CLR}$ 复位按钮将该电路复位,各个 D 触发器均为 **0** 态,$\overline{Q}$ 端输出高电平,与门 U1A 输出高电平,与门 U1B 打开,时钟脉冲可送达触发器的触发脉冲端。如果没有抢答按钮按下,$1D \sim 4D$ 均为 **0**,在 CP 脉冲作用下,$1Q \sim 4Q$ 均保持 **0** 态;假设 S_1 按下,则 $1D = \mathbf{1}$,$1Q = \mathbf{1}$,LED_1 亮(指示抢答的组别),与门 U1A 输出低电平,与门 U1B 关闭,CP 脉冲被封锁。此后其他按钮按下时,由于 D 触发器没有触发脉冲,故其按钮操作无效。

3. 显示电路的设计

在图 6-7 中,D 触发器的输出可通过编码器得到 BCD 码,再通过七段译码显示器,便可直接显示出抢答组别的序号,本电路设计可参阅相关资料完成。

4. 拓展电路设计

定时抢答设计:使用定时电路来控制答题,要求在规定的时间内完成。

声光提示电路:当有人抢答成功后,通过声光电路进行提示。

累积得分设计:各参赛小组的得分由主持人直接操作计分按钮,并可设定每操作一次加分或减分的分值。

这里是采用数字电路设计的多路竞赛抢答器,实际设计中,因为所需功能较为复杂,往往采取微处理器进行电路的设计,可在很大程度上简化电路的设计,增加系统设计的灵活性。

三、实验设备

本次实验所提供的主要仪器及元器件有:数字电路实验箱、信号发生器、数字万用表、编码器、译码器、触发器、LED 显示器、电阻、按钮、扬声器或蜂鸣器等。

四、实验内容

1. 按图 6-7 连接实验电路,输出端连接 LED 指示电路,以验证是否能正确复位。

2. 优先权判别电路验证:接通电源后,首先清零复位,然后随机按下某个按钮,观察电路的状态是否正确。

3. 显示电路的验证:在优先权判别电路的基础上,通过编码和显示译码电路,连接 LED 数码显示器,观察其状态是否与所操作的组别号一致。

4. 对拓展部分电路进行设计并对其功能进行测试。

五、思考题

1. 理解多路竞赛抢答器的组成方法,分析其各个单元电路的工作原理。

2. 简述优先权判别电路的工作原理。

3. 还有哪些功能需要完善? 电路部分哪些地方可以优化?

*6.4 基于 FPGA 的正弦波信号发生器的设计

一、实验目的

1. 加深理解模拟信号在数字系统中的处理方法。

2. 了解利用 FPGA 产生特定波形的思路与方法。

二、实验原理

信号发生器又称为信号源或振荡器,是一种能产生多种函数信号甚至任意信号的电路或电子系统。信号发生器的设计方案通常有以下几种:① 基于 RC 振荡器或者 LC 振荡器的设计方法,这种方法采用模拟电路实现,缺点是频率精度低,频率调节范围窄。② 基于振荡器与锁相环的设计方法。晶体振荡器具有频率精度高、频谱干净的优点,其缺点是无法实现信号频率的连续调节。③ 基于数字电路加 DAC 的设计方案,这种设计方案具有频率精度高,可产生任意波形的优点。直接频率合成(direct digital synthesizer,DDS)就是一种把一系列数字信号通过数字模拟转换器(digital to analog converter,DAC)转换为模拟信号的新型频率合成技术。其优点有频率切换时间短,频率分辨率高,输出信号的频率和相位可以快速切换,并且较容易实现信号频率、相位和幅度的控制。本实验主要利用 DDS 技术实现频率可控的正弦波,整体的产生机理如图 6-8 所示。

在数字系统中,无法实现模拟信号的直接存储,因此需对其进行采样,并将一个整周期的模拟信号离散化后的数据存储在 ROM 中,建立正弦波相位-幅度表;在系统时钟的激励下,将频率控制字与相位累加器输出的数据进行累加,作为地址传输给 ROM 正弦查找表;在每个系统时钟的上升沿,用相位作为地址索引查询正弦

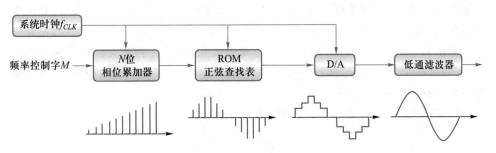

图 6-8　模拟信号在 FPGA 中的产生机理

波相位-幅度表,找出相应相位的幅值,即可完成相位与幅度的数值转换。由于输出信号的幅度值是数字量,所以还需要将输出信号输入数字模拟转换器 DAC,将相应的波形采样点的数字信号通过高速 DAC 转变为模拟信号,输出对应的电压值,经低通滤波后,得到平滑的输出波形。

1. DDS 的工作原理

系统时钟一般可由外部晶振的时钟引入到 FPGA 内部,并对时钟进行倍频后得到稳定、精确的系统时钟。假设系统时钟频率 f_{CLK} 为 50 MHz,相位累加器的位数 N 取 28,存储波形为 1 个周期,也就是一个周期的波形由 2^{28} 个采样点组成。则输出信号的最小频率为

$$f_{omin} = \frac{f_{CLK}}{2^N} = \frac{50 \times 10^6}{2^{28}} \text{ Hz} = 0.186 \text{ Hz}$$

这也是输出频率的最小步进值。因此,输出信号的频率 f_{out} 由频率控制字 M 决定。也即

$$f_{out} = \frac{f_{CLK}}{2^N} \times M$$

由此可见,输出信号的频率与相位累加器的位数 N 和频率控制字 M 有关。N 越大,每周期点数越多,阶梯效应越不明显,经过低通滤波器后波形越好看。频率控制字 M 越大,相位累加器的输出变化越快,ROM 的地址变化也越快,输出的正弦信号频率越高。因此,在相位累加器的位数给定时,信号最终的输出频率主要由频率控制字 M 决定。故当频率控制字 M 变化时,输出频率也随之变化,从而可以实现调频的基本功能。

2. 波形 ROM 的设计

正弦函数模块包含正弦波一个周期的数字幅值信息,每个地址对应正弦波中 $0 \sim 2\pi$ 范围内的一个相位点。查表模块把输入的地址相位信息映射成正弦波幅值的数字量信号。可通过 MATLAB 或者 C 语言将已经绘制好的波形数据存放在 mif 格式文件中,然后调用 Quartus Ⅱ 内的 ROM 专有 IP 核读取 mif 格式文件,设置好端口位数和地址大小即可。

3. 设计与实现

本设计在 Quartus Ⅱ 下实现,其顶层文件主要包括相位累加器和 DDS 查找表两

个模块,在 DDS 查找表的实现过程中,需将 MATLAB 或者 C 语言生成的 mif 格式文件加载到 ROM 专有 IP 核作为初始化文件。然后编写 TestBench 仿真文件,编译成功后利用软件自带的 ModelSim 仿真。仿真测试完成后,根据开发板型号编写约束文件,然后综合和实现,生成比特流文件并烧录到 FPGA 开发板,在 DAC 输出端即可用示波器观测输出波形。

FPGA 的设计开发过程,可参阅相关参考书籍。

三、实验仪器

实验所需主要仪器及元器件有:FPGA 开发板、示波器等。

四、实验内容

1. 熟悉 FPGA 开发板的各部分功能。

2. 利用 FPGA 内部的嵌入式存储器定制 ROM,用以存放 DDS 信号发生器的波形数据表。

3. 完成其他底层模块的 Verilog HDL 代码输入、编译、仿真和创建符号等步骤。

4. 完成顶层原理图的输入与编译,并将涉及的引脚分配至指定的 pin 上实现锁定,即将信号发生器的输入、输出信号依次锁定到 FPGA 的 I/O 引脚,实现逻辑设计与实际 FPGA 硬件的连接。最后用 USB-Blaster 下载电缆将计算机与 FPGA 开发板的 JTAG 接口连接,完成程序的编程和下载。

5. 用示波器观察输出波形,并进行频率等相关参数的测量。

五、思考题

1. 不同频率的信号是如何产生的?

2. 如何输入频率控制字?

3. 如何产生三角波、矩形波等波形?

6.5 直流电动机转速测控系统的设计

一、实验目的

1. 了解以单片机为核心的闭环控制系统的组成原理,掌握电动机转速闭环控制系统的构成方法。

2. 了解电动机转速测量的基本原理,掌握脉冲宽度调制的调速原理和方法。

3. 掌握转速测控系统的电路设计与调试方法。

二、实验原理

直流电动机具有调速性能较好,且起动转矩较大的优点,广泛应用于对调速要求较高的生产机械或需要较大起动转矩的生产机械上,因此对其转速进行测量和控制具有很强的实际意义。

直流电动机转速测控系统的总体设计方案如图6-9所示,在单片机最小系统(包含单片机、晶振电路、复位电路、电源部分)的基础上,由单片机控制脉冲宽度调制(pulse width modulation,PWM)信号,经电动机驱动电路,控制直流电动机的运转;转速的测量通过测速电路实现,并实时显示在LED/液晶屏上;键盘用于设定电动机的转速,要求在可控范围内。

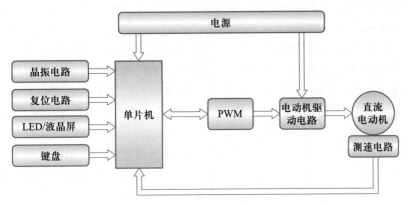

图6-9 直流电动机转速测控系统总体设计方案

1. PWM 的基本原理

PWM是通过控制固定直流电压的电源开关频率,来改变负载两端电压的一种电压调制方法。PWM广泛应用于电动机调速、温度及压力控制等方面。

在PWM驱动控制的调速系统中,按一个固定的频率来接通和断开电源,并且根据需要改变一个周期内"接通"和"断开"时间的长短,即通过改变直流电动机电枢上电压的"占空比"来达到改变平均电压大小的目的,从而实现电动机转速的控制。

设直流电动机在固定电压下全通电时的电动机最高转速为n_{max};PWM信号的周期为T,高电平持续时间为t_1,占空比即为$D=\dfrac{t_1}{T}\times100\%$,如图6-10所示;在此PWM信号的控制下,电动机的平均转速可表示为$n_a=n_{max}\times D$。

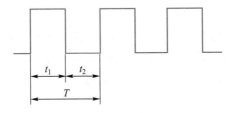

图6-10 PWM 信号与占空比

由上式可见,当我们改变占空比D时,就可得到不同的电动机转速,从而达到调速的目的。严格来说,平均转速n_a与占空比D并非严格的线性关系,但是在一般的应用中,我们可以将其近似地看成是线性关系。

PWM 信号可通过软件或硬件的方法产生。实验中采用具有 PWM 信号输出的单片机通过编程来产生,也可通过 PWM 专用芯片来实现。

2. 驱动电路

驱动电路可采用专用的电机驱动芯片,如 L298N、L297N 等电机驱动芯片,该类芯片内部包含了电路的抗干扰设计,具有较高的安全可靠性,实际应用时只需考虑芯片的硬件连接和驱动能力等问题即可。

3. 速度检测与控制

转速检测有直接测量法和间接测量法,直接测量即直接观测电动机的机械运动,测量特定时间内机械旋转的圈数,从而测得转速;间接测量即测量由于机械转动导致的其他物理量的变化,从这些物理量的变化与转速的关系来得到转速。如光电码盘测速法、霍尔元件测速法等,这里对光电码盘测速法进行介绍,其原理电路如图 6-11 所示。

电动机转动时,发光二极管 LED 发射的红外光透过转盘上的圆孔后被光敏晶体管 T 吸收,则光敏晶体管 T 呈饱和导通状态;当红外光无法透过转盘时,光敏晶体管 T 截止。经光电转换后的脉冲信号是一种周期和脉宽随转速发生变化的脉冲,如图 6-12 所示。随着电动机的转动,便可通过转换电路输出连续的脉冲信号。

若转盘的圆孔有 63 个,电动机旋转一周,转换电路输出 63 个脉冲信号;通过对电动机转速输出的脉冲计数,设 t(单位:min)时长内有 M 个脉冲,则转速可折算为 $n = M/63t$。

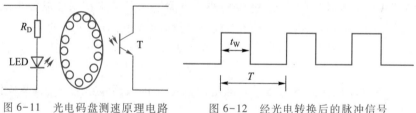

图 6-11　光电码盘测速原理电路　　　　图 6-12　经光电转换后的脉冲信号

电动机转速的控制是在获得实时转速时,同预设转速值进行比较,若不相同,则调整 PWM 信号的占空比,从而达到调速的目的。

4. 显示电路

显示电路可采用七段数码管(LED)、LCD 液晶屏等多种方式,这里采用 LED 显示方式。数码管具有亮度高、工作电压低、功耗小、易于集成、驱动简单、耐冲击且性能稳定等特点,并且它可采用 BCD 编码显示数字,编程容易,硬件电路调试简单。

三、实验设备

实验所需主要仪器及元器件有:单片机开发板、直流稳压电源、微型直流电动机、面包板、示波器等。

四、实验内容

1. 了解单片机开发板上各模块的基本功能；了解单片机的 I/O、外部中断、定时器等的原理和应用；了解微型直流电动机调速原理和控制方法。

2. 根据提供的微型直流电动机参数，及电机驱动芯片 L298N，设计单片机控制的直流电动机驱动电路；以电阻作为电动机的模拟负载，观察并记录不同控制电压对应的占空比。

3. 完成光电转换电路及整形电路的设计，调试时可在整形电路的输入端接入正弦波或三角波信号，观察输出波形的变化情况。

4. 利用单片机的 PWM 模块调节控制电动机的转速。

5. 通过键盘输入电动机转速的设定值，在电动机转速的可控范围内控制电动机转速趋于设定值。

6. 实时显示直流电动机转速的设定值和实际测量值。

7. 绘制程序流程图，编写程序，完成上述步骤，实现单片机对直流电动机转速的测量与控制。

五、思考题

1. 如果通过测量电动机的温度进行转速的控制，电动机的控制电路应该如何设计？传感器选择时应考虑哪些方面？

2. 查阅资料，了解霍尔元件测量转速的原理，并与光电码盘测速法做比较，说明其优缺点。

˙ 6.6　传感器综合研究型设计实验

一、实验目的

1. 了解常用的传感器种类、检测技术、模数与数模转换技术、信号调理、通信接口等技术。

2. 以传感器为主线，将电工电子相关的模块内容融会贯通，深入了解如何运用传感器技术、单片机技术、电工电子相关基础知识，解决日常生产生活中的实际应用问题。

3. 培养学生养成思考问题的习惯，并锻炼其动手能力，培养学生的研究型学习本领。

二、实验原理

传感器技术是现代信息产业的三大支柱之一，几乎涉及日常生活以及工业生产的各个领域。本实验采用部分常用传感器，要求学生能够搭建相应的电路模块，实现各物理量的测量，并完成调试。

本实验涉及的监测物理量及所用传感器包括：温度传感器 AD590、DS18B20，压力传感器 FSR402。

1. AD590 温度传感器

AD590 是美国亚德诺半导体(AD)公司生产的一种常用的电流型集成温度传感器,它将温敏晶体管与相应的辅助电路集成在同一芯片上,能直接给出正比于绝对温度的理想线性输出,一般用于 -50～+120 ℃ 之间温度的测量。在一定温度下,它相当于一个理想电流源,因此它不易受接触电阻、引线电阻、电压噪声的干扰,具有很好的线性特性。其输出电流与绝对温度成比例,同时高输出阻抗还能极好地消除电源电压漂移和纹波的影响,AD590 工作电源为 DC+4～+30 V,具有良好的互换性和线性度。该芯片内部集成了温度传感部分、放大电路、驱动电路和信号处理电路等,因此使用时无须线性化电路、精密电压放大器、电阻测量电路和冷端补偿。

AD590 典型应用电路及实物如图 6-13 所示。

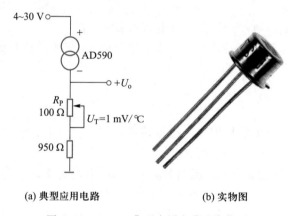

(a) 典型应用电路　　　　　(b) 实物图

图 6-13　AD590 典型应用电路及实物图

AD590 的输出电流以绝对零度(-273 ℃)为基准,每增加 1 ℃,它会增加 1 μA 的输出电流,因此在室温 25 ℃ 时,其输出电流为 $I_0 = (273+25)\,μA = 298\,μA$,按照典型应用电路,可调节其输出电压为 $U_0 = I_0 \times 1000 = 298\,mV$,对应温度为 298 K。调整好后,固定可调电阻,即可由输出电压 U_0 读出 AD590 所处的热力学温度。

2. DS18B20 温度传感器

DS18B20 是美国达拉斯(DALLAS)半导体公司生产的单总线数字温度传感器,与微处理器连接时仅需一条数据线(DQ)即可实现数据的读写,其引脚排列如图 6-14 所示。DS18B20 有严格的通信协议来保证各位数据传输的正确性和完整性,对读写的数据位有着严格的时序要求。该协议定义了几种信号的时序:初始化时序、读时序、写时序。所有时序都是将主机作为主设备,单总线器件作为从设备。DS18B20 提供 9 位温度读数,可构成多点温度检测系统而无需任何外围硬件,且连接线可以很长,抗干扰能力强,便于远距离测量。

3. FSR402 压阻式压力传感器

压阻式压力传感器的工作原理是基于半导体材料的压阻效应,当半导体材料受外力作用时,其电阻率相应发生变化。压阻式压力传感器就是以半导体电阻应

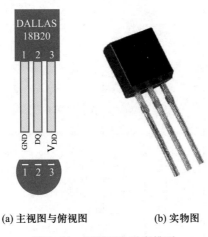

(a) 主视图与俯视图   (b) 实物图

图 6-14　DS18B20 引脚排列

变片为敏感元件进行压力测量的传感器,它通常由弹性元件、半导体电阻应变片和测量电桥三部分组成,核心部件是半导体电阻应变片。

本实验采用 FSR402 压阻式压力传感器进行压力测试,其典型应用电路及实物图如图 6-15 所示。当无压力作用于 FSR402 时,正负极间阻抗为无穷大,当有压力作用于其上时,正负极间阻抗随压力增大而减小。

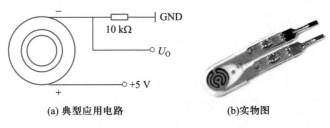

(a) 典型应用电路   (b)实物图

图 6-15　压力传感器 FSR402 典型应用电路及实物图

4. A/D 转换电路

将模拟(analog)信号转换成数字(digital)信号的过程,称为 A/D 转换。其功能是将输入的模拟电压转换成与之成正比的二进制数。A/D 转换一般要经过采样、保持、量化及编码 4 个过程。在实际电路中,采样和保持、量化和编码通常在转换过程中同时实现。实验中 A/D 转换器采用 8 位逐次逼近型 ADC0809,它与 MCS-51 单片机的连接如图 6-16 所示。

5. 显示电路

可参阅实验 6.5 中的显示电路设计。

三、实验仪器

实验所需主要仪器及元器件有:单片机开发板、杜邦线、数据线、温度传感器(AD590、DS18B20)、压力传感器(FSR402)、万用表、电阻、电容等。

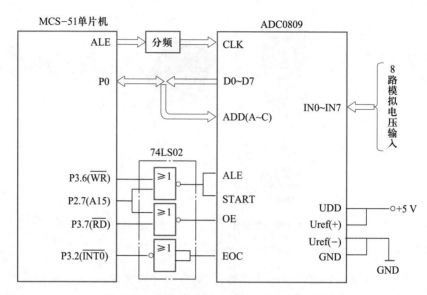

图 6-16　ADC0809 与 MCS-51 单片机的连接

四、实验内容

1. 熟悉温度传感器 AD590 的工作原理,并按照其典型应用电路,与单片机连接,进行温度的测量及显示。AD590 温度传感器输出的信号为模拟电压信号,故需采用 ADC0809 将模拟信号转换为数字信号,其与 MCS-51 单片机的连接如图 6-16 所示。

2. 查阅资料,了解 DS18B20 温度传感器的操作时序;将 DS18B20 温度传感器与单片机相连,编写并调试程序,下载到单片机开发板,进行温度的测量及显示。

3. 分析压力传感器 FSR402 的工作原理,使用万用表测量传感器的正负极间电阻,通过对传感器施加压力,观察对应的阻值变化;根据典型应用电路图连接压力传感器 FSR402 和 MCS-51 单片机,实现压力的测量与显示。

五、实验注意事项

1. ADC0809 与 MCS-51 单片机连接时,应在断电条件下进行,避免因为连线错误烧毁单片机或 ADC0809 芯片。

2. 连接传感器与单片机时,建议按照典型应用电路进行连接,切勿将电源端和接地端接反而烧毁传感器。

六、思考题

1. 查阅资料,了解温度传感器 DS18B20 显示温度的最小刻度是多少。

2. 思考如何根据使用环境以及检测目标选择合适的传感器,并在单片机上进行实验。

一、实验目的

1. 了解串口通信的基本原理和通信过程。

2. 了解串口异步通信的寄存器配置。

3. 实现单片机串口与 PC 机之间的通信,熟悉串口通信的基本操作流程。

二、实验原理

嵌入式系统是以应用为中心,以现代计算机技术为基础,能够根据用户需求(功能、可靠性、成本、体积、功耗、环境等)灵活裁剪软硬件模块的专用计算机系统。嵌入式计算机的真正发展是在将算术运算器和控制器电路集成在一起的微处理器问世之后,以这些微处理器为核心所构成的系统广泛应用于仪器仪表、医疗设备、机器人、家用电器等领域,以单片机为核心控制器的即为其中一类。

在以单片机和传感器为基础构成的监测系统中,常常需要实现数据与计算机的双向传输,异步串行通信就是常用的一种,本实验以 MCS-51 单片机通过 RS-232 串口与计算机通信为例,通过深入理解 I/O 接口和相关寄存器的配置,掌握串口通信的基本方法。

1. 串行通信的传输方向

单工是指数据传输仅能沿一个方向,不能实现反向传输;半双工是指数据传输可以沿两个方向,但需要分时进行;全双工是指数据可以同时进行双向传输。

51 单片机提供功能强大的全双工串行通信接口,可实现多机通信或单片机与 PC 之间的通信。

2. 异步通信方式

异步通信是一种利用数据或字符的再同步技术的通信方式,通常以字符(或字节)为单位进行传送,每个发送单位称为一帧。

在单片机进行异步通信之前,需要在通信的双方统一通信格式。通信格式主要表现在字符帧的格式和波特率两个方面。

在异步通信中,字符帧按顺序一般可以分为起始位、数据位、奇偶校验位和停止位 4 部分。字符帧的格式如图 6-17 所示。

图 6-17 异步通信中字符帧的格式

字符帧格式是字符的编码形式、奇偶校验形式,以及起始位和停止位的定义。

175

例如,传送数据位的 ASCII 码时,起始位占 1 位,有效数据位取 7 位,奇偶校验位占 1 位,停止位取 1 位,这样 1 个字符帧共 10 位。通信的双方必须采用相同的字符帧格式。

波特率是指串行通信中数据传输的速度,即每秒发送的二进制位数,单位为 bit/s,即位/秒。通信的双方必须采用相同的波特率。例如,对于上面的 ASCII 码,1 个字符帧用 10 位编码,如果波特率为 1200 bit/s,则实际的字符传输速度为 120 字符/秒。

3. 串口的结构

51 单片机的全双工串口主要由发送缓冲器、发送控制器 TI、输出控制门、接收控制器 RI、移位寄存器、接收缓冲器等组成,如图 6-18 所示。

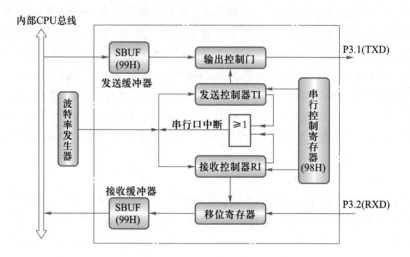

图 6-18　51 单片机全双工串口内部结构

串口内部包含两个互相独立的发送、接收缓冲器,可以在同一时刻进行数据的发送和接收。两个缓冲器共用一个符号 SBUF,占用同一地址 99H。

51 系列单片机的波特率发生器可以由定时器 T1 构成。

TXD:数据发送端,对应 51 单片机的引脚 P3.1;RXD:数据接收端,对应 51 单片机的引脚 P3.2。

51 单片机是通过特殊功能寄存器的设置、检测和读取来管理串行通信接口的。单片机的串行接口有两个特殊功能寄存器 SCON 和 PCON。

控制寄存器 SCON 用于选择串行通信的工作方式和某些控制功能,包括发送/接收控制及设置状态标志等。其定义如表 6-3 所示。

表 6-3　SCON 定义

位	7	6	5	4	3	2	1	0
字节地址:98H	SM0	SM1	SM2	REN	TB8	RB8	TI	RI

SM0 和 SM1 用于控制串行口的工作方式,如表 6-4 所示。其中,f_{osc} 为单片机

系统的主振频率。

表 6-4　串行口的工作方式

SM0	SM1	方式	说明	波特率
0	**0**	0	同步移位寄存器	$f_{osc}/12$
0	**1**	1	10 位异步收发器	可变
1	**0**	2	11 位异步收发器	$f_{osc}/64$ 或 $f_{osc}/32$
1	**1**	3	11 位异步收发器	可变

SM2：多机通信控制位，当 SM2 = **1** 时，允许多机通信，用于方式 2 和方式 3；方式 0 中，必须设置 SM2 为 **0**；方式 1 中，当 SM2 = **1** 时，只有接收到有效停止位时，才启动中断标志 RI。

REN：允许/禁止接收控制位，REN = **1** 允许接收数据，否则不能。

TB8/RB8：主要用于方式 2 和方式 3 中，作为发送/接收数据的第 9 位；方式 0 中，该位不使用。

TI：发送中断请求标志位，在一帧数据发送完毕后由硬件自动置位。

RI：接收中断请求标志位，在接收到一帧数据后由硬件自动置位。

控制寄存器 PCON 用于改变串行接口的波特率，其字节地址为 97H，方式 0 下，波特率不受该寄存器影响，其他方式下设置控制寄存器 PCON 内 SMOD = **1**，波特率加倍，SMOD = **0**，波特率不变。

4. 单片机与 RS-232 的接口电路

单片机的串口通信方式是全双工异步串口通信方式，所以可与计算机方便地进行串口通信。计算机的串口是 RS-232 电平（−5 ~ −15 V 为 **1**，+5 ~ +15 V 为 **0**），而单片机的串口是 TTL 电平（大于+2.4 V 为 **1**，小于+0.4 V 为 **0**），因此两者之间必须有一个电平转换电路来实现 RS-232 电平与 TTL 电平的转换，如图 6-19 所示即为单片机与 RS-232 接口的示意图，采用的是专用 RS-232 接口电平转换芯片 MAX232。

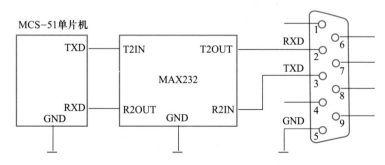

图 6-19　单片机与 RS-232 接口示意图

三、实验仪器

实验所需主要仪器及元器件有：单片机开发板、计算机、数据线、程序烧录软件、串口调试助手、面包板、杜邦线、万用表、电阻、电容等。

四、实验内容

1. 了解单片机与 PC 通信的基本原理，熟悉单片机的串行接口电路，用数据线实现 PC 与单片机的连接（对于有串口的 PC，可以通过 9 针串口线进行连接；对于无串口的 PC，可以通过 USB 转 9 针串口线进行连接）。

2. 通过对单片机编程实现串口的双向数据通信：通过串口调试助手发送数据到单片机，并在 LED 上显示出来；反之，从键盘输入的数字在 PC 上显示。

3. 按照典型应用电路，连接温度传感器 AD590 或压阻式压力传感器 FSR402，编写并调试程序，下载到单片机开发板，实现 PC 端的温度或压力数据的实时测量及显示。

五、思考题

1. 什么是波特率？它反映的是什么速率？它与时钟频率是什么关系？

2. 如何将串口接收的数据进行存储和显示？都有哪些软件可以实现这种功能？

下篇　仿真篇

第 7 章　Multisim 14.0 仿真软件概述

Multisim 14.0 仿真软件是当前较为流行和杰出的一款 EDA 工具软件。本章简要介绍了 Multisim 14.0 软件的基本功能、操作界面与基本操作方法,并通过例题介绍了用 Multisim 14.0 软件仿真和分析电路的基本方法,以使读者能够快速地熟悉和掌握 Multisim 14.0 软件的使用方法。

7.1　Multisim 14.0 简介

Multisim 14.0 是美国国家仪器有限公司(National Instrument,简称 NI 公司)下属的 Electronics Workbench Group 于 2015 年推出的基于 Windows 的仿真工具,适用于板级的模拟/数字电路板的设计工作。它包含了电路原理图的图形输入、电路硬件描述语言输入方式,具有丰富的仿真分析能力。为适应不同的应用场合,Multisim 14.0 推出了教育版和专业版,本书以教育版为演示软件版本进行讲解。

7.1.1　Multisim 软件的特点简介

Multisim 是一个原理电路设计、电路功能测试的虚拟仿真软件,可以用软件的方法虚拟电工电子元器件以及电工电子仪器和仪表,实现了"软件即元器件""软件即仪器"的功能。

Multisim 提炼了 SPICE 仿真的复杂内容,可以交互式地搭建电路原理图,完成从理论到原理图捕获与仿真再到原型设计和测试这样一个完整的综合设计流程。它不仅很好地解决了电子线路设计中既费时费力又费钱的问题,给电子产品设计人员带来了极大的方便和实惠,又很好地解决了理论教学与实际动手实验相脱节的问题,非常适合于电工电子技术课程的辅助教学,有利于学生对理论知识的理解和掌握及创新能力的培养,成为电工电子教学首选的仿真软件。

1. 直观的图形界面

Multisim 的整个操作界面就像一个电子实验工作台,电路所需的元器件和仿真所需的测试仪器均可直接拖放到屏幕上,轻点鼠标可用导线将它们连接起来,虚拟仪器的控制面板和操作方式都与实物相似,测量所得数据、波形和特性曲线如同在真实仪器上所见。

2. 丰富的元器件和测试仪器

Multisim 提供了丰富的虚拟元件和实际元件模型,同时能方便地对元件各种参数进行编辑修改,还能利用模型生成器以及代码模式创建模型等功能,创建自己的元器件。Multisim 还提供了齐全的虚拟仪器及安捷伦(Agilent)公司的一些实际仪器,这些仪器的设置和使用与真实的一样,能够动态交互显示。此外,还可以创建 LabVIEW 的自定义仪器,使得在图形环境中可以灵活地测试、测量及控制虚拟仪器。

3. 完备的分析手段

Multisim 软件除可进行交互式仿真外,还提供了多种仿真分析功能,它们利用仿真产生的数据执行分析,分析范围很广,从基本的、极端的到不常见的都有,并可以将一个分析作为另一个分析的一部分自动执行。

4. 强大的仿真能力

Multisim 提供了原理图输入接口、SPICE 仿真功能、VHDL/Verilog 设计接口与仿真功能、FPGA/CPLD 综合、RF 仿真、MCU 仿真、电路向导等功能,借助 Ultiboard 原型设计环境还可以进行从原理图到 PCB 布线工具包的无缝数据传输,实现快速布局和布线。

5. 完善的后处理和详细的报告

Multisim 对分析结果进行的数学运算操作类型包括算术运算、三角运算、指数运算、对数运算、复合运算、向量运算和逻辑运算等;能够呈现材料清单、元件详细报告、网络报表、原理图统计报告、多余门电路报告、模型数据报告、交叉报表等报告;提供了原理图和仿真数据到其他程序的信息转换方法。

7.1.2　Multisim 14.0 的新功能

最新版 Multisim 14.0 进一步增强了仿真技术,可帮助教学、科研和设计人员分析模拟、数字和电力电子电路,其新增功能如下。

1. 主动分析模式

全新的主动分析模式可让使用者更快速地获得仿真结果和运行分析。

2. 电压、电流、功率和数字探针

通过全新的电压、电流、功率和数字探针能实时获得可视化交互仿真结果。

3. 基于 Digilent FPGA 板卡支持的数字逻辑

使用 Multisim 探索原始 VHDL 格式的逻辑数字原理图,以便在各种 FPGA 数字教学平台上运行。

4. 基于 Multisim 和 MPLAB 的微控制器教学

全新的 MPLAB 教学应用程序集成了 Multisim 14.0,可用于实现微控制器和外设仿真。

5. 借助 Ultiboard 完成高年级设计项目

Ultiboard 学生版新增了 Gerber 和 PCB 制造文件导出函数,可将仿真电路导出到 PCB 设计验证平台 Ultiboard,以帮助学生完成毕业设计项目。

6. 用于 iPad 的 Multisim Touch

全新的 iPad 版 Multisim Touch 提供了可触摸界面来设计电路,可随时随地进行电路仿真。

7. 完备的元器件库

借助领先半导体制造商的新版和升级版仿真模型,扩展了模拟和混合模式应用,元器件数量多达 20000 个。

8. 先进的电源设计

借助来自恩智浦半导体公司和美国国际整流器公司开发的全新 MOSFET 和 IGBT,搭建先进的电源电路。

9. 基于 Multisim 和 MPLAB 的微控制器设计

借助 Multisim 与 MPLAB 之间的新协同仿真功能,使用数字逻辑搭建完整的模拟电路系统和微控制器。

10. 梯形图(LAD)仿真功能

支持用梯形图语言编程设计的系统仿真,增加了对工业控制系统仿真的支持。

11. 增设与实物完全一样的实验面包板模板

配置了虚拟 ELVIS,以帮助初学者快速掌握实验技能,建立真实实验的感觉,达到与搭建实物电路相似的效果。与 NI ELVIS 原型设计板配套,提供了用真实元器件搭接电路和进行电路测试的环境,通过相关接口设计,实现了虚拟仿真与实际电路之间的无缝连接。

12. 可实现与 LabVIEW 联合仿真

利用 LabVIEW 采集、处理外部真实信号,进一步丰富了 Multisim 14.0 的应用领域。基于 NI 技术,建立了 Multisim 与外部真实电路的数据接口,实现了 Multisim 与 NI 虚拟仪器的联合仿真;通过 LabVIEW SignalExpress 软件实现了软件仿真与实际电路的交互,在实际工程应用中具有重要的意义。

7.2 仿真软件 Multisim 14.0 的主窗口界面简介

执行命令"开始"—"National Instrument"—"▓ NI Multisim 14.0",启动 Multisim 14.0 软件,或者打开一个已创建好的 Multisim 文件,将出现如图 7-1 所示的主窗口界面。

软件主窗口采用菜单栏、工具栏和热键相结合的图形界面方式,具有一般 Windows 应用软件的界面风格,界面由菜单栏、各种工具栏、设计工具箱、电路图编辑运行区域、电子表格视窗等多个区域构成。通过对各部分的操作可以实现电路图的输入、编辑,并根据需要对电路进行相应的观测和分析。用户可以通过菜单栏或工具栏改变主窗口的视图内容。

7.2.1 标题栏

标题栏位于主窗口的最上方,用于显示当前的应用程序名。标题栏的左侧有一个控制菜单框,单击该菜单框可以打开一个命令窗口,执行相关命令可以实现对程序窗口的操作。

标题栏的右侧有三个控制按钮:最小化、最大化和关闭按钮,亦可实现对程序窗口的操作。

标题栏　标准工具栏　菜单栏　　主要工具栏　　　电路图编辑运行区域　视图工具栏 梯形图工具栏

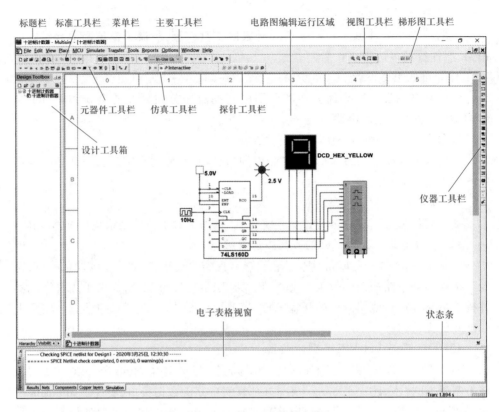

元器件工具栏　　仿真工具栏　　探针工具栏

设计工具箱

DCD_HEX_YELLOW

仪器工具栏

电子表格视窗

状态条

图 7-1　　Multisim14.0 软件主窗口

7.2.2　菜单栏

菜单栏包含电路仿真的各种命令,用于提供电路文件的存取、电路图的编辑、电路的模拟与分析、在线帮助等操作。菜单栏由 File、Edit、View、Place、MCU、Simulate、Transfer、Tools、Reports、Options、Window 和 Help 十二个菜单项组成,而每个菜单项的下拉菜单中又包括若干条命令。

1. File 文件菜单

此菜单提供了新建、打开、关闭、保存、打印文件等操作,用于管理所创建的电路文件,用法与 Windows 类似。

2. Edit 编辑菜单

此菜单提供了最基本的编辑操作命令 Undo、Redo、Cut、Copy、Paste、Delete、Find 和 Select All 等选项,以及元器件的位置操作、电路图界面属性编辑等命令。

3. View 视图菜单

此菜单提供了全屏显示、缩放基本操作界面、电路编辑运行区的显示方式,以及状态条、设计工具箱、电子表格视窗、电路描述工具箱、图形编辑器等是否显示的命令。

4. Place 放置菜单

此菜单提供绘制仿真电路所需的元器件、节点、导线、各种连接接口、文本框、绘图工具、标题框等常用绘图元素,以及探针、梯形图选项,同时还提供创建新层次模块、层次模块替换、新建子电路等关于层次化电路设计的选项。

5. MCU 微控制器菜单

此菜单提供了带有微控制器的嵌入式电路仿真功能,包括调试视图格式、MCU窗口及一些调试状态的选项。

6. Simulate 仿真菜单

此菜单提供了启停电路仿真和仿真所需的各种仪器仪表,提供了对电路的各种分析选项,提供探针设置、NI ELVIS 仿真设置及后处理,可设置仿真模式及XSPICE 命令行等。

7. Transfer 文件传输菜单

此菜单提供了将仿真电路及分析结果传输给 Ultiboard 14.0、PCB 等其他应用程序的功能。

8. Tools 管理元件的工具菜单

此菜单提供各种常用电路如放大电路、滤波器、555 时基电路等的快速创建向导,用户可以通过 Tools 菜单快速创建上述电路。同时,Tools 菜单还提供创建、编辑、替换、更新电路元器件及电气规则检查等功能。

9. Reports 报告菜单

此菜单用于产生指定元件存储在数据库中的所有信息和当前电路窗口中所有元件的详细参数报告。

10. Options 软件环境设置选项菜单

此菜单提供了根据用户需要设置电路功能、存放模式以及工作界面的选项。

11. Window 窗口菜单

此菜单提供了对一个电路的子电路以及各个不同的仿真电路同时浏览的功能。

12. Help 帮助菜单

此菜单提供了相关的帮助文件、初学者指南、查找示例以及版本说明等选项。

7.2.3　工具栏

Multisim 14.0 提供了多种工具栏,并以层次化的模式加以管理,用户可以通过View 菜单中的选项方便地将顶层的工具栏打开或关闭,再通过顶层工具栏中的按钮来管理和控制下层的工具栏。通过工具栏,用户可以方便直接地使用软件的各项功能。

1. 标准工具栏(Standard Toolbar)与视图工具栏(View Toolbar)

标准工具栏包含了常见的文件操作和编辑操作;视图工具栏用于调整所编辑电路的视图大小。如图 7-2 所示。

图 7-2　标准工具栏与视图工具栏

2. 主要工具栏(Main Toolbar)

主要工具栏是 Multisim 14.0 的核心,包含 Multisim 14.0 的一般性功能按钮,如界面中各个窗口的取舍、后处理、元器件向导、数据库管理器等(虽然菜单栏中也已包含了这些设计功能,但使用该工具栏进行电路设计将会更方便、快捷)。使用中元器件列表(In-Use List)列出了当前电路使用的全部元器件,以供检查或重复快速调用。主要工具栏如图 7-3 所示。

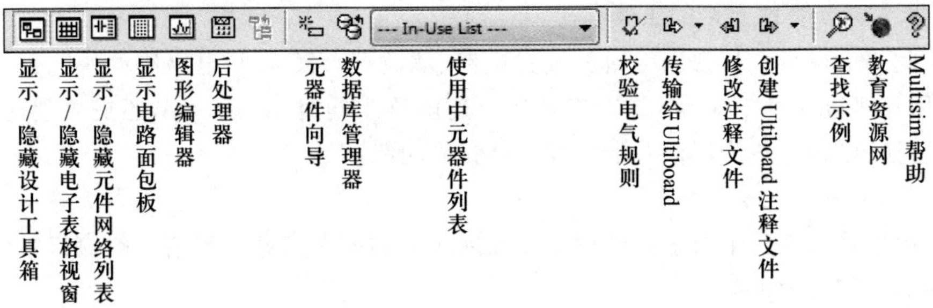

图 7-3　主要工具栏

3. 元器件工具栏(Components Toolbar)

元器件工具栏实际上是用户在电路仿真中可以使用的所有元器件符号库,如图 7-4 所示。它与 Multisim 14.0 的元器件模型库对应,共有 18 个分类库,每个库中放置着同一类型的元器件,单击任一个元器件符号库,都会显示出一个窗口,各类元器件窗口所展示的信息基本相似。在取用其中的某个元器件符号时,实质上是调用了该元器件的数学模型。

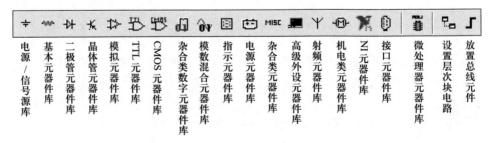

图 7-4　元器件工具栏

4. 仿真工具栏(Simulation Toolbar)

仿真工具栏提供了运行、暂停、停止和活动分析功能按钮,可对电路的仿真和分析进行快捷操作。如图 7-5 所示。

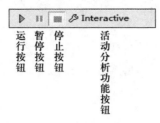

图 7-5　仿真工具栏

5. 探针工具栏(Probe Toolbar)

探针工具栏包含了用于电路仿真的各种探针,还能对探针进行设置。如图 7-6 所示。

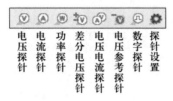

图 7-6　探针工具栏

6. 梯形图工具栏(Ladder Diagram Toolbar)

梯形图工具栏提供了绘制梯形图的按钮,可以方便地设计 PLC 控制系统和继电器控制系统,如图 7-7 所示。

图 7-7　梯形图工具栏

7. 仪器工具栏(Instruments Toolbar)

仪器工具栏位于主窗口界面的右侧一列,用于快速选取实验仪器。Multisim 14.0 提供了 21 种仪器、仪表,如图 7-8 所示。这些仪表的使用方法和外观与真实仪表相当,就像实验室使用的仪器。仪器工具栏是进行虚拟电子实验和电子设计仿真最快捷形象的特殊窗口。在仪器库中,除为用户提供了实验室常用的仪器仪表外,还有实验室没有的虚拟仪器以及一类比较特殊的虚拟仪器——NI ELVISmx 仪器,该仪器包含了 8 种实验室常用仪器,与 NI 公司的硬件 myDAQ 结合使用,可以通过 myDAQ 实现用 NI ELVISmx 仪器来测量实际的硬件电路。

图 7-8 仪器工具栏

7.2.4 设计工具箱

设计工具箱(Design Toolbox)位于主窗口界面的左侧,主要用来管理原理图的不同组成元素和层次电路的显示,如图 7-9 所示。设计工具箱由 3 个不同的选项卡组成。

图 7-9 设计工具箱

1. 层次化(Hierarchy)选项卡

该选项卡用于对不同电路进行分层显示,上方的 6 个按钮从左到右分别为新建原理图、打开原理图、保存当前电路图、关闭当前电路图、(对子电路、层次电路和多页电路)重命名和最近设计电路文件视图。

2. 可视化(Visibility)选项卡

由用户决定工作空间的当前页面显示哪些层,以及用于设置是否显示电路的各种参数标识。例如,集成电路的引脚名、引脚号等。

3. 工程视图(Project View)选项卡

工程视图选项卡用于显示同一电路的不同页,显示所建立的工程,包括原理图文件、PCB 文件、仿真文件等。

7.2.5 电路图编辑运行区域

电路图编辑运行区域位于主窗口界面的中间,是主窗口界面的最主要部分,它用来创建用户需要检验的各种仿真电路。在此区域可以进行电路图的编辑绘制、仿真分析及波形数据显示等操作,也可以对电路进行移动、缩放等操作。如果需要,还可以在此区域内添加文字说明及标题框等。

7.2.6 电子表格视窗与状态条

状态条(Status bar)位于主窗口界面的最下方,用来显示当前的命令状态、运行时间和当前仿真电路文件名等。

电子表格视窗(SpreadSheet View)位于状态条上方,又称电路元件属性视窗,如图 7-10 所示。当电路存在错误时,该视窗用于显示检验结果以及作为当前电路文件中所有元件的属性统计窗口,可以通过该窗口改变元件的部分或全部属性。电子表格视窗包括以下 5 个选项卡。

1. Results 选项卡

Results 选项卡可以显示电路中元件的查找结果和 ERC 校验结果,但要使 ERC 校验结果显示在该页面,需要在运行 ERC 校验时选择将结果显示在 Result Pane 中。

2. Nets 选项卡

Nets 选项卡显示当前电路中所有节点的相关信息,部分参数可以自定义修改。

3. Components 选项卡

Components 选项卡显示当前电路中所有元件的相关信息,部分参数可以自定义修改。

4. Copper layers 选项卡

Copper layers 选项卡显示 PCB 层的相关信息。

5. Simulation 选项卡

Simulation 选项卡显示运行仿真时的相关信息。

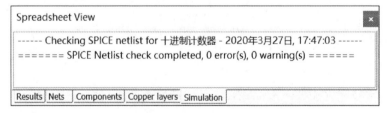

图 7-10　电子表格视窗

7.3 用 Multisim 14.0 软件创建电路原理图

用 Multisim 14.0 软件对电路进行仿真时,需要在电路工作窗口创建所要分析的电路原理图。电路原理图建立的具体步骤如下。

1. 新建电路文件

运行 Multisim 14.0 打开一个空白的电路工作窗口,也可以通过单击工具栏中的新建按钮(或按 Ctrl+N 组合键),新建一个空白的电路工作窗口。通过视图工具栏或鼠标滑轮可实现电路工作窗口的缩放。新建的文件名称默认为 Design1,点击 File 菜单中的 Save 或 Save as 可改变文件名称和存储路径。

视频:创建电路原理图

2. 定制用户界面

通过 Options 软件环境设置项目菜单对用户界面进行设置。Options 菜单包括 Global Options、Sheet Properties 等命令,用于进行软件运行环境设置、全部参数设置、工作台界面设置等操作。

Multisim 14.0 中有两套标准符号可供选择。一套是美国标准符号 ANSI,另一套是欧洲标准符号 IEC。两套标准中大部分元器件的符号是一样的,但有些元器件的符号不一样,部分元器件的符号比较如表 7-1 所示。选择 Options→ Global Options 命令中的 Components 页面,如图 7-11 所示,在 Symbol standard(符号标准)设置区选择 ANSI Y32.2 或 IEC 60617 即可选择自己熟悉的符号。

表 7-1　Multisim 14.0 仿真软件中部分元器件的符号比较

符号	地与独立电源	受控源	电阻	运放	门电路
ANSI					
IEC					

图 7-11　选择元件符号的界面

190

选择 Options→Sheet Properties 命令,在如图 7-12 所示 Sheet visibility 界面可设置电路中是否显示元器件的标签、编号、标称值、封装以及电路的节点编号等,在 Colors 界面可设置图形及其背景的颜色。此外还可对电路工作区、连线、字体等进行设置。设置完成后,可以选中 Save as default,使当前设置变为默认设置,再启动该软件时,就会按照已经给定的设置运行软件和显示界面。

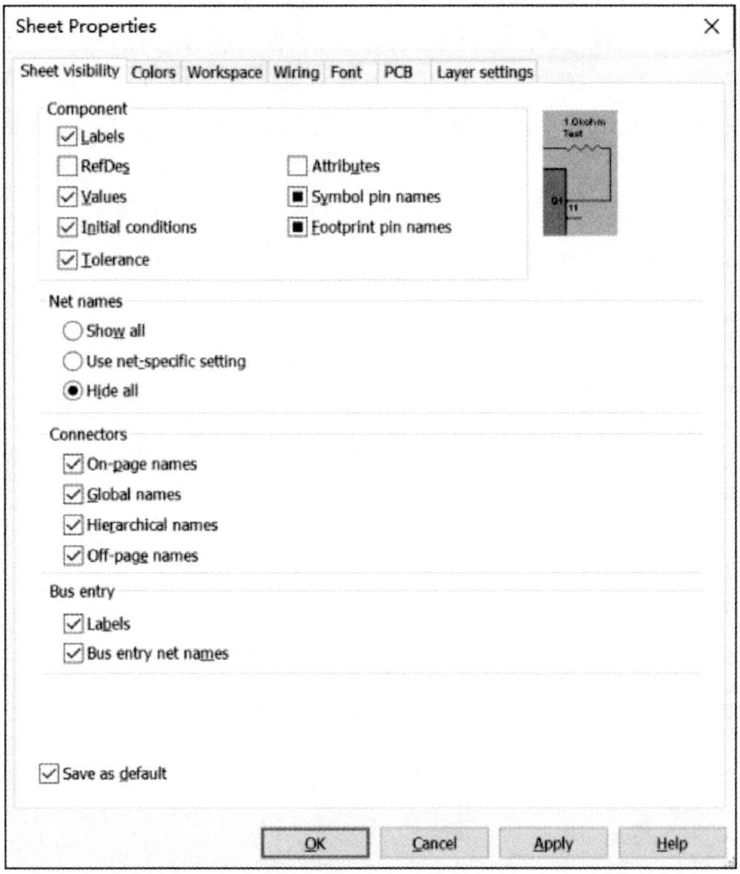

图 7-12 显示/隐藏元件结点等信息的界面

3. 选取和放置元器件

Multisim 14.0 软件的元器件库包含实际元件、虚拟元件和 3D 元件,实际元件是包含误差的、具有实际特性的元件,这类元件组成的电路仿真具有很好的真实性,在实际电路设计的仿真中应尽量选择实际元件。虚拟元件是模型参数可以修改的元件,但是虚拟元件不出现在电路板图的网表文件中,所以不能输出到电路板软件中用于画电路板图,而且虚拟元件在市场上买不到。3D 元件参数不能修改,只能搭建一些简单的演示电路,但它们可以与其他元件混合组建仿真电路。

选用元器件时,首先在元器件库栏中用鼠标单击包含该元器件的图标,打开该元器件库,从选中的元器件库界面中,用鼠标单击该元器件,然后单击 OK 按钮,会看到所选元件会随着鼠标在电路工作区移动,将鼠标移动到相应的位置后,单击鼠标左键,将元件放置在工作区。用鼠标左键点击元件可选中元件,按住鼠标左键可移动元件,选中元件后点击鼠标右键或从 Edit 菜单选择 Orientation 中的选项可对元件进行翻转或旋转操作。选中元件后点击鼠标右键或从 Edit 菜单选择 Copy、Delete 可复制、删除元件。

4. 修改元件属性

每个被取用的元件都有默认的属性。用鼠标左键双击元件,则开启元件属性对话框,包括元件标签、元件参数值及引脚、显示方式和故障等。对于实际元件,用户可以设置元件标签、显示方式和故障,有些实际元件还可以设置元件参数值及管脚。对于虚拟元件,用户可以随意设置元件标签、元件参数值及管脚、显示方式和故障。

例如双击虚拟电阻元件后,其元件属性对话框如图 7-13 所示。

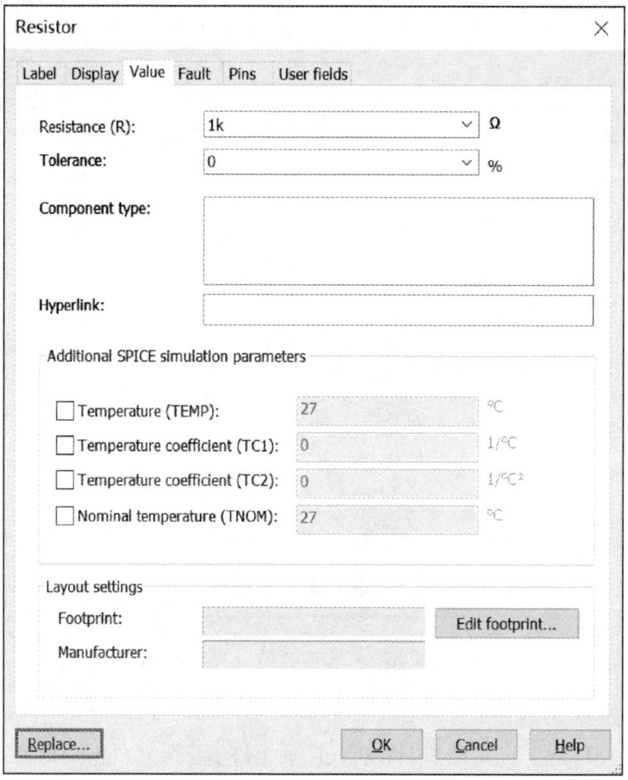

图 7-13　电阻元件属性对话框

其中 Label(标签)页面:用于修改元件编号和标签,编号(RefDes)由系统自动分配,必要时可以修改,但必须保证其唯一性。Display(显示)页面:用于设置元件的显示内容。Value(模型参数)页面:用于设定元件的参数值,使元器件的数值和参数与所要分析的电路一致。Fault(故障)页面:用于设置元件可能发生的故障,如Open(开路)、Short(短路)、Leakage(漏电)等。设置完毕点击 OK 按钮或回车即可。

点击页面左下角的 Replace(替换)按钮还可选择其他元件替换当前元件。

5. 连接线路与自动放置连接点

待所需的元器件都已经放置于电路图编辑运行区域后,开始连接导线。将鼠标移动到所要连接的器件的某个引脚上,鼠标指针会变成中间有实心黑点的十字形状。单击鼠标后,再次移动鼠标,就会拖出一条实线。将该实线移动到所要连接的其他元件的引脚或某一条线上时,再次单击鼠标,这时就会将两个元件的引脚连接起来,或者将元件引脚与线连接起来,此时在所连接的线上会自动放置一个连接点。而对于交叉而过的两条线不会产生连接点。如果想要让交叉线相连接,则可以在交叉点上放置一个连接点。单击 Place→Junction 命令,用鼠标单击需要放置连接点的位置,即可在该处放置一个连接点。如果要删去连接点,则用鼠标右键单击所要删除的连接点,在弹出的快捷菜单中选择 Delete 选项即可,删除连接点会将与其相关的连线一起删除。

所有的连线都必须起始于一个元件的引脚或一个连接点,终止于一个元件的引脚、一个连接点或一条线,一个元件的两个引脚也可以进行连接。一个连接点最多可以连出四根连线。

6. 给电路增加文本

当需要在电路中放置文字说明时,可以单击 Place→Text 命令,然后用鼠标单击所要放置文字的位置,在该处放置一个文本框,输入所要放置的文字后,单击文本框以外的地方即可。文本框的移动和删除操作与元器件的操作类似。

7. 创建电路原理图的注意事项

(1)确保元件之间可靠连接,各元件之间如果靠得太近,可能会造成无法连接。如果元件已经连接到电路中了,要调整元件的位置和方向时,应该先将连线断开,再移动元件的位置或调整元件的方向,否则连线会跟随元件一起移动。

(2)必须正确设置元件的参数和属性,使元器件的数值和参数与所要分析的电路一致。

(3)软件在进行电路仿真时要求有零电位参考点,即电路中要有接地点,否则可能得不到正确的仿真结果。

(4)软件中默认只要电路中有地线,示波器、伯德图仪等仪器的接地端可以不接。

<h2>7.4 用 Multisim 14.0 软件仿真分析电路</h2>

在 Multisim 14.0 主界面上,通过 Simulate 菜单中的 Analyses and Simulation 命令或仿真工具栏中的 按钮,均可打开如图 7-14 所示的分析与仿真界面。

Multisim 14.0 软件提供了 1 项交互式仿真功能和其他 19 项分析功能,如图 7-14 左侧所示,当在图 7-14 左侧的列表中选择一项仿真分析命令后,其右侧将显示一个与该分析功能对应的对话框,由用户设置相关的分析变量、分析参数和分析节点等。对电子电路进行仿真有两种基本方法:一种方法是使用虚拟仪器直接测量电路,即交互式仿真方法;另一种是使用分析功能分析电路。

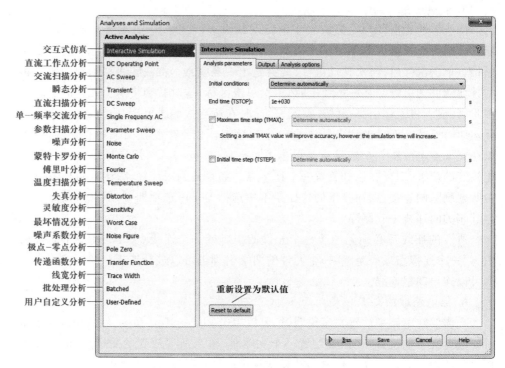

交互式仿真 —— Interactive Simulation
直流工作点分析 —— DC Operating Point
交流扫描分析 —— AC Sweep
瞬态分析 —— Transient
直流扫描分析 —— DC Sweep
单一频率交流分析 —— Single Frequency AC
参数扫描分析 —— Parameter Sweep
噪声分析 —— Noise
蒙特卡罗分析 —— Monte Carlo
傅里叶分析 —— Fourier
温度扫描分析 —— Temperature Sweep
失真分析 —— Distortion
灵敏度分析 —— Sensitivity
最坏情况分析 —— Worst Case
噪声系数分析 —— Noise Figure
极点-零点分析 —— Pole Zero
传递函数分析 —— Transfer Function
线宽分析 —— Trace Width
批处理分析 —— Batched
用户自定义分析 —— User-Defined

重新设置为默认值

图 7-14　分析与仿真界面

7.4.1　采用交互式仿真分析电路

　　交互式仿真(interactive simulation)的作用是对电路进行时域仿真,其仿真结果需通过连接在电路中的测试仪器或显示器件等显示出来。Multisim 14.0 在如图 7-8 所示仪器工具栏中提供了多种测试仪器,在如图 7-6 所示探针工具栏中提供了 7 种探针,在如图 7-15 所示指示元器件库(indicators)中提供了 8 种交互式显示

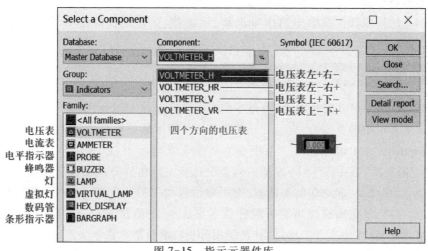

电压表 —— VOLTMETER
电流表 —— AMMETER
电平指示器 —— PROBE
蜂鸣器 —— BUZZER
灯 —— LAMP
虚拟灯 —— VIRTUAL_LAMP
数码管 —— HEX_DISPLAY
条形指示器 —— BARGRAPH

电压表左+右-
电压表左-右+
电压表上+下-
电压表上-下+

四个方向的电压表

图 7-15　指示元器件库

元器件。用户可以通过这些测试仪器、探针或显示器件观察电路的运行状态或仿真结果,这些仪器的使用、设置和读数与实际的仪器类似,使用这些仪器就像在实验室中做实验一样。

1. 采用交互式仿真分析电路的基本步骤

(1)在电路图编辑运行区域画出所要分析的电路原理图。

(2)编辑元器件属性,使元器件的数值和参数与所要分析的电路一致。

(3)在电路输入端加入适当的信号。

(4)放置并连接测试仪器、指示器件或探针。

(5)选择 Simulate 菜单中的 Analyses and Simulation 命令或仿真工具栏中的 ✐ 按钮,在如图 7-14 所示分析与仿真界面选择 Interactive Simulation(交互式仿真),此时图 7-14 右侧界面会出现 3 个分析设置选项卡。

(a)Aalysis Parameters(分析参数)选项卡

Initial conditions 用于设置仿真的初始条件,其中包括 Set to zero(初始条件设置为零)、User-defined(用户自定义初始条件)、Calculate DC operating point(设置直流工作点为初始条件)和 Determine automatically(系统自动设定初始条件)四个选项。

End time(TSTOP)用于设置结束时间。

Maximum time step(TMAX)用于设置最大时间步长,设置较小的 TMAX 值能提高仿真精度,但会增加仿真时间。

Initial time step(TSTEP)用于设置初始时间步长。

(b)Output(输出)选项卡

用于设置在仿真结束进行数据检查跟踪时是否显示所有器件的参数,当器件参数很多或者仿真退出的时间较长时,可以选择不显示器件参数,通常采用默认设置。

(c)Analysis Opitions(分析选择)选项卡

主要用于为仿真分析进一步选择设置器件模型和分析参数等,通常采用默认值,特殊需要时用户可自行设置。

完成上述 3 个选项卡的设置后(通常选用默认设置),单击图 7-14 中的 Run 按钮或主界面上仿真工具栏中的 ▷ 按钮开始仿真;若单击图 7-14 中的 Save 按钮则保留设置,不进行仿真;要停止仿真,需单击 Multisim 14.0 主界面上仿真工具栏中的停止按钮 ◼。

2. 交互式仿真实例

例 7-1 在如图 7-16 所示电路中,已知 $U_S = 9$ V,$I_S = 6$ A,$R_1 = 6$ Ω,$R_2 = 4$ Ω,$R_3 = 3$ Ω。试求电压 U_1、电流 I_3 及理想电流源 I_S 的功率。

解: 从电源库 ✚ 的 ▦ ROWER_SOURCES 中选择 DC_POWER(直流理想电压源)和 GROUD(地),从 ▤ SIGNAL_CURRENT_SOURCES 中选择 DC_CURRENT(直流理想电流源),从基本元器件库 ⌇ 中选择 ▤ RESISTOR(电阻)。按图 7-16 连接电路,并选择一点接"地"。按照题目要求设置元件参数。下面采用不同的方法对此电路进行交互式仿真。

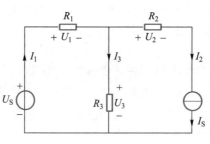

图 7-16　例 7-1 图

图 7-17 中采用了指示器件电压表和电流表来仿真电路,在连接时要注意:电压表并联在被测量两端,其"+"端连接参考高电位点,"-"端连接参考低电位点,电流表串联在被测支路中,且与图 7-16 中电流参考方向一致,即参考电流应从"+"端流入,从"-"端流出。双击电压表和电流表可选择其挡位,测直流量选择 DC 挡,测交流量选择 AC 挡,还可以设置内阻,通常选默认内阻(电压表内阻为 10 MΩ,电流表内阻为 1e-009 Ω 即 1 nΩ)。连接设置完毕后选择交互式仿真并运行,得到仿真结果为

$$U_1 = 18 \text{ V}, I_3 = -3 \text{ A}, P_{I_S} = U_{I_S} I_S = -33 \times 6 \text{ W} = -198 \text{ W}$$

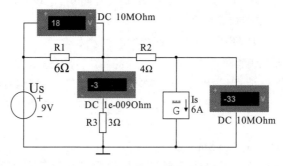

图 7-17　用指示器件仿真电路

图 7-18 中采用了探针来仿真电路,Multisim 14.0 丰富了探针的种类,为交互式仿真提供了极大的便利。点击探针工具栏中的探针设置 ⚙,在如图 7-19 所示页面

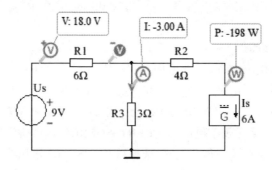

图 7-18　用探针仿真电路

可对探针的显示参数、文本框大小、背景颜色、字体和是否显示探针标识等进行整体设置。将电压探针 🅥 放在电路中的某点,可测得该点的电位,即该点到地之间的电压;将电流探针 🅐 放在某条支路上,可测得这条支路的电流,而电流电压探针 🅐🅥 可同时测量某点的电流和电位,差分电压探针 🅥 放在电路中两点可测量 🅥 所在点到 🅥 所在点之间的电压,功率探针 🅦 放在元件上或元件端子上可测量元件的功率。双击对应探针可对其显示项进行单独设置,图 7-20 为对电压探针显示项进行设置的页面。

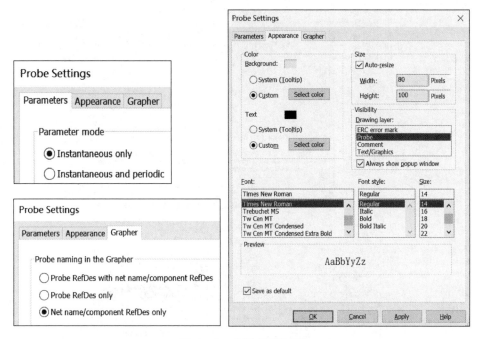

图 7-19　探针设置页面

在图 7-18 中选用差分电压探针测得 $U_1 = 18$ V,放置时应将其 🅥 放在参考高电位点,将其 🅥 放在参考低电位点;选用电流探针放在电阻 R_3 所在支路上测电流 I_3,鼠标右键单击电流探针,选择 Reverse probe direction 可改变电流探针箭头方向,使其与题中的参考方向一致,测得 $I_3 = -3$ A;将功率探针放在理想电流源上或其任意一端,测得理想电流源 I_S 的功率 $P_{I_S} = -198$ W。

图 7-21 中采用了测试仪器万用表 🔲 和瓦特表 🔲 来仿真电路,双击万用表,在其仪器面板上选择测量内容, 🅰 为电流测量, 🆅 为电压测量, 🆀 为电阻测量, [dB] 为分贝测量, [━] 为直流测量, [〜] 为交流测量,点击 Set 按钮还可对内阻等参数进行设置。万用表测电压、电流时的连接方式与电压表、电流表类似。瓦特表用于测元件的平均功率和功率因数,它具有电压正负极和电流正负极四个输入端,连接时将电压输入端与被测元件并联,电流输入端与被测元件串联,且电压电流取关联参考方向。双击瓦特表,其仪器面板上会显示平均功率和功率因数(Power factor)。图 7-21 中测量结果已显示在各仪器面板显示区。

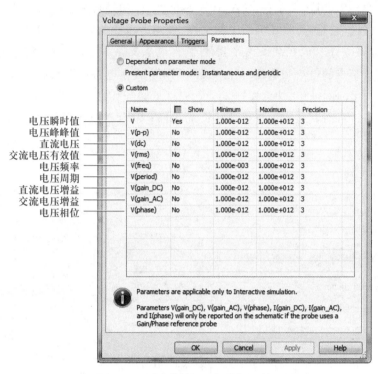

电压瞬时值
电压峰峰值
直流电压
交流电压有效值
电压频率
电压周期
直流电压增益
交流电压增益
电压相位

图 7-20　电压探针显示项设置界面

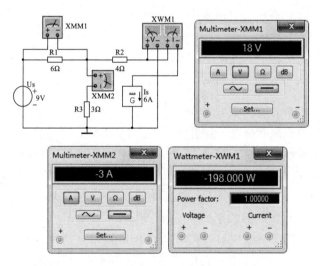

图 7-21　用测试仪器万用表和瓦特表仿真电路

上述交互式仿真方法所用仪器和探针还可混合使用,请大家自行练习。

3. 交互式仿真常见问题

在使用 Multisim 14.0 进行交互式电路仿真时,常会出现错误。

(1) 如果出现错误信息提示"Error：The circuit is not grounded."则说明电路中没有接地线,需将地线接好后重新运行。

（2）如果在电子表格视窗中提示错误信息"Transient time point calculation did not converge.Simulation canceled. See convergence help for more information."时，可以通过修改图 7-14 右侧界面的分析参数解决：修改 TSTOP（结束时间）为合适的时间，将 TMAX（最大时间步长）减小，使 TSTEP（初始步长）小于等于 TMAX，修改后仿真的速度也会变得更慢，如果还是出错，就将初始条件改为 Set to zero 或 User-defined。

（3）Multisim 14.0 软件提供了一些交互式元件，例如开关元件、可变电阻、可变电容等，在电路仿真时，交互式元件的状态或参数可以随时通过电脑键盘上相应的按键或用鼠标来控制，电路仿真结果也会随之实时变化。

除了交互式元件外，电路中其他元件参数或仪器设置改变后，都应重新运行仿真，以确保仿真结果的正确性。

（4）Multisim 14.0 软件在同一时间只允许一个设计电路运行。如果出现无法运行某个设计的情况，是由于当前另外一个设计还没有停止。

7.4.2　分析功能简介

上述交互式仿真方法通过虚拟仪器只能完成电压、电流、波形和频率等的测量，当需要了解元件参数、元件精度或温度变化等对电路性能的影响时则存在一定的局限性。借助 Multisim 14.0 提供的仿真分析功能，不仅可以完成对电压、电流、波形和频率等的测量，而且能够完成电路动态特性和参数等反映电路全面特性方面的描述。下面简要介绍 Multisim 14.0 提供的 19 种仿真分析功能。

1. 直流工作点分析

直流工作点分析的目的是确定电路的静态工作点。进行仿真分析时，电路中的电容被视为开路，电感被视为短路，交流电源和信号源被视为零输出，电路处于稳态。直流工作点的分析结果可用于瞬态分析、交流分析和参数扫描分析等。

2. 交流扫描分析

交流扫描分析用于完成电路的频率响应特性分析，其分析结果是电路的幅频特性和相频特性。进行交流扫描分析时，所有直流电源将被置零，电容和电感采用交流模型，非线性元件（如二极管、晶体管、场效应晶体管等）使用交流小信号模型。无论用户在电路的输入端加入了何种信号，交流扫描分析时系统均默认电路的输入信号是正弦波，并且以用户设置的频率范围来扫描。交流扫描分析也可以通过伯德图仪测量完成。

3. 瞬态分析

瞬态分析用于分析电路的时域响应，其结果是电路中指定变量与时间的函数关系。在瞬态分析中，系统将直流电源视为常量，交流电源按时间函数输出，电容和电感作为储能元件。瞬态分析也可以通过 Interactive Simulation（交互式仿真）或者直接在测试点连接示波器完成。不同的是，瞬态分析可以同时显示电路中所有节点的电压波形以及支路电流波形，而示波器通常只能同时显示 2~4 个节点的电压波形。

4. 直流扫描分析

直流扫描分析能给出指定节点的直流工作状态随电路中 1 个或 2 个直流电源变化的情况。当只考虑 1 个直流电源对指定节点直流状态的影响时,直流扫描分析的过程相当于每改变一次直流电源的数值就计算一次指定节点的直流状态,其结果是一条指定节点直流状态与直流电源参数间的关系曲线;而当考虑 2 个直流电源对指定节点直流状态的影响时,直流扫描分析的过程相当于每改变一次第 2 个直流电源的数值,确定一次指定节点直流状态与第 1 个直流电源的关系,其结果是一族指定节点直流状态与直流电源参数间的关系曲线。曲线的个数为第 2 个直流电源被扫描的点数,每条曲线对应一个在第 2 个直流电源取某个扫描值时,指定节点直流状态与第 1 个直流电源参数间的函数关系。

5. 单一频率交流分析

单一频率交流分析能给出电路在某一频率交流信号激励下的响应,相当于在交流扫描分析中固定某一频率时的响应,分析的结果是输出电压或电流相量的"幅值/相位"或"实部/虚部"。

6. 参数扫描分析

参数扫描分析是指在规定范围内改变指定元件参数,对电路的指定节点进行直流工作点分析、瞬态分析和交流频率特性分析等。该分析可用于电路性能的分析和优化。

7. 噪声分析

噪声分析用于研究噪声对电路性能的影响。Multisim 14.0 提供了 3 种噪声模型:热噪声(thermal noise)、散弹噪声(shot noise)和闪烁噪声(flicker noise)。其中,热噪声主要由温度变化产生;散弹噪声主要由电流在半导体中流动产生,是半导体器件的主要噪声;而晶体管在 1 kHz 以下常见的噪声是闪烁噪声。噪声分析的结果是每个指定电路元件对指定输出节点的噪声贡献,用噪声谱密度函数表示。

8. 蒙特卡罗分析

蒙特卡罗分析是一种常用的统计分析,由多次仿真完成,每次仿真中元件参数按指定的容差分布规律和指定的容差范围随机变化。第一次仿真分析时使用元件的正常值,随后的仿真分析使用具有容差的元件值,即元件的正常值减去一个变化量或加上一个变化量,其中变化量的数值取决于概率分布。蒙特卡罗分析中使用了两种概率分布:均匀分布(uniform distribution)和高斯分布(Gaussian distribution)。通过蒙特卡罗分析,电路设计者可以了解元件容差对电路性能的影响。

9. 傅里叶分析

傅里叶分析可将非正弦周期信号分解成直流、基波和各次谐波分量之和。傅里叶分析将信号从时间域变换到频率域,工程上常采用长度与各次谐波幅值或初相位对应的线段,按频率高低依次排列得到幅度频谱或相位频谱,直观表示各次谐波幅值或初相位与频率的关系。傅里叶分析的结果是幅度频谱和相位频谱。

10. 温度扫描分析

温度扫描分析是指在规定范围内改变电路的工作温度,对电路的指定节点进行直流工作点分析、瞬态分析和交流频率特性等分析。该分析相当于在不同的工作温度下多次仿真电路性能,用于快速检测温度变化对电路性能的影响。温度扫描分析只适用于半导体器件和虚拟电阻,并不对所有元件有效。

11. 失真分析

电路的非线性会导致电路的谐波失真和互调失真。失真分析能够给出电路谐波失真和互调失真的响应,对瞬态分析波形中不易观察的微小失真比较有效。当电路中有一个频率为 f_1 的交流信号源时,失真分析的结果是电路中指定节点的二次和三次谐波响应;而当电路中有两个频率分别为 f_1 和 f_2 的交流信号源时(假设 $f_1 > f_2$),失真分析的结果是频率(f_1+f_2)、(f_1-f_2)和($2f_1-f_2$)相对于 f_1 的互调失真。

12. 灵敏度分析

灵敏度分析研究的是电路中指定元件参数的变化对电路直流工作点和交流频率响应特性影响的程度。灵敏度高表明指定元件的参数变化对电路响应的影响大,反之影响小。Multisim 14.0 提供的灵敏度分析分为"直流灵敏度分析"和"交流灵敏度分析"两种。直流灵敏度分析的结果是指定节点电压或支路电流对指定元件参数的偏导数,反映了指定元件参数的变化对指定节点电压或支路电流的影响程度,用表格形式显示;交流灵敏度分析的结果是指定元件参数变化时指定节点的交流频率响应,用幅频特性和相频特性曲线表示。

13. 最坏情况分析

最坏情况分析是以统计分析的方式,在给定元件参数容差的条件下,分析出电路性能相对于元件参数标称值的最大偏差。最坏情况分析时,第一次仿真运算采用元件的标称值,然后进行灵敏度分析,确定电路中某节点电压或某支路电流相对于每个元件参数的灵敏度。当某元件的灵敏度是负值时,最坏情况分析将取该元件参数的最小值,反之取元件参数的最大值。最后,在元件参数取最大偏差的情况下,完成用户指定的分析。最坏情况分析有助于电路设计人员掌握元件参数变化对电路性能造成的最坏影响。

14. 噪声系数分析

噪声系数分析用于衡量电路输入/输出信噪比的变化程度,是反映对噪声综合抑制能力的一个数字指标。噪声系数的定义为 $NF = 10\log_{10}\dfrac{SNR_{\text{Input}}}{SNR_{\text{Output}}}$(单位为 dB)。其中,$SNR$ 为信噪比。

15. 极点-零点分析

极点-零点分析可以给出交流小信号电路传递函数的极点和零点,用于电路稳定性的判断。

16. 传递函数分析

传递函数分析可以求出电路输入与输出间的关系函数,包括电压增益(输出电压/输入电压)、电流增益(输出电流/输入电流)、输入阻抗(输入电压/输入电流)、输出阻抗(输出电压/输出电流)、互阻抗(输出电压/输入电流)等。

17. 线宽分析

线宽分析是针对 PCB 板中有效传输电流所允许的导线最小宽度进行的分析。在 PCB 板中,导线的耗散功率取决于通过导线的电流和导线电阻,而导线的电阻又与导线的宽度密切相关。针对不同的导线耗散功率,确定导线的最小宽度是 PCB 设计人员十分需要和应关心的。

18. 批处理分析

批处理分析不是一种新的分析,而是将不同分析或同一分析的不同实例组合在一起依次执行。例如,利用批处理分析可以对指定电路一次性完成直流工作点分析、频率响应特性分析、瞬态分析等,不必逐个进行分析。

19. 用户自定义分析

用户自定义分析是一种利用 SPICE 语言建立电路、仿真电路,并显示仿真结果的方法,它为高级用户提供了一条自行编辑分析项目、扩充仿真分析功能的新途径。但是用户自定义分析要求用户具有熟练运用 SPICE 语言的能力,不适合一般用户。

7.4.3　采用分析功能分析电路

采用交互式仿真分析电路时,需要在电路中连接虚拟测试仪器、显示器件或探针对电路的特征参数进行测量,以确定电路的性能指标是否达到了设计要求。而采用分析功能分析电路时,可以不连虚拟仪器。

1. 采用分析功能分析电路的基本步骤

下面通过例 7-2 说明采用分析功能分析电路时的基本步骤。

例 7-2　用直流工作点分析方法对例 7-1 进行求解。

解:基本步骤:

(1) 按照图 7-16 所示电路创建仿真电路图,并任选一点接地。

(2) 将仿真电路的节点编号及元件的符号管脚显示出来。

选择 Options→Sheet Properties 命令,在 Sheet visibility 界面中勾选 Symbol pin names,选择 Show all,此时在图中两元件之间的连线上或多条支路的连接点处会显示阿拉伯数字,即节点编号,接地点编号为 0,其余节点编号则随机命名,在元件中央所标的 1、2 即为该元件的符号管脚,如图 7-22 所示。

(3) 选择分析功能、设置分析参数及要分析的变量。

点击 Simulate 菜单中的 Analyses and Simulation 命令或仿真工具栏中的 📝 按钮,选择 DC Operating Point(直流工作点分析),出现如图 7-23 所示输出量设置页面,左侧 Variables in circuit 所列为电路中的变量。其中 I(IS)为理想电流源的电流,软件默认方向是从管脚 2 指向管脚 1;I(R1)、I(R2)、I(R3)为三个电阻上的电流,软件默认方向是从管脚 1 指向管脚 2;I(vus)是理想电压源的电流,软件默认方向是从管脚 1 指向管脚 2;P(IS)、P(R1)、P(R2)、P(R3)、P(vus)分别为理想电流源、三个电阻及理想电压源的功率;V(1)、V(2)、V(3)为图中三个节点的电位。选

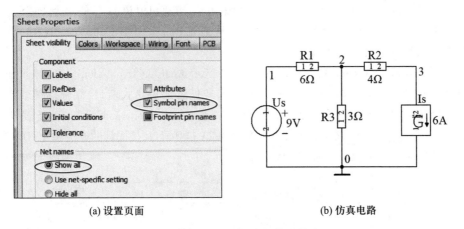

(a) 设置页面 (b) 仿真电路

图 7-22 显示节点编号与符号管脚

择某个变量,点击 Add 按钮,则该变量移到右侧 Selected variables for analysis 区域,点击 Remove 按钮则将右侧区域选中变量移回左侧。

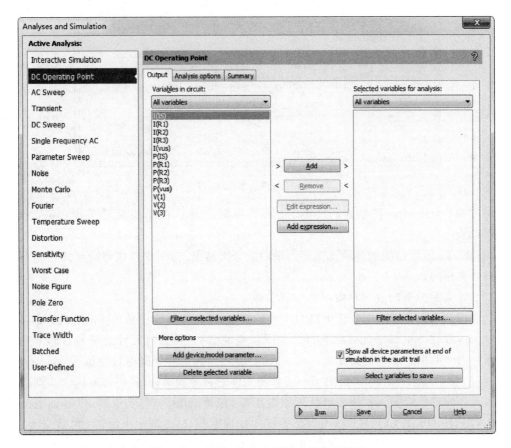

图 7-23 直流工作点分析输出量设置页面

本例中要求 R_1 两端电压 U_1、R_3 上的电流 I_3 和理想电流源 I_s 的功率 P(IS)，而 U_1 = V(1)-V(2)，I_3 的参考方向与软件默认的 I(R3) 方向相反，故 I_3 = -I(R3)。因此需要添加分析表达式来实现。

点击 Add expression 按钮出现如图 7-24 所示 Analysis Expression 页面，该页面左边为变量窗口，中间为功能符号窗口，右边为最近添加表达式窗口，鼠标左键依次双击变量 V(1)、功能符号 -、变量 V(2)，则在下面 Expression 窗口出现表达式 V(1)-V(2)，点击 OK，该表达式就出现在图 7-23 右侧窗口，按同样的方法添加 -I(R3)。变量选择完成后的页面如图 7-25 所示。

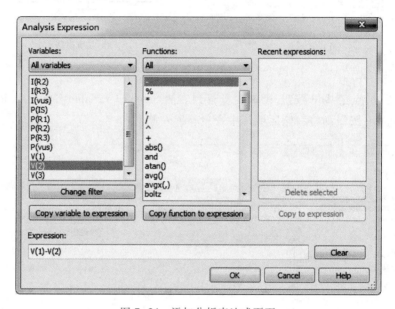

图 7-24　添加分析表达式页面

（4）点击 Run 按钮进行仿真，仿真结果就会显示在图表显示页面（Grapher View）。

图 7-26 所示图表显示页面即为最后的分析结果，与用虚拟仪器交互式仿真分析结果相同。

2. 采用分析功能分析电路的注意事项

（1）采用分析功能分析电路中某元件的电流时，特别要注意元件的电流方向。

仿真软件中每个元件都有自己的默认电流方向，可通过元件的符号管脚来判断。因此如果需要分析某元件的电流，最好将元件的符号管脚通过勾选 Symbol pin names 显示出来，图 7-27 给出了一些常用元件的符号管脚，元件中央所标 1、2 即为该元件的符号管脚。软件中默认理想电压源（包括交流）、电阻、电感、电容的电流 I(V1)、I(R1)、I(L1)、I(C1) 均为从管脚 1 指向管脚 2，而理想电流源（包括交流）的电流 I(I1) 是从管脚 2 指向管脚 1。分析元件电流时，如果题中电流参考方向与软件默认方向相反，则在设置分析变量时应通过添加表达式添加一个负号，否则会得到相反的图形或结果。

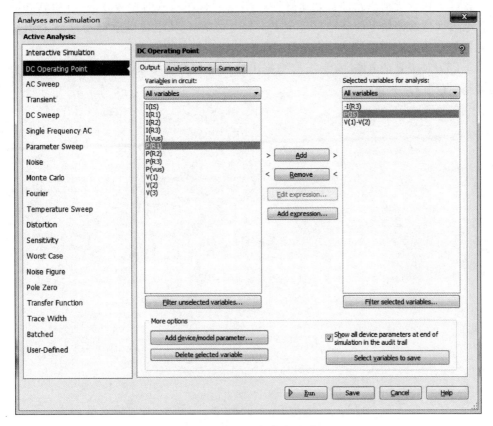

图 7-25　变量选择完成后页面

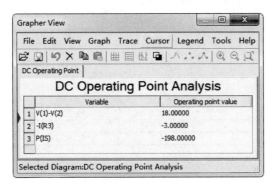

图 7-26　图表显示页面

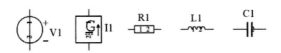

图 7-27　常用元件的符号管脚

（2）在设置动态元件初始条件时也要注意软件默认的参考方向，例如软件默认电容元件的初始电压高电位对应电容符号管脚 1，低电位对应符号管脚 2；电感元件的初始电流则是默认从电感符号管脚 1 指向符号管脚 2。

（3）对于复杂电路，常常需要根据出错信息和仿真结果进行反复修改和参数调整，直到满意为止。

第8章 Multisim 14.0 在电路分析中的应用

电路分析作为电工电子技术的基础,主要包括直流电路分析、动态电路的瞬态分析和交流电路分析。运用 Multisim 14.0 的仿真和分析功能有助于加深对电路基本概念、基本定理、基本特性和基本现象的理解与掌握,提高分析和解决实际问题的能力。本章通过典型实例讲解 Multisim 14.0 在直流电路分析、动态电路的瞬态分析及交流电路分析中的应用。

8.1 直流电路的仿真分析

直流电路分析的主要任务是根据已知电路的结构和元件参数求解某个节点电压、支路电流及元件功率等。利用 Multisim 14.0 所提供的电压表、电流表、万用表、功率表以及电压探针、电流探针、功率探针等虚拟仪器可以方便地测量电压、电流、功率等物理量,对于结构复杂的电路还可以采用直流工作点分析、直流扫描分析等功能进行求解。

8.1.1 叠加定理

视频:叠加定理

叠加定理是指在多个独立电源共同作用的线性电路中,任一支路的电流(或电压)等于各个独立电源单独作用时在该支路中产生的电流(或电压)的叠加(代数和)。

例 8-1 电路如图 8-1 所示,试用叠加定理求 2 Ω 电阻的电流 I 和 4 Ω 电阻两端的电压 U。并思考能否用叠加定理来计算 6 Ω 电阻的功率 P。

解:按图 8-1 创建电路并接地,将差分电压探针并联在 4 Ω 电阻两端,将电流探针串联在 2 Ω 电阻支路,注意探针方向应与图中参考方向一致。将功率探针放在 6 Ω 电阻上或其任意一端。

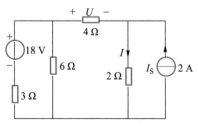

图 8-1 例 8-1 电路图

(1)当理想电压源单独作用时,不作用的理想电流源应当开路(理想电流源两端断开)或将其电流值设为 0 A,如图 8-2 所示。可得 $U' = 6$ V,$I' = 1.5$ A,$P' = 13.5$ W。

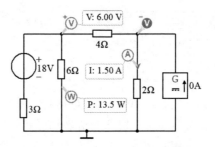

图 8-2　理想电压源单独作用

(2)当理想电流源单独作用时,不作用的理想电压源应当用短路线代替或将其电压值设为 0 V,如图 8-3 所示。可得 $U'' = -2$ V,$I'' = 1.5$ A,$P'' = 167$ mW。

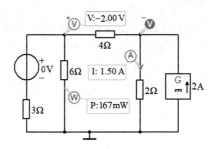

图 8-3　理想电流源单独作用

(3)当两个电源共同作用时,如图 8-4 所示。可得 $U = 4$ V,$I = 3$ A,$P = 16.7$ W。

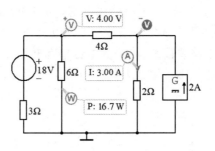

图 8-4　两个电源共同作用

由此可见 $U = U' + U''$,$I = I' + I''$,而 $P \neq P' + P''$。因此叠加定理只适用于线性电路中电流和电压的计算,而不能用来计算功率。

本题也可用瓦特表、电压表和电流表进行测试,如图 8-5 所示。

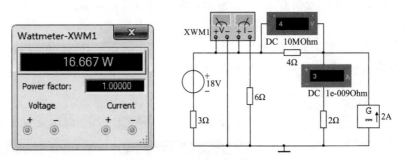

图 8-5　用瓦特表、电压表和电流表测试电路

8.1.2　等效电源定理

等效电源定理包括戴维南定理和诺顿定理。用电压源来等效代替有源二端网络的分析方法称为戴维南定理,其中电压源的电压等于该有源二端网络端口的开路电压 U_{oc};用电流源来代替有源二端网络的分析方法称为诺顿定理,其中电流源的电流等于该有源二端网络端口的短路电流 I_{sc};电压源或电流源的内阻 R_0 等于该有源二端网络中所有独立电源不作用时对应的无源二端网络的等效电阻。

例 8-2　电路如图 8-6 所示,试分别用戴维南定理和诺顿定理求当可变电阻 R 取 $1\ \Omega$、$4\ \Omega$ 和 $6\ \Omega$ 时其两端的电压 U。

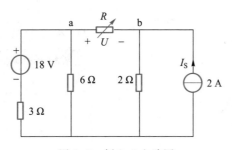

图 8-6　例 8-2 电路图

解:按图 8-6 创建电路并接地,其中可变电阻从基本元器件库 ⎍⎍⎍ 中选择可变电阻 ⎍ VARIABLE_RESISTOR(或电位器 ⎍ POTENTIOMETER)。双击可变电阻,设置电阻值为10 Ω,设置操作键和增量,如图 8-7 所示。按住鼠标左键拖动可变电阻下边的滑动条或者通过按键 "A" 或"Shift+A"使可变电阻按照设置的增量增大或减小。

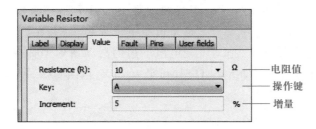

图 8-7　可变电阻的设置

将可变电阻 R 两端断开,将 a、b 看作有源二端网络的两端。

(1) 先求有源二端网络的开路电压 U_{oc} 和短路电流 I_{sc}。

将万用表+极接 a,-极接 b,如图 8-8 所示。双击万用表,选择电压挡,测得 a、b 之间的开路电压 $U_{oc} = 8$ V,选择电流挡,测得 a、b 之间的短路电流 $I_{sc} = 2$ A。

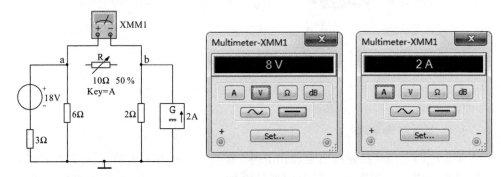

图 8-8　测有源二端网络的开路电压和短路电流

(2) 求等效电源的内阻 R_0。

将有源二端网络的独立电源去掉,即理想电压源用短路线代替或将其电压值设为 0 V,理想电流源开路或将其电流值设为 0 A,有源二端网络即成为无源二端网络。选择万用表的"Ω"挡直接测量,测得 $R_0 = 4$ Ω,如图 8-9 所示。

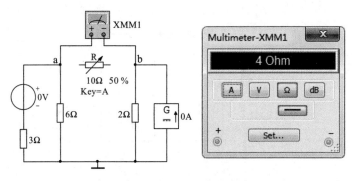

图 8-9　等效电阻的测量

还可以将开路电压除以短路电流得到等效电源的内阻 R_0,即 $R_0 = \dfrac{U_{oc}}{I_{sc}} = \dfrac{8}{2}$ Ω = 4 Ω。

(3) 画出有源二端网络 a、b 两端的戴维南等效电路和诺顿等效电路,如图 8-10 和图 8-11 中点画线框部分。再将可变电阻 R 接入,并在其两端并联万用表或电压表或差分电压探针,拖动可变电阻下边的滑动条到 10%,即 $R = 1$ Ω,可得 $U = 1.6$ V,继续拖到 40%,即 $R = 4$ Ω 时,可得 $U = 4$ V,拖到 60%,即 $R = 6$ Ω 时,可得 $U = 4.8$ V。

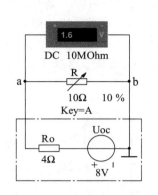

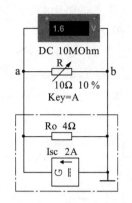

图 8-10　戴维南等效电路测量　　　图 8-11　诺顿等效电路测量

为检验结果的正确性,可将图 8-8 中可变电阻 R 接好,如图 8-12 所示,用万用表电压挡直接测量原电路中电压 U,得到的结果与图 8-10 和图 8-11 的结果相同。由此验证了戴维南定理和诺顿定理的正确性。

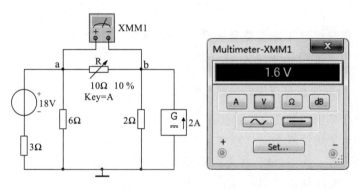

图 8-12　原电路的测量

8.1.3　电位计算

例 8-3　试求图 8-13 电路中,当开关 S 断开和闭合两种情况下 A 点和 B 点的电位 U_A 和 U_B。

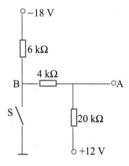

图 8-13　例 8-3 电路图

解：图 8-13 所示电路是电子电路中常用的习惯画法。图中开关 S 可从基本元件库 的 SWITCH 中选择 SPST，-18 V 和+12 V 电源可以从电源库的 POWER_SOURCES 中选择两个 V_REF 或数字电源 VCC、VDD 等来代替，图 8-14 中选用了 V_REF3 和 V_REF4，也可将其还原成如图 8-15 所示电路，然后再用电压探针或电压表（DC 挡）进行测量，结果相同。

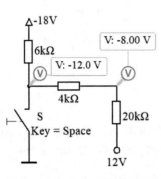
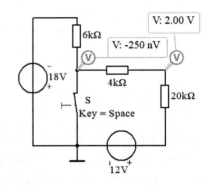

图 8-14　仿真电路图习惯画法　　　　图 8-15　还原电路仿真图

通过空格键控制开关 S，测量可得：当开关 S 断开时 $U_A = -8$ V，$U_B = -12$ V；当开关 S 闭合时 $U_A = 2$ V，$U_B = -250$ nV ≈ 0 V。

8.1.4　分析方法在直流稳态电路中的应用

前面例题采用的都是交互式仿真分析方法，如同在实验室做实验一样，非常真实直观。但对于结构复杂而且求解量较多的电路或者电源参数未知的电路，采用软件提供的直流工作点分析、直流扫描分析等方法求解则更加便捷。

例 8-4　电路如图 8-16 所示，试求电流 I_1、I_2、I_3、I_4、I_5 和电压 U_{ab}、U_{ac}、U_{ad}、U_{bc}、U_{cd}、U_{be}，并求各元件的功率。

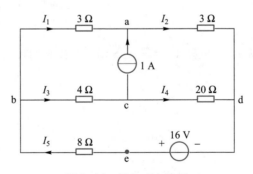

图 8-16　例 8-4 电路图

解：按图 8-16 创建电路并任取一点如 d 点接地，选择 Options→Sheet Properties 命令，在 Sheet visibility 界面勾选 Symbol pin names，选择 Show all，则电路图上显示出节点编号与元件符号管脚，如图 8-17 所示。

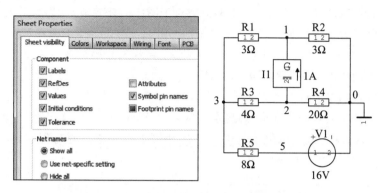

图 8-17 创建电路并显示节点编号与元件符号管脚

接着点击 Simulate 菜单中的 Analyses and Simulation 命令或仿真工具栏中的 🖉 按钮,选择 DC Operating Point(直流工作点分析),在其 Output(输出)页面选择待分析变量并添加表达式(参见例 7-2),注意软件默认电阻上的电流方向为从管脚 1 指向管脚 2。输出变量设置完成后的页面如图 8-18 所示。

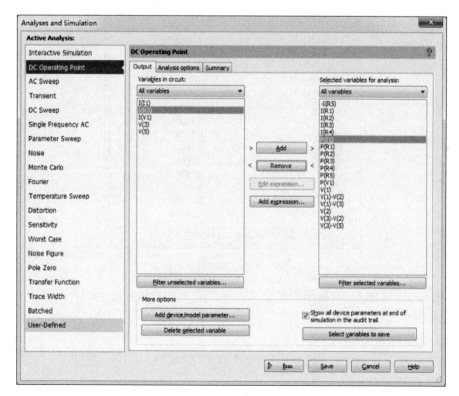

图 8-18 设置输出变量页面

点击 Run 按钮,分析结果显示在如图 8-19 所示图表显示页面中。由仿真结果可知:

(1) 电流 $I_1 = I(R1) = 333$ mA、$I_2 = I(R2) = 1.333$ A、$I_3 = I(R3) = 1.042$ A、$I_4 =$

I(R4) = 41.667 mA、I_5 = − I(R5) = 1.375 A,对于图中的任一节点,均满足 KCL。

（2）电压 U_{ab} = V(1) − V(3) = −1 V、U_{ac} = V(1) − V(2) = 3.167 V、U_{ad} = V(1) = 4 V、U_{bc} = V(3) − V(2) = 4.167 V、U_{cd} = V(2) = 833.3 mV、U_{be} = V(3) − V(5) = −11 V,对于图中的任一回路,均满足 KVL。

（3）电阻功率 P(R1) = 333 mW、P(R2) = 5.333 W、P(R3) = 4.34 W、P(R4) = 34.722 mW、P(R5) = 15.125 W,理想电压源功率 P(V1) = −22 W,理想电流源功率 P(I1) = −3.167 W。五个电阻消耗的功率之和等于理想电压源与理想电流源提供的功率之和,满足功率平衡。

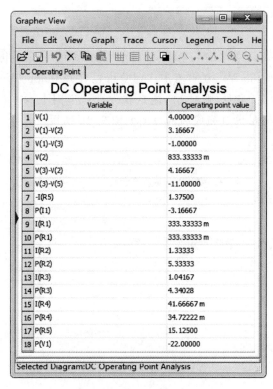

图 8-19　分析结果图表显示页面

例 8-5　在图 8-20 所示电路中,U_1 = 8 V,R_1 = 3 Ω,R_2 = R_3 = 2 Ω,问要使 I = 0,U_2 应为多少?

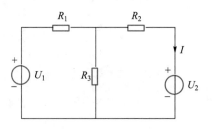

图 8-20　例 8-5 电路图

解:按图 8-20 创建仿真电路并任取一点接地,因为只要求电流,所以只选择显示元件符号管脚,如图 8-21 所示。U_2 为未知量,可先输入任意值。对于电源未知的电路可用直流扫描分析法求解。

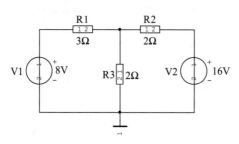

图 8-21   显示元件符号管脚的电路图

点击 Simulate 菜单中的 Analyses and Simulation 命令或仿真工具栏中的 ⚲ 按钮,选择 DC Sweep(直流扫描),在 Analysis parameters(分析参数)页面设置 V2 为扫描电源,并设置其分析参数,起始值为 0 V,终止值为 10 V,增量为 0.1 V,如图 8-22 所示。在输出变量页面选择 V2 支路的电流 I(V2)或 I(R2),即电路中的电流 I 作为输出变量。设置完成后,单击 Run 进行仿真,得到如图 8-23 所示曲线。单击 按钮可读数,移动游标 1 使纵轴方向电流 I(V2)的大小近似为 0(图中的 y1),其对

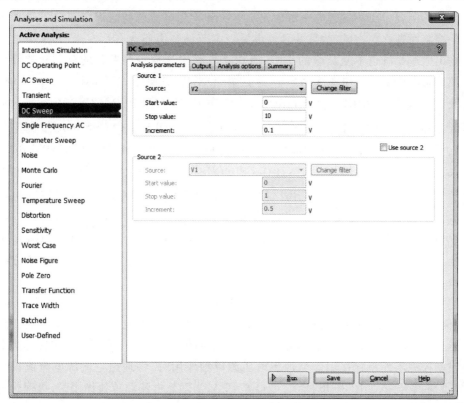

图 8-22   设置直流扫描分析参数

应的横轴方向示值即为所求直流电压源 V1 的大小(图中的 x1)。

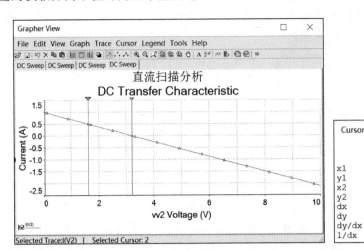

图 8-23　直流扫描分析结果

所以根据直流扫描分析得到要使 $I=0$,则 $U_2=3.2$ V。

8.1.5　含受控源电路的分析

前面例题中所用理想电压源的输出电压和理想电流源的输出电流是不受外部电路控制而独立存在的,故称为独立电源。本节例题中还含有受控源,其输出电压或输出电流尽管也不受负载的影响,但却受电路中其他一些参数的控制。软件中受控理想电压源可从电源库■ Sources 的⬛ CONTROLLED_VOLTAGE_SOURCES 中选取,包括⬛ CURRENT_CONTROLLED_VOLTAGE_SOURCE(CCVS 电流控制电压源)和⬛ VOLTAGE_CONTROLLED_VOLTAGE_SOURCE(VCVS 电压控制电压源),受控理想电流源可从电源库■ Sources 的⬛ CONTROLLED_CURRENT_SOURCES 中选取,包括⬛ CURRENT_CONTROLLED_CURRENT_SOURCE(CCCS 电流控制电流源)和⬛ VOLTAGE_CONTROLLED_CURRENT_SOURCE(VCCS 电压控制电流源)。创建仿真电路时应注意:如果受电流控制,则受控源符号左侧电阻应与控制电流串联,且其箭头方向应与控制电流的参考方向一致;如果受电压控制,则受控源符号左侧电阻应与控制电压并联,且其+、-方向应与控制电压的参考方向一致。

例 8-6　用叠加定理求图 8-24 所示电路中电流 I_1。

解:按图 8-24 创建仿真电路并任取一点接地,双击受控源 CCVS,设置其转移电阻为 2 Ω。图 8-25 为两独立电源共同作用时的仿真电路。采用叠加定理计算电路时受控源不能单独作用。当理想电压源单独作用时,将理想电流源电流值设为 0 A 或将其开路,如图 8-26 所示,可得 $I'=2$ A;当理想电流源单独作用时,将理想电压源电压值设为 0 V 或将其用短路线代替,如图 8-27 所示,可得 $I''=-3$ A;理想电压源与理想电流源共同作用时,如图 8-25 所示,$I=I'+I''=-1$ A。

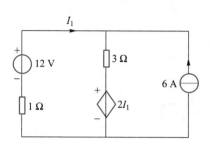

图 8-24 例 8-6 电路图

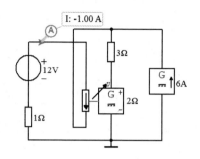

图 8-25 两独立电源共同作用时仿真电路图

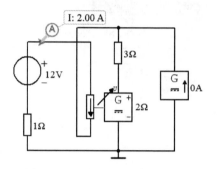

图 8-26 理想电压源单独作用时
仿真电路图

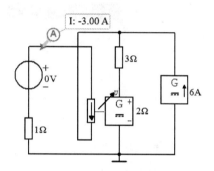

图 8-27 理想电流源单独作用时
仿真电路图

例 8-7 图 8-28 所示电路中,已知 $R_1 = 6\ \Omega$, $R_2 = 40\ \Omega$, $R_3 = 4\ \Omega$, $U_S = 6\ V$,试用戴维南定理求电流 I_2。

解:按图 8-28 创建仿真电路并任取一点接地,双击受控源 CCCS,设置其电流放大倍数为 0.9。用电流探针或电流表(DC 挡)直接测量电流 I_2,如图 8-29 所示,可得 $I_2 = 60\ mA$。下面用戴维南定理求电流 I_2。

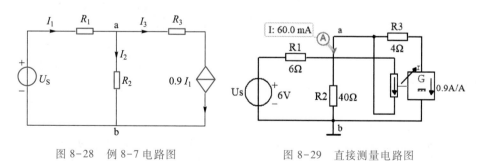

图 8-28 例 8-7 电路图　　　　图 8-29 直接测量电路图

(1)将电阻 R_2 两端断开,将 a、b 看作是有源二端网络的两端。先求有源二端网络的开路电压 U_{OC} 和短路电流 I_{SC}。

217

将万用表+极接 a，−极接 b，如图 8−30 所示。双击万用表，选择电压挡，测得 a、b 之间的开路电压 $U_{OC} = 6\,V$，选择电流挡，测得 a、b 短路后的短路电流 $I_{SC} = 0.1\,A$。

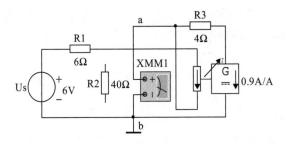

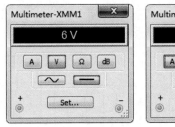

图 8−30 测 a、b 两端的开路电压和短路电流

（2）求戴维南等效电阻 R_0。

方法一：开路短路法

将开路电压除以短路电流得到等效电源的内阻 R_0，即 $R_0 = \dfrac{U_{OC}}{I_{SC}} = \dfrac{6}{0.1}\,\Omega = 60\,\Omega$。

方法二：直接测量法

将理想电压源电压值设为 0 V 或将其用短路线代替，如图 8−31 所示，双击万用表，选择欧姆挡，测得 $R_0 = 60\,\Omega$。

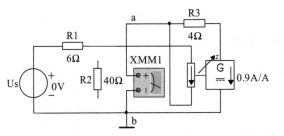

图 8−31 万用表测戴维南等效电阻

方法三：去源加压求流法

将理想电压源电压值设为 0 V 或将其用短路线代替，在 a、b 两端加电压源 $U_{S1} = 12\,V$，如图 8−32 所示。测量流过 a 点的电流 I_0，则戴维南等效电阻为

$$R_0 = \frac{U_{S1}}{I_0} = \frac{12}{0.2}\,\Omega = 60\,\Omega$$

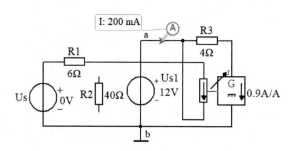

图 8-32　去源加压求流法

方法四:外接电阻法

先测量空载电压即 a、b 两端的开路电压 U_{oc},再接入负载电阻 R_2,用电压电流探针测有载电压和有载电流,即 R_2 两端电压和流过 R_2 的电流,如图 8-33 所示。

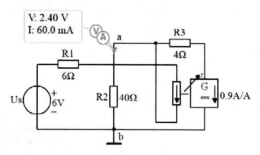

图 8-33　外接电阻法

则戴维南等效电阻为

$$R_0 = \frac{空载电压-有载电压}{有载电流} = \frac{6-2.4}{0.06}\ \Omega = 60\ \Omega$$

(3) 最后得到戴维南等效电路如图 8-34 所示,求得流过 R_2 的电流 I_2 为

$$I_2 = \frac{U_{oc}}{R_0+R_2} = \frac{6}{60+40}\ A = 0.06\ A$$

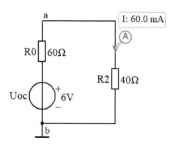

图 8-34　戴维南等效电路求电流

例 8-8　求图 8-35 所示电路中负载电阻 R 的功率,并验证当 R 与 a、b 两端的等效电阻 R_0 相等时,负载电阻 R 所获得的功率最大。

219

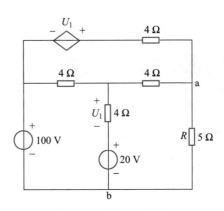

图 8-35　例 8-8 电路图

解：(1) 按图 8-35 创建仿真电路，设置受控源 VCVS 的电压放大系数为 1，将电阻 R 换成一个 10 Ω 的可变电阻，用瓦特表测电阻 R 所消耗的功率。按 "A" 键或 "Shift+A" 键将可变电阻调到 50%，即 $R=5$ Ω，此时得到负载电阻 R 的功率为 1.125 kW，如图 8-36 所示。

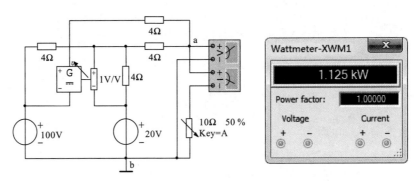

图 8-36　用瓦特表测 R 的功率

(2) 将可变电阻一端断开，理想电压源都设为 0 V，万用表接在 a、b 两端，用欧姆挡测得 a、b 两端的等效电阻 R_0 为 3 Ω，如图 8-37 所示。

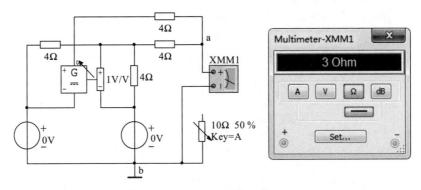

图 8-37　测 a、b 两端的等效电阻

调节图 8-36 中可变电阻的值,可以测出当可变电阻的值调到 30%,即 $R = R_0 = 3\,\Omega$ 时所得功率为最大值 1.2 kW。用功率探针可以更方便地测出可变电阻的功率,如图 8-38 所示。

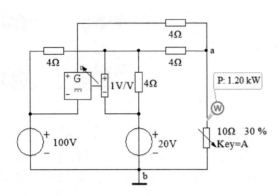

图 8-38 用功率探针测可变电阻的功率

8.2 动态电路的瞬态分析

前面介绍了由电阻元件及直流电源构成的直流稳态电路的仿真分析方法。下面介绍含有动态元件即电容和电感元件的动态电路在发生换路时的瞬态分析方法。要求掌握用示波器测量波形及用瞬态分析方法分析动态电路的方法。

8.2.1 初始值与稳态值的测试

例 8-9 图 8-39 所示电路中,开关 S 闭合前电路已处于稳态,$t = 0$ 时开关 S 闭合,确定开关闭合后各电流和电压的初始值和稳态值。

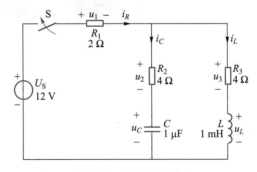

图 8-39 例 8-9 电路图

解:(1) 作 $t = 0_-$ 时刻电路

按图 8-39 绘制电路并接地,其中电感、电容元件从基本元件库 ⏣ 中选取。开关 S 闭合前电路已处于稳态,而直流稳态电路中电感元件可视为短路,电容元件可视为开路。仿真时可将电感元件短路,将电容元件开路,也可以不做处理,如图 8-40 所示。

221

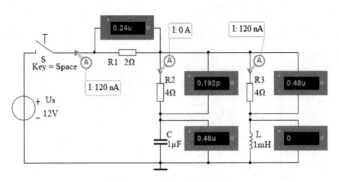

图 8-40　$t=0_-$ 时的电路

用电流探针和电压表测各元件的电流、电压,运行可得开关 S 闭合前电路中所有电阻、电容、电感上的电流和电压均近似为零($t=0_-$ 时刻电路只需测量电容电压和电感电流)。

（2）作 $t=0_+$ 时刻电路

$t=0$ 时开关 S 闭合,由换路定则可知换路瞬间电容电压和电感电流不能突变,即 $u_C(0_+)=u_C(0_-)=0$, $i_L(0_+)=i_L(0_-)=0$。所以 $t=0_+$ 时必须将电容元件短路,将电感元件开路,如图 8-41 所示即为 $t=0_+$ 时刻初始值测量电路。

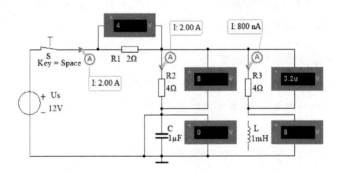

图 8-41　$t=0_+$ 时的电路

仿真可得 $i_R(0_+)=i_C(0_+)=2$ A,$u_1(0_+)=4$ V,$u_L(0_+)=u_2(0_+)=8$ V,$u_3(0_+)=0$ V。

（3）确定稳态值

开关 S 闭合并达到稳态($t=\infty$)时,电感元件应视为短路,电容元件应视为开路。仿真时可将电感元件短路,将电容元件开路,也可以不做处理,如图 8-42 所示。

仿真可得 $i_C(\infty)=0$ A,$i_R(\infty)=i_L(\infty)=2$ A,$u_1(\infty)=4$ V,$u_2(\infty)=0$ V,$u_C(\infty)=u_3(\infty)=8$ V,$u_L(\infty)=0$ V。

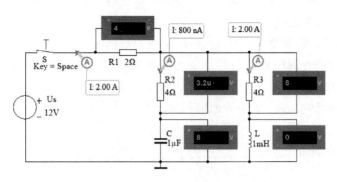

图 8-42 $t = \infty$ 时的电路

8.2.2   *RC* 电路的瞬态分析

例 8-10   用双踪示波器测量如图 8-43 所示 *RC* 电路中电容上的充放电波形。

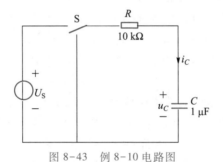

图 8-43   例 8-10 电路图

说明:双踪示波器从仪器栏中选择▨,示波器有三组接线端子,分别是 A 通道+端和-端、B 通道+端和-端、Ext Trig 外触发+端和-端。双击示波器出现示波器的控制面板,出现如图 8-44(b)所示页面。下面对双踪示波器控制面板设置做一简要介绍。

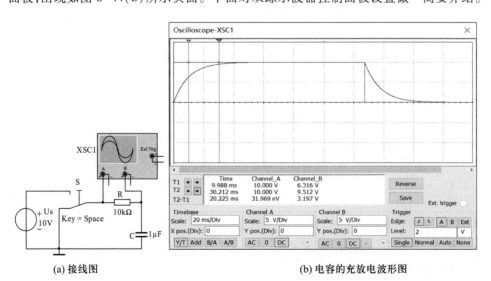

(a) 接线图   (b) 电容的充放电波形图

图 8-44   示波器测量电容充放电波形

（1）时间基准设置

• Timebase 用来设置 x 轴方向时间基线的扫描时间。×× ms/Div 表示 x 轴方向每一个刻度代表的时间。当测量变化缓慢的信号时，时间要设置得大一些；反之，时间要小一些。

• X pos.(Div) 表示 x 轴方向时间基线的起始位置，改变其设置，可使时间基线左右移动。

• Y/T 表示 y 轴方向显示 A、B 通道的输入信号，x 轴方向表示时间基线，按设置时间进行扫描。显示随时间变化的信号波形。

• Add 表示 x 轴方向为时间基线，按设置时间进行扫描，y 轴方向显示 A、B 通道的输入信号之和。

• A/B 表示将 B 通道信号作为 x 轴扫描信号，将 A 通道信号施加在 y 轴上。B/A 与上述相反。用于显示放大器（或网络）的传输特性。

（2）示波器输入通道的设置

示波器有两个完全相同的输入通道 A 和 B，可以同时观察和测量两个信号。

• ××V/Div 表示屏幕的 y 轴方向上每格相应的电压值。输入信号较小时，屏幕上显示的信号波形幅度也会较小，这时可调小××V/Div 挡的数值，使屏幕上显示的信号波形幅度大一些。

• Y pos.(Div) 表示时间基线在显示屏幕上的上下位置。当其值大于零时，时间基线在屏幕中线上方，反之在屏幕中线下方。当显示两个信号时，可分别设置 Y pos.(Div) 值，使信号波形显示在屏幕的上半部分和下半部分。

示波器输入通道设置中的触发耦合方式有三种。

• AC（交流耦合）：仅显示输入信号中的交变分量；

• DC（直流耦合）：不仅显示输入信号中的交变分量，还显示输入信号中的直流分量；

• 0（地）：输入信号接地。

（3）Trigger 触发方式的设置

• Edge：将输入信号的上升沿或下降沿作为触发信号。

• Level：用于设置触发电平。

（4）触发方式选择

• Single：单脉冲触发。触发信号电平达到触发电平时，示波器只扫描一次，该功能对快速变化的瞬时信号显示非常有用。

• Normal：正常触发。触发信号电平只要达到触发电平，示波器就扫描。

• Auto：自动触发。表示触发信号不依赖外部信号。

• None：不选择触发信号。

（5）触发源选择

• A 通道或 B 通道触发：表示用 A 通道或 B 通道的输入信号作为同步 x 轴时间基线扫描的触发信号。

• Ext 外信号触发：表示用示波器图标上触发端子连接的信号作为触发信号来

同步 x 轴时间基线扫描。

（6）改变屏幕背景颜色

点击控制面板的 Reverse，即可改变屏幕背景的颜色。

（7）波形读数及存储

- 移动显示窗口的游标 1、2，就可以在游标测量数据 T1、T2 及 T2-T1 的窗口读数。

- 点击控制面板上 Save 按钮，就可以将游标测量的数据以 ASCII 码格式保存。

解：按图 8-44(a) 绘制电路，图中开关 S 可从基本元件库 的 SWITCH 中选择 SPDT（单刀双掷开关）。本例中为了观察电容电压将 A 通道+端接输入的非接地端，B 通道+端接电容的非接地端，A、B 通道的-端接地，但软件中默认只要电路中有地线，仪器接地端可以不接。

双击示波器，运行仿真电路，通过空格键手动控制单刀双掷开关接通电源 U_S 或接地，设置并观察示波器波形，A 通道显示输入端波形，B 通道显示电容电压的波形。

由于充放电时间常数 τ 很小，如果示波器采用连续扫描方式，扫描的时间很快，不能得到稳定的波形。对于这种快速变化的瞬态信号显示，常采用示波器的单次触发模式。

首先按下示波器面板上的"Single"按钮，再设置触发边沿"Edge"和触发电平"Level"（其值应大于 0 小于 U_S），然后运行仿真电路，通过空格键控制开关 S 先接通电源 U_S 使 C 充电，再接通地线使 C 放电，这时示波器只进行一次扫描，将充放电波形记录下来，如图 8-44(b) 所示。将游标 1 拖至 10 ms 即 $t=\tau$ 处，得到 B 通道电容电压值为 6.32 V，即稳态值 U_S 的 63.2%，将游标 2 拖至 30 ms 即 $t=3\tau$ 处，得到 B 通道电容电压值为 9.51 V，即稳态值 U_S 的 95.1%。由此可见当 $t=3\tau\sim5\tau$ 时，电容充电过程已基本结束，同理可分析电容放电过程。

图 8-44(a) 中采用示波器只能测量输入输出的电压波形，如果想观察电容上电压与电流之间的关系，可借助电流夹来完成。电流夹 Current clamp 位于仪器栏的最后，可用来间接测量电流的波形，将电流夹串入 RC 电路，示波器 A 通道+端与电流夹相连，B 通道+端接电容的非接地端，如图 8-45 所示，则可用示波器的 A、

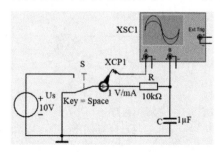

图 8-45　借助电流夹测电压、电流接线图

B 通道同时观察 i_C 与 u_C 的波形。双击电流夹,弹出如图 8-46 所示电流夹属性设置页面,将电压与电流的比例设置为 1 V/mA,即 A 通道波形的 1 V 相当于电流 1 mA,调节示波器可得如图 8-47 所示波形。可以看出,换路瞬间电容电压不能突变,电容电流发生了突变。

图 8-46 电流夹属性设置页面

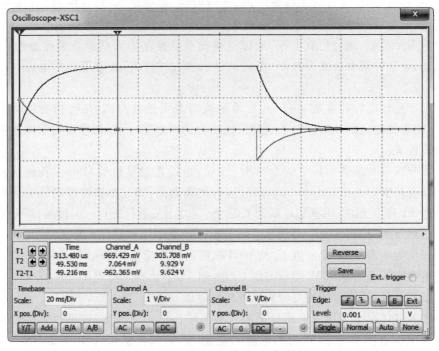

图 8-47 电容电压与电流波形图

例 8-11 图 8-48 所示电路原处于稳态,在 $t=0$ 时将开关 S 闭合,试求换路后

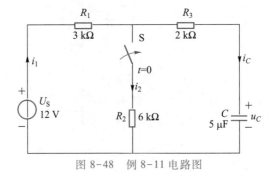

图 8-48 例 8-11 电路图

电路中所示的电压和电流,并画出其变化曲线。

解:本题可用多种方法求解。

(1) 用交互式仿真方法求解

先求电容电压的初始值,即换路前电容电压的稳态值,可使用万用表(电压表或电压探针)测量,如图 8-49 所示,测得 $u_C(0_+) = u_C(0_-) = 12$ V。再作 $t=0_+$ 时的电路,如图 8-50 所示,将电容用 12 V 理想电压源代替,开关闭合。测得 $i_C(0_+) = -1$ mA,$i_1(0_+) = 0.667$ mA,$i_2(0_+) = 1.67$ mA。再测换路后电压和电流的稳态值,如图 8-51 所示,得到 $u_C(\infty) = 8$ V,$i_C(\infty) = 0$ A,$i_1(\infty) = 1.33$ mA,$i_2(\infty) = 1.33$ mA。然后用万用表电阻挡测出换路后电容 C 两端的戴维南等效电阻 R(去源求电阻),如图 8-52 所示,得 $R = 4$ kΩ,则时间常数为 $\tau = RC = 4 \times 10^3 \times 5 \times 10^{-6}$ s $= 20$ ms。

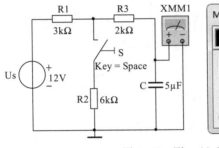

图 8-49　测 $u_C(0_-)$ 图

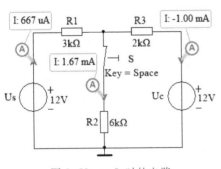

图 8-50　$t=0_+$ 时的电路

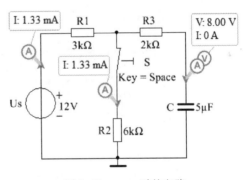

图 8-51　$t=\infty$ 时的电路

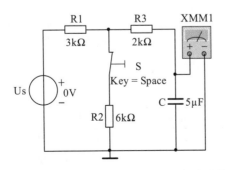

图 8-52　测电容 C 两端的戴维南等效电阻 R

 注意:

测等效电阻 R 时,由于稳态时电容相当于开路,所以电容两端断开或不断开均可。

最后由三要素公式可得

$$u_C(t)=(8+4\mathrm{e}^{-50t})\,\mathrm{V},\ i_C(t)=-\mathrm{e}^{-50t}\,\mathrm{mA},$$

$$i_2(t)=(1.33+0.33\mathrm{e}^{-50t})\,\mathrm{mA},\ i_1(t)=(1.33-0.67\mathrm{e}^{-50t})\,\mathrm{mA}_{\circ}$$

视频：用示波器观察 RC 电路的瞬态过程

请自行完成用四通道示波器配合电流夹观察电压和电流的波形。

（2）用瞬态分析法求解

换路后显示节点与元件符号管脚如图 8-53 所示，用鼠标左键双击电容，在弹出窗口的 Value 页面中选择 Initial conditions（初始条件，简写为 IC），并设置其初始条件为 12 V，如图 8-54 所示。点击 OK，则电容旁出现 IC = 12 V，此即代表 $u_C(0_+)=12$ V，相当于图 8-50 中的 Uc。

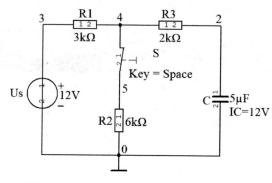

图 8-53　显示节点与元件符号管脚的电路图

注意：

软件默认电容符号管脚 1 为高电位，管脚 2 为低电位，电流方向默认从 1 管脚指向 2 管脚，图 8-53 中电容的符号管脚上面是 1 下面是 2。如果画图时将电容逆时针翻转 90°，则电容与图中方向相反，其初始条件应设置为 –12 V，即 IC = –12 V，而且在求电容电流时，I(C) 前也应添加负号。

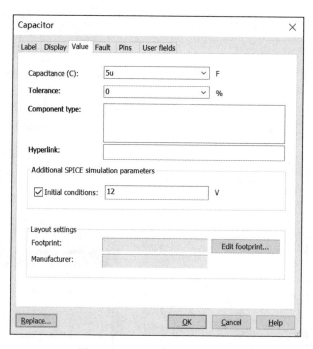

图 8-54　设置电容的初始条件

点击 Simulate 菜单中的 Analyses and Simulation 命令或仿真工具栏中的 ✒ 按钮,选择 Transient(瞬态分析),在 Analysis parameters(分析参数)页面设置瞬态分析的初始条件为 User-defined 即用户自定义(如果初始条件为 0,则选择 Set to zero),再设置分析起始时间和终止时间(通常选 5τ),如图 8-55 所示;在 Output(输出变量)设置窗口选择 V(2)为输出变量,点击 Run 按钮,即可得到电容两端的电压曲线,如图 8-56 所示,单击 ⊞ 按钮可读数,图中游标 1 纵轴 y1 读数为电容电压初始值 12 V,游标 2 纵轴 y2 读数为 $t = 5\tau = 100$ ms 时电容电压值已趋于稳态值 8 V,所以 $u_C(t) = (8+4e^{-50t})$ V。

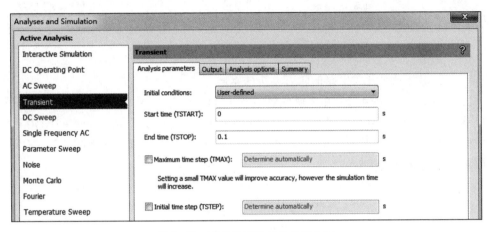

图 8-55 瞬态分析的参数设置窗口

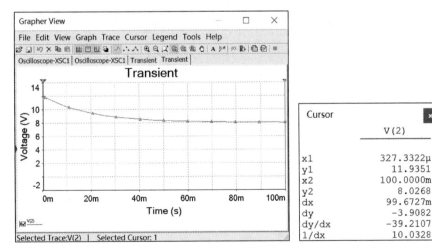

图 8-56 电容两端的电压曲线

同理,在 Output(输出变量)设置窗口选择 I(C)、I(R1)、I(R2),这里 $i_C = I(C)$,$i_1 = I(R1)$,$i_2 = I(R2)$。点击 Run 按钮,即可得到各电流曲线。曲线如图 8-57 所示。拖动游标可读出各电流的初始值和稳态值。所以 $i_C(t) = -e^{-50t}$ mA,$i_2(t) = (1.33+0.33e^{-50t})$ mA,$i_1(t) = (1.33-0.67e^{-50t})$ mA。

	I(C)	I(R1)	I(R2)
x1	343.0532μ	343.0532μ	343.0532μ
y1	-983.0029μ	677.9981μ	1.6610m
x2	100.0000m	100.0000m	100.0000m
y2	-6.7106μ	1.3289m	1.3356m
dx	99.6569m	99.6569m	99.6569m
dy	976.2923μ	650.8615μ	-325.4307μ
dy/dx	9.7965m	6.5310m	-3.2655m
1/dx	10.0344	10.0344	10.0344

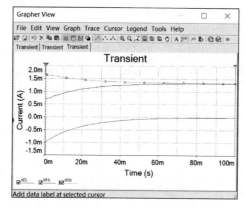

图 8-57　$i_C(t)$、$i_1(t)$、$i_2(t)$变化曲线

（3）用含延时开关电路的瞬态分析法求解

将图 8-53 中的 SPST 开关换成延时开关 TD_SW1，如图 8-58 所示，不必设置电容的初始条件。双击延时开关，将 Time on（TON）设置为 0 s，将 Time off（TOFF）设置为 1 ns（很短的时间），如图 8-59 所示。即 TON 时刻开关打在管脚 3 处，TOFF 时刻开关打在管脚 1 处。

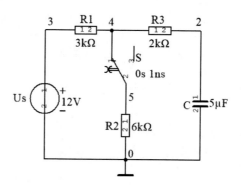

图 8-58　含延时开关的瞬态分析电路

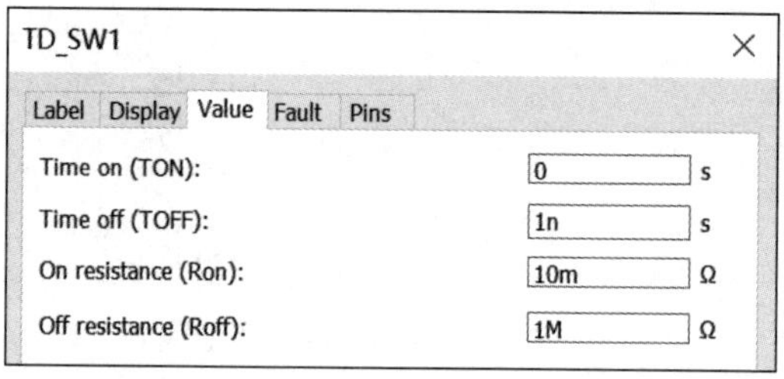

图 8-59　延时开关的设置窗口

在图 8-60 所示窗口中选择 Transient，设置瞬态分析的初始条件为 Determine automatically 即自动测定初始条件，再设置分析起始时间和终止时间。其余步骤及

仿真结果与方法（2）相同，这里不再赘述。

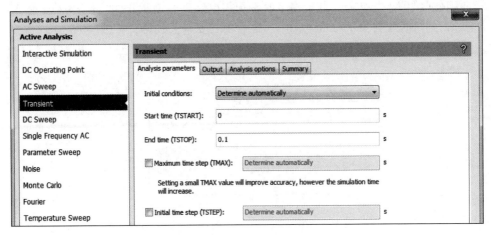

图 8-60　瞬态分析的参数设置窗口

8.2.3　*RL* 电路的瞬态分析

例 **8-12**　如图 8-61 所示电路原处于稳态。在 $t=0$ 时将开关 S 闭合，试求 $t \geqslant 0$ 时电感元件的电流 $i_L(t)$、电压 $u_L(t)$，并画出其变化曲线。

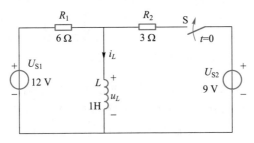

图 8-61　例 8-12 电路图

解：首先测试 $t=0_-$ 时刻即开关闭合前的电感电流，如图 8-62 所示，得到电感电流初始值 $i_L(0_+)=i_L(0_-)=2$ A。再作 $t=0_+$ 时刻电路，如图 8-63 所示，将电感用 2 A 理想电流源代替，开关闭合，测得 $u_L(0_+)=6$ V。再测换路后电感电压和电流的稳态值，将图 8-62 中开关闭合并，电路达到稳态。由于稳态时电感相当于短路，所以

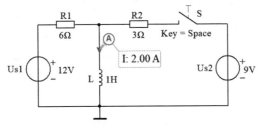

图 8-62　测 $i_L(0_-)$ 电路

$u_L(\infty) = 0\text{ V}$,测得 $i_L(\infty) = 5\text{ A}$。然后用万用表电阻挡测出换路后电感 L 两端的戴维南等效电阻 R(去源求电阻),测量时必须将电感 L 两端断开,如图 8-64 所示,得 $R = 2\text{ }\Omega$,则时间常数为 $\tau = L/R = 0.5\text{ s}$。最后由三要素公式可得 $i_L(t) = (5-3\mathrm{e}^{-2t})\text{ A}$, $u_L(t) = 6\mathrm{e}^{-2t}\text{ V}$。

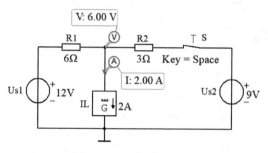

图 8-63　$t = 0_+$ 时的电路

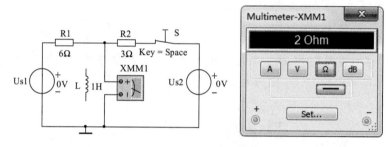

图 8-64　测电感 L 两端的等效电阻 R

用双踪示波器配合电流夹可观察电压和电流的波形,请自行练习。

下面通过瞬态分析方法获得电感元件的电流及电压波形。显示电路节点,如图 8-65 所示。图中电感是顺时针旋转 90° 得到的,即上面是 1 管脚下面是 2 管脚,双击电感元件,在其 Value 页面中勾选 Initial conditions,并设置其初始条件为 2 A,则电感旁出现 IC = 2 A,此即代表 $i_L(0_+) = 2\text{ A}$,相当于在 $t = 0_+$ 时刻,电感用 2 A 的理想电流源代替,而且方向是从 1 管脚指向 2 管脚。如果电感是逆时针旋转 90° 得到的,则初始条件应设为 -2 A,而且在求电感电流时,I(L) 前也应添加负号。

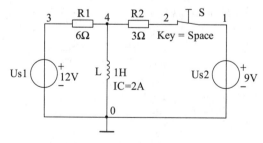

图 8-65　显示节点的电路

点击仿真工具栏中的 ✏ 按钮,选择 Transient,在 Analysis parameters 页面设置瞬态分析的初始条件为 User-defined,设置分析起始时间为 0,终止时间为 2.5 s,在 Output 设置窗口选择 V(4)和 I(L)为输出变量,点击 Run 按钮,即可得到电感元件的电压及电流波形,通过游标可读数,如图 8-66 所示。

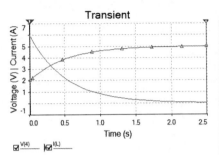

图 8-66　$u_L(t)$、$i_L(t)$ 的变化曲线

本题同样可通过含延时开关电路的瞬态分析法得到曲线,请参照例 8-11 完成。

8.2.4　瞬态电路的应用

在电子技术中,一阶 RC 瞬态电路特别是通过改变时间常数而获得不同波形的波形变换电路,有着广泛的应用,例如下面的微分电路、积分电路等。

例 8-13　图 8-67 所示 RC 电路中,输入为矩形波信号,试分析电阻 R 的变化对其两端的电压波形有何影响。

解:输入矩形波信号从电源库的 ⊕ SIGNAL_VOLTAGE_SOURCES 中选取 CLOCK_VOLTAGE。本题可用示波器测量输入输出的波形,如图 8-68 所示,改变可变电阻,观察其两端的电压波形的变化,请读者自己完成。下面介绍另一种方法——应用参数扫描联合瞬态分析画出对于不同电阻阻值下电路的输出波形。

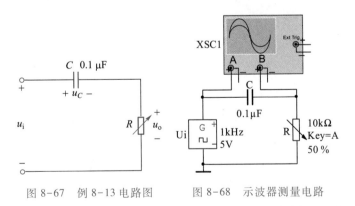

图 8-67　例 8-13 电路图　　　　图 8-68　示波器测量电路

首先按如图 8-69 所示绘制仿真电路并显示电路的节点。点击仿真工具栏中的 ✐ 按钮,选择 Parameter Sweep,在图 8-70 所示 Analysis parameters 页面设置扫描参数,先将要扫描的电阻阻值设置为被扫描的参数,再设置扫描形式、初值、终值和增量,然后在 More Options 中选择暂态分析。单击 Edit analysis 按钮,弹出如图 8-71 所示的瞬态分析设置窗口,在此需要设置的瞬态分析参数主要是终止时间,设置完成后点击 OK 按钮即可。

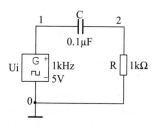

图 8-69　显示节点电路

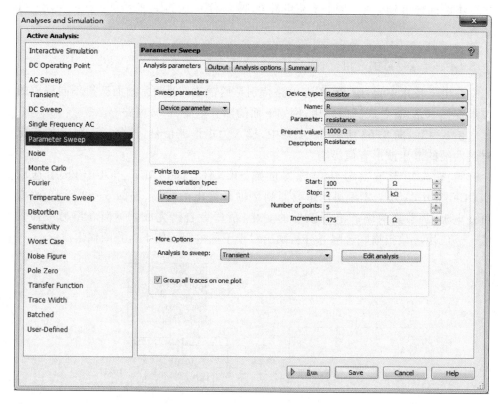

图 8-70　参数扫描设置窗口

接下来设置参数扫描的输出变量,为了更好地研究输出波形,可将输入矩形波和电阻电压同时设置为输出变量。在参数扫描、瞬态分析和输出变量都设置完成后,单击 Run 按钮,即可得到如图 8-72 所示的仿真结果。

由图 8-72 可见,电阻阻值越小,输出波形越尖,输出电压越接近微分。

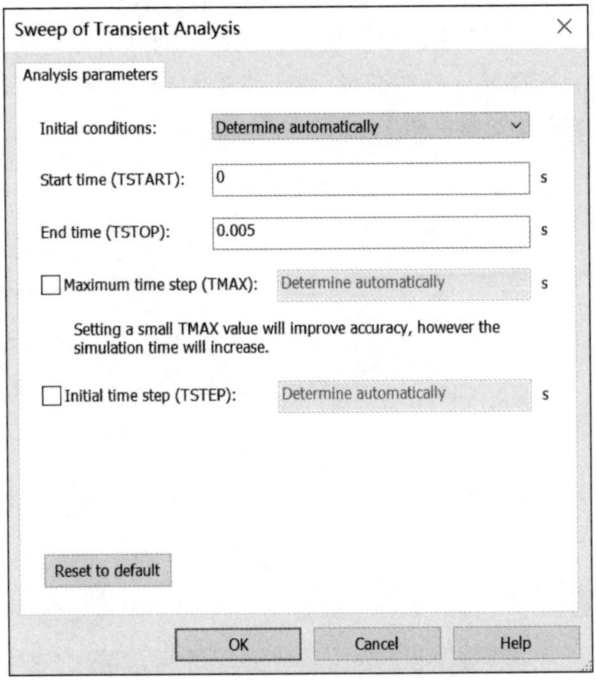

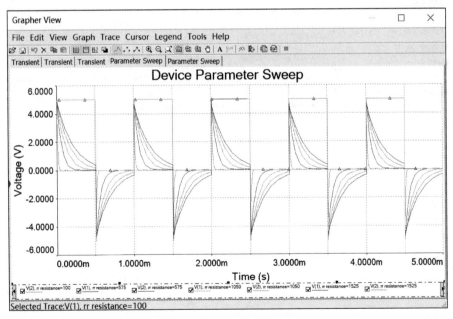

图 8-71 瞬态分析设置窗口

图 8-72 参数扫描的仿真结果

例 8-14 图 8-73 所示 RC 积分电路中,输入为矩形波信号,求电容 C 两端的电压输出波形。

解:本题可采用瞬态分析法求解。

首先显示电路节点,如图 8-74 所示。然后在 Analyses and Simulation 中选择 Transient,在如图 8-75 所示窗口中设置分析起始时间和终止时间。接着在瞬态分析的输出变量窗口选择要分析的变量,为了将输入、输出波形进行对比,同时选择 V(1)、V(2)作为输出变量。最后单击 Run 按钮即可得到如图 8-76 所示仿真结果。

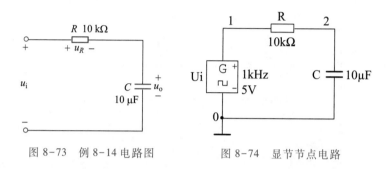

图 8-73　例 8-14 电路图　　　　图 8-74　显节节点电路

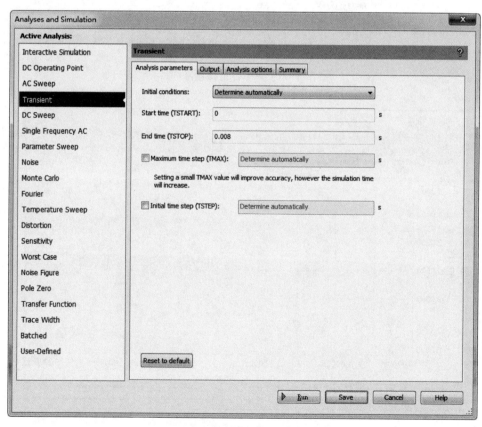

图 8-75　瞬态分析设置窗口

从图中可以看到,由于输出电压数值太小,与输入矩形波采用同一纵轴并不合适,需要增加右坐标轴,其方法如下。

（1）在图形显示窗口（图 8-76）选择菜单 Graph/properties，弹出 Graph Properties 窗口，在其 General 页面上，可以设置图形的主题、栅格和游标等。

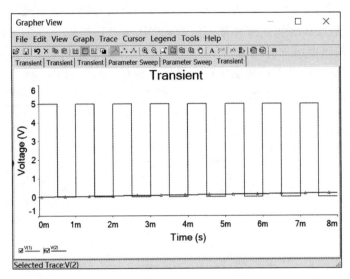

图 8-76 瞬态分析仿真结果

（2）选择 Right axis 页面，出现如图 8-77 所示窗口，先在 Lable 中输入右坐标轴标题，然后选择 Enabled 单选框，使右坐标轴处于显示状态，再设置 Scale 为 Linear，在 Range 区输入最小、最大坐标值，最后在 Divisions 区输入右轴划分的格数

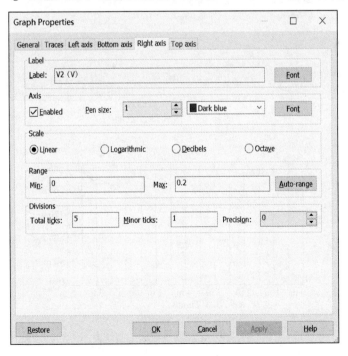

图 8-77 右坐标轴设置页面

（Total ticks）、标一次数值间隔的格数（Minor ticks）、所标数值精确到小数点后的位数（Precision）。

（3）选择 Traces 页面，如图 8-78 所示，在该页面可以设置曲线与坐标轴的所属关系，还可更改曲线颜色与线宽。在 Trace ID 框中选择 2，上方标记框中就会显示该曲线是输出电压 V（2），在 Y-vertical axis 区中设置曲线属于 Right axis（右坐标）。同样的方法还可以设置左坐标。设置完成后，单击 Apply 应用按钮，看显示的曲线是否满足要求，若不满足，还可以再设置，若满足，单击 OK。屏幕显示输出变量曲线的图形窗口，在该窗口中，选择 Edit/Copy Graph，就可以将曲线图形拷贝到文字处理软件中，如图 8-79 所示。

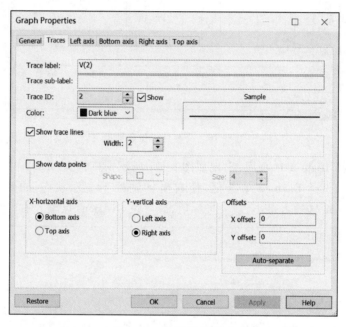

图 8-78　曲线设置页面

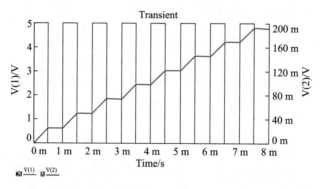

图 8-79　具有双坐标轴的曲线图

本题也可用示波器或参数扫描法观察 R 或 C 变化时的输入、输出波形，请自行练习。

8.3 正弦交流电路的分析

正弦交流电路包括单相交流电路和三相交流电路。用 Multisim 14.0 仿真时要求掌握以下内容:用探针、交流电压表、电流表及伯德图仪测电压、电流的有效值相量;用阻抗计测电路阻抗;用功率表测有功功率和功率因数;用交流分析方法分析交流电路。

8.3.1 单相交流电路的分析

例 8-15 在如图 8-80 所示 RLC 串联交流电路中,已知 $\dot{U}=220\angle 30°$ V,$R=30\ \Omega$,$L=254$ mH,$C=80\ \mu$F,$f=50$ Hz。求 Z、$\dot{U}_C$、$\dot{U}_L$、$\dot{U}_R$、$\dot{I}$ 和 P、Q、S。

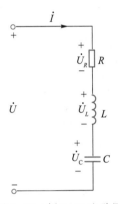

图 8-80 例 8-15 电路图

解:从仪器栏的 ⏵ LabVIEW Instrument 中选取阻抗计 Impedance Meter,接在 RLC 串联电路两端测量阻抗,双击阻抗计,将起始频率与终止频率均设为 50 Hz,扫描方式设为线性,扫描点数设为 1,如图 8-81 所示。运行可得 $f=50$ Hz 时,电抗 $X=40\ \Omega$,阻抗 $|Z|=50\ \Omega$,故复阻抗 $Z=(30+$j$40)\ \Omega$。

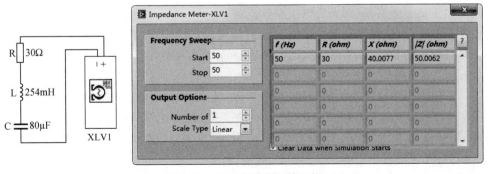

图 8-81 用阻抗计测电路阻抗

从 ✛ Sources 的 POWER_SOURCES 中选取 AC_POWER 交流电压源接在 RLC 串联电路两端。双击交流电压源,弹出如图 8-82 所示窗口,若仅用电表或探针测量电压和电流的有效值,则只需设置有效值和频率即可;若只用伯德图仪测量相位,则只需设置 AC analysis phase 即可;若采用交流分析方法测相量,则只需设置 AC analysis magnitude 和 AC analysis phase。

注意:
用伯德图仪的"Phase"可以测量电路中某元件电压相量与参考电压相量之间的相位差,测量时可将伯德图仪输入端 IN 的"+""−"端子接在参考电压相量的参考高、低电位点,将输出端 OUT 的"+""−"端子接在被测电压相量的参考高、低电位点。如果选择的参考电压相量的初相位为0°,则伯德图仪给出的就是被测元件两端电压相量的相频特性曲线,因此可以将"地"作为初相位为 0°的参考电压相量来得到电路中任一元件电压相量的相频特性曲线,测量时可将 IN 的"+""−"端子接地(因软件中默认只要电路中有地线,伯德图仪接地端可以不接,故 IN 的"+""−"端子也可悬空不接),OUT 的"+""−"端子接在被测电压相量的参考高、低电位点。

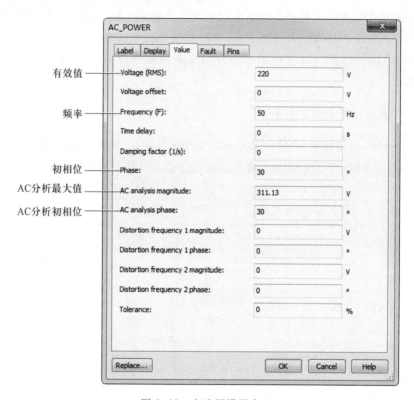

图 8-82　交流源设置窗口

下面采用不同的方法对本题进行求解。

方法一:采用交互式仿真分析方法

如图 8-83 所示。用电流探针测交流电流有效值,可选择仅显示有效值 I(rms),也可用电流表或万用表的 AC 挡测电流的有效值;用电压表或万用表的 AC 挡测电压的有效值,或用差分电压探针(如果元件一端接地,则用电压探针)测交流电压有效值,可选择仅显示有效值 V(rms);用仪器栏中的伯德图仪 Bode Plotter 测量各电压的初相位;用瓦特表 Wattmeter 或功率探针[选择仅显示平均功率 P(avg)]测电路的有功功率。

双击伯德图仪出现如图 8-84 所示窗口,点击 Phase,在 Horizontal 下边设置起始频率 I 和终止频率 F(注意:I<F),启动仿真按钮 ▷,就可得到相频特性。将游标调节到横轴读数为输入电压频率即 50 Hz 处,则纵轴读数即为所求的电压在该频率下的初相位值。

测得 $\dot{U}_R = 129 \underline{/-23.1°}$ V,$\dot{U}_L = 347 \underline{/66.9°}$ V,$\dot{U}_C = 169 \underline{/-113.1°}$ V。

因为电阻上的电压与电流同相,所以 $\dot{I} = 4.3 \underline{/-23.1°}$ A。也可通过伯德图仪与电流夹配合测量电流的初相位,如图 8-83 的 XBP4 和 XCP2 所示,注意电流夹的方

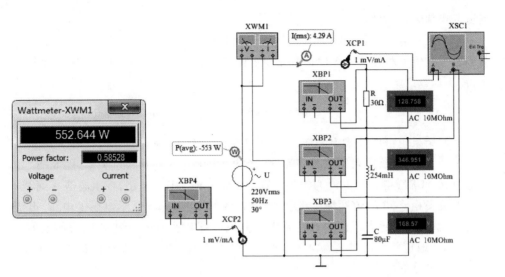

图 8-83 用交互式仿真分析方法测量电路图

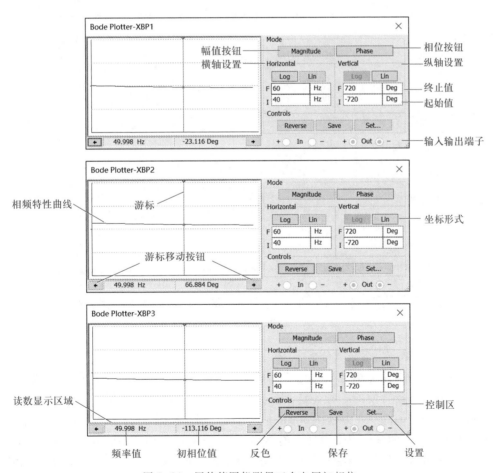

图 8-84 用伯德图仪测得三个电压初相位

241

向应与电流方向一致。

双击瓦特表,可得有功功率为 $P = 552.644$ W,功率因数为 $\cos\varphi = 0.59$,所以 $\dot{U}$ 与 $\dot{I}$ 之间的相位差为 $\varphi = 53.1°$。由此亦可间接得到所求相量的初相位值。此外可求得

$$S = \frac{P}{\cos\varphi} = \frac{552.644}{0.59} \text{ V} \cdot \text{A} = 936.685 \text{ V} \cdot \text{A}, Q = S \cdot \sin\varphi = 749.053 \text{ var}$$

上述结果也可由公式 $P = UI\cos\varphi, Q = UI\sin\varphi, S = UI$ 得到。

此外,用示波器也可以测量各元件的电压、电流并观察其相位关系,图 8-83 中将电流夹 XCP1(电压与电流的比例设置为 1 mV/mA)串入电路,将示波器 A 通道+端与电流夹相连,B 通道两端接在电感两端,得到如图 8-85 所示电感上电压、电流的波形图,可见电感电压超前其电流 90°,同理可得电阻、电容上电压电流的波形关系,若将 B 通道两端接在交流电压源两端,则可得到总电压与总电流的波形关系,从而判断电路的性质。

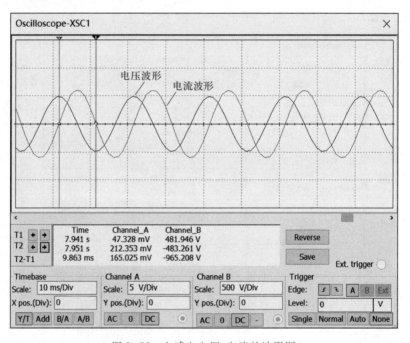

图 8-85　电感上电压、电流的波形图

方法二:单一频率交流分析方法

单一频率交流分析方法可用于分析电路在单一频率下响应的幅值和相位,是分析交流电路最简便的一种方法。首先显示电路节点编号,如图 8-86 所示。从 Analyses and Simulation 中选择 Single Frequency AC。在图 8-87 窗口 Frequency parameters 中输入频率或点击自动检测频率 Auto-detect,在 Complex number format 处选择 Magnitude/ Phase;在 Output 输出参数窗口选择要求的电压、电流及功率。由于串联电路的电流相等,故 $i = I(C) = I(L) = I(R)$,而 I(vu)与它们大小相等,方向

相反,相位相差 180°即 $i = -\mathrm{I}(vu)$。单击 Run 按钮,分析结果显示如图 8-88 所示。

注意:
　　图中软件的电流默认方向应与原电路中参考方向一致,图中 R、L、C 均是顺时针旋转 90°得到的,即符号管脚 1 在上面,2 在下面,图中未显示。

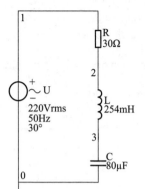

图 8-86　显示节点电路

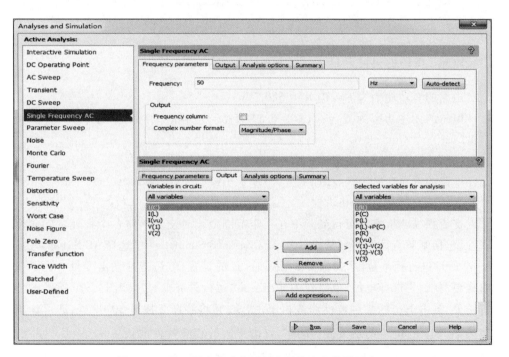

图 8-87　单一频率交流分析频率及输出参数设置窗口

由图 8-88 可得以下数据。

电容电压 V(3) 的相量为 $\dot{U}_C = \dfrac{247.56}{\sqrt{2}} \underline{/-113.1^\circ}\ \mathrm{V} = 175\underline{/-113.1^\circ}\ \mathrm{V}$。

电阻电压 V(1)-V(2) 的相量为 $\dot{U}_R = \dfrac{186.65}{\sqrt{2}} \underline{/-23.1^\circ}\ \mathrm{V} = 132\underline{/-23.1^\circ}\ \mathrm{V}$。

电感电压 V(2)-V(3) 的相量为 $\dot{U}_L = \dfrac{496.48}{\sqrt{2}} \underline{/\,66.9^\circ}\ \mathrm{V} = 351\underline{/\,66.9^\circ}\ \mathrm{V}$。

Grapher View

File　Edit　View　Graph　Trace　Cursor　Legend　Tools　Help

Single Frequency AC

Single Frequency AC Analysis @ 50 Hz

	Variable	Magnitude	Phase (deg)
1	V(1)-V(2)	186.65495	-23.13541
2	V(2)-V(3)	496.48010	66.86459
3	V(3)	247.55882	-113.13541
4	P(C)	770.13465	-90.00000
5	P(L)	1.54451 k	90.00000
6	P(L)+P(C)	774.37317	90.00000
7	I(R)	6.22183	-23.13541
8	P(R)	580.66784	2.80443e-015
9	P(vu)	967.89925	-126.86459

Selected Diagram:Single Frequency AC Analysis @ 50 Hz

图 8-88　单一频率交流分析运行结果

电流 I(R1)的相量为 $\dot{I} = \dfrac{6.222}{\sqrt{2}} \underline{/-23.1°}$ A = 4.4 $\underline{/-23.1°}$ A。

电路的有功功率为 P = P(R) = 580.7 W。

电感的无功功率为 Q_L = P(L) = 1 544.5 var,电容的无功功率为 Q_C = P(C) = 770.1 var。

电路总的无功功率为 Q = P(L)+P(C) = 774.4 var。

电路的视在功率为 S = P(vu) = 967.9 V·A。

方法三:交流扫描分析方法

交流扫描分析方法可得到频率在一定范围变化时交流电路各个物理量的频率特性,包括幅频特性和相频特性。从 Analyses and Simulation 中选择 AC Sweep,按图 8-89 所示进行频率范围、扫描形式、纵轴标尺的设置,然后选择输出变量。为了使曲线更清晰,先选择电压、电流作为输出变量,运行后屏幕显示如图 8-90 所示的分析结果,点击上边的幅频特性曲线再单击 ,并将游标 2 拖至 50 Hz 处,即可读出该频率下电压、电流的最大值。同样,点击下边的相频特性曲线再单击 ,并将游

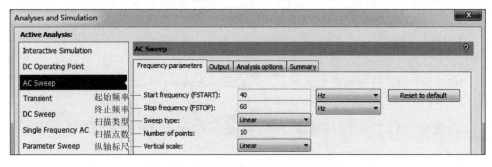

图 8-89　交流扫描分析频率参数设置窗口

标 2 拖至 50 Hz 处,即可读出该频率下电压、电流的相位值。

Cursor

	V(1)-V(2)	V(2)-V(3)	V(3)	I(R)
x1	40.0000	40.0000	40.0000	40.0000
y1	281.5755	599.1661	466.8139	9.3859
x2	50.0134	50.0134	50.0134	50.0134
y2	186.8606	496.6903	248.1219	6.2287
dx	10.0134	10.0134	10.0134	10.0134
dy	-94.7150	-102.4758	-218.6920	-3.1572
dy/dx	-9.4589	-10.2339	-21.8400	-315.2956m
1/dx	99.8667m	99.8667m	99.8667m	99.8667m

Cursor

	V(1)-V(2)	V(2)-V(3)	V(3)	I(R)
x1	40.0000	40.0000	40.0000	40.0000
y1	4.8245	94.8245	-85.1755	4.8245
x2	50.0134	50.0134	50.0134	50.0134
y2	-23.0661	66.9339	-113.0661	-23.0661
dx	10.0134	10.0134	10.0134	10.0134
dy	-27.8907	-27.8907	-27.8907	-27.8907
dy/dx	-2.7853	-2.7853	-2.7853	-2.7853
1/dx	99.8663m	99.8663m	99.8663m	99.8663m

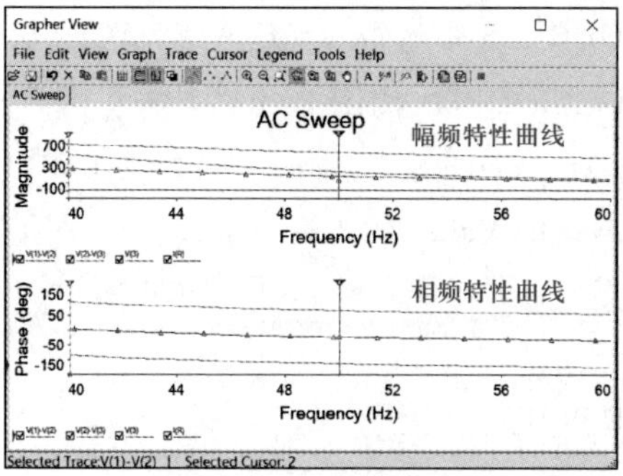

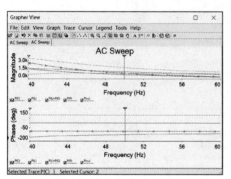

图 8-90　电压、电流的幅频和相频特性曲线及其读数

选择各功率为要分析的输出变量,运行后得到如图 8-91 所示的分析结果。

Cursor

	P(C)	P(L)	P(L)+P(C)	P(R)	P(vu)
x1	40.0000	40.0000	40.0000	40.0000	40.0000
y1	2.1907k	2.8118k	621.1189	1.3214k	1.4601k
x2	50.0000	50.0000	50.0000	50.0000	50.0000
y2	775.8576	1.5494k	773.5075	583.5940	969.4604
dx	10.0000	10.0000	10.0000	10.0000	10.0000
dy	-1.4149k	-1.2625k	152.3886	-737.8190	-490.6496
dy/dx	-141.4865	-126.2477	15.2389	-73.7819	-49.0650
1/dx	100.0000m	100.0000m	100.0000m	100.0000m	100.0000m

Cursor

	P(C)	P(L)	P(L)+P(C)	P(R)	P(vu)
x1	40.0000	40.0000	40.0000	40.0000	40.0000
y1	-90.0000	90.0000	90.0000	0.0000	-154.8245
x2	50.0134	50.0134	50.0134	50.0134	50.0134
y2	-90.0000	90.0000	90.0000	2.8135e-015	-126.9339
dx	10.0134	10.0134	10.0134	10.0134	10.0134
dy	2.9985p	0.0000	-1.4211e-014	2.8135e-015	27.8907
dy/dx	2.9945e-013	0.0000	-1.4192e-015	2.8097e-016	2.7853
1/dx	99.8663m	99.8663m	99.8663m	99.8663m	99.8663m

图 8-91　功率的幅频和相频特征曲线及其读数

将图 8-90、图 8-91 中 x2、y2 读数与图 8-88 中结果进行比较,可见方法二与方法三所得结果基本相同,但用方法二求解本题更简单一些。

例 8-16　在图 8-92 所示电路中,已知 $\dot{U}_S=\sqrt{2}\angle 0^\circ$ V,$\dot{I}_S=\sqrt{2}\angle 90^\circ$ mA,$R_1=R_2=1$ kΩ,$X_L=X_C=1$ kΩ。求 $\dot{U}_C$。

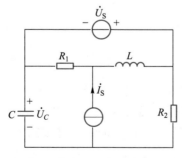

图 8-92　例 8-16 电路图

解:由于题中未给定频率,所以先假定一个频率,为了计算方便,本题假设 ω =

1 000 rad/s,则电源频率 $f = \dfrac{1\,000}{2\pi}$ Hz $= 159.2$ Hz, $L = \dfrac{X_L}{\omega} = 1$ H, $C = \dfrac{1}{\omega X_C} = 1$ μF。

从 ✚ Sources 的 ⊛ SIGNAL_VOLTAGE_SOURCES 中选取 ⑤ AC_VOLTAGE,从 ⊛ SIGNAL_CURRENT_SOURCES 中选取 ⑤ AC_CURRENT,按图 8-93 连接电路并显示节点名。下面对电源进行设置,本题所用 AC_VOLTAGE 与例 8-15 中所用 AC Power 都是交流理想电压源,其区别为 AC Power 的 Value 页面第一个设置的是有效值 Vrms,而 AC_VOLTAGE 第一个设置的是最大值即峰值 Vpk,如图 8-94 所示。

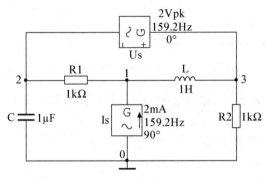

图 8-93　显示节点电路图

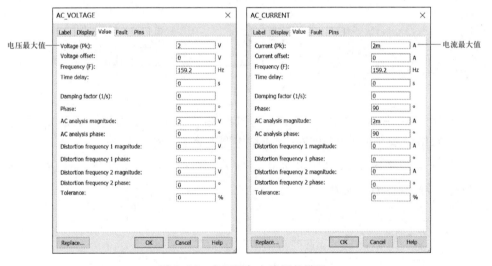

图 8-94　电压源与电流源的设置

从 Analyses and Simulation 中选择 Single Frequency AC。在图 8-95 窗口 Frequency parameters 中输入频率或点击自动检测频率 Auto-detect,在 Complex number format 处选择 Magnitude/ Phase,在 Output 输出参数窗口选择要求的电压 V(2)。单击 Run 按钮,即得电容电压的幅值与初相位如图 8-96 所示。所以 $\dot{U}_C = \dfrac{2}{\sqrt{2}} \angle 90°$ V $= 1.414 \angle 90°$ V。

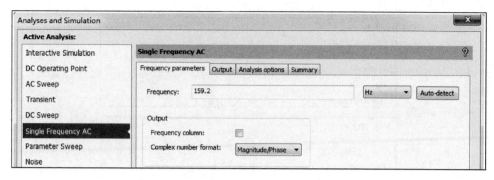

图 8-95 单一频率交流分析频率参数设置窗口

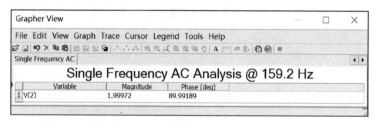

图 8-96 单一频率交流分析仿真结果

本题中的电感和电容还可利用基本元件库 ∿ 中的 Z 负载▤Z_LOAD 代替,如图 8-97 所示。图中电容用 Z = A−jB、电感用 Z = A+jB 代替,双击 Z 负载进行设置,如图 8-98 所示。注意 Z 负载的频率必须与电源频率一致。用电压探针测电容电压有效值,用伯德图仪测量初相位结果如图 8-99 所示。得到 $\dot{U}_C = 1.41\angle\underline{89°}$ V。

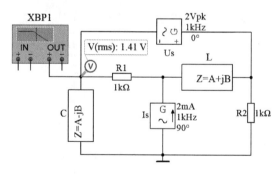

图 8-97 采用 Z 负载仿真电路

例 8-17 在图 8-100 所示电路中,已知 $\dot{U} = 28.28\angle\underline{0°}$ V,$R = 10\ \Omega$,$L = 32\ \text{mH}$,$f = 50\ \text{Hz}$。

(1) 求并联电容前(S 断开)的 $\dot{I}_1$、$\dot{I}$、P、Q、S、$\cos\varphi$;

(2) 要使功率因数提高到 0.95,应并联多大电容? 电容变化对电路有何影响?

解:仿真电路如图 8-101 所示,其中可变电容从基本元器件库 ∿ 中选取,其设置方法与可变电阻类似,设置可变电容的增量为 0.5%。

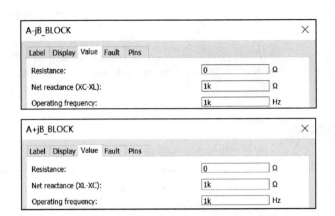

图 8-98　Z 负载的设置

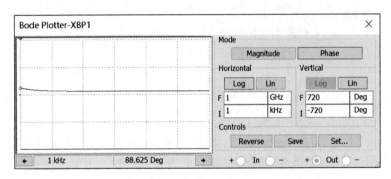

图 8-99　伯德图仪测量结果

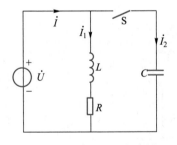

图 8-100　例 8-17 电路图

（1）将图 8-101 中的电容调到零或者直接断开开关,即得并联电容前的数值: $P = 39.258$ W, $\cos \varphi = \cos \varphi_1 = 0.7$($\cos \varphi_1$ 为负载的功率因数), $\varphi = \arccos 0.7 = 45°$, $\dot{I} = \dot{I}_1 = 2 \underline{/-45°}$ A, $S = UI = 28.28 \times 1.981$ V · A $= 56$ V · A, $Q = S \cdot \sin \varphi = 40$ var。

（2）要提高电路的功率因数,需在感性负载两端并联电容,闭合开关,调节电容的大小,并观察电路中各量的变化,如表 8-1 所示。

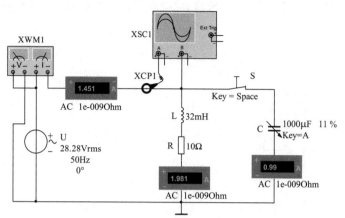

图 8-101　仿真电路图

表 8-1　电容变化对电路的影响数据

$C/\mu F$	I/A	I_1/A	I_2/A	P/W	$\cos\varphi$	Q/var	Q_C/var	备注
0	1.981	1.981	0	39.258	0.701	40	0	未并联电容
60	1.64	1.981	0.54	39.258	0.846	24.73	15.27	欠补偿
110	1.451	1.981	0.99	39.258	0.956	12.04	28	
155	1.388	1.981	1.395	39.258	1.0	0	39.45	完全补偿
205	1.454	1.981	1.845	39.258	0.955	-12.2	52.18	过补偿
260	1.669	1.981	2.34	39.258	0.832	-26.19	66.18	

上表中的无功功率是由公式 $Q=UI\sin\varphi$ 与 $Q_C=UI_2$ 计算所得,其余各量均为测量所得。

可以看到随着电容的增大,I_2 与 Q_C 逐渐增大,I 与 $|Q|$ 先减小后增大,$\cos\varphi$ 先增大后减小,P 与 I_1 保持不变,$Q_L=Q+Q_C=40\ \text{var}$ 也保持不变。可见并联电容后,负载的电压、电流、无功功率、功率因数均没有改变,即负载的工作状态不变。提高功率因数指的是提高整个电路的功率因数,而非负载本身的功率因数。

由图 8-101 可测得当电容 $C=1\ 000\times11\%\ \mu F=110\ \mu F$ 时,满足要求 $\cos\varphi=0.956$,此时 $I_1\sin\varphi_1>I_2$,电路为感性电路,所以 $\dot{I}=1.451\ \underline{/-\arccos 0.956}$ A $=1.451\ \underline{/-17.06°}$ A。

当电容 $C=1\ 000\times20.5\%\ \mu F=205\ \mu F$ 时,也满足要求 $\cos\varphi=0.955$,此时 $I_1\sin\varphi_1<I_2$,电路为容性电路,所以 $\dot{I}=1.454\ \underline{/\arccos 0.955}$ A $=1.454\ \underline{/17.25°}$ A。

还可以看到,功率因数已经接近 1 时再继续提高电容值,所需电容的相对增值远大于 $\cos\varphi$ 的相对增值,经济上不合算,所以一般工作在欠补偿状态。

本题同时可通过示波器观察电容变化时总电流与总电压的波形,如图 8-102所示为 $C=110\ \mu F$ 时的波形,可见此时电压略超前电流,整个电路呈感性。当 $C=$

155 μF 时,功率因数最高,此时总电流与总电压同相,产生并联谐振现象。

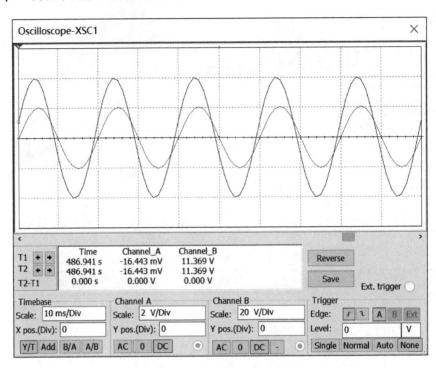

图 8-102　$C=110$ μF 时的波形

例 8-18　在图 8-103 所示电路中,已知 $\dot{U}=10\underline{/0°}$ V,$\omega=1\,000$ rad/s。求该单口网络的戴维南等效电路。

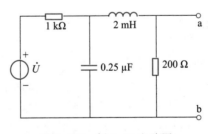

图 8-103　例 8-18 电路图

解:电源的频率为 $f=\dfrac{1\,000}{2\pi}$ Hz $=159.2$ Hz。

(1) 测量 a、b 两端的开路电压 $\dot{U}_{oc}$ 和短路电流 $\dot{I}_{sc}$。

按图 8-104 连接电路,当万用表选择交流电压挡时,测得 a、b 两端的开路电压为 $\dot{U}_{oc}=1.666\underline{/-2.483°}$ V,如图 8-105 所示。

当万用表选择交流电流挡时,测得 a、b 两端的短路电流为 $\dot{I}_{sc}=0.01\underline{/-0.115°}$ A,如图 8-106 所示。

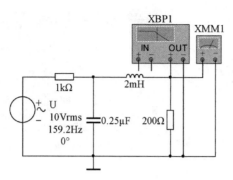

图 8-104 测 a、b 两端的开路电压和短路电流

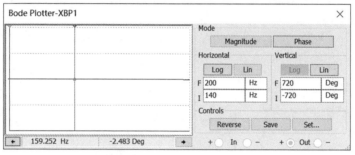

图 8-105 a、b 两端的开路电压测量结果

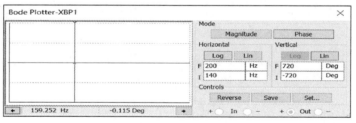

图 8-106 a、b 两端的短路电流测量结果

（2）求 a、b 两端的等效阻抗。

方法一：开路短路法。

a、b 两端的等效阻抗为 $Z_0 = \dfrac{\dot{U}_{oc}}{\dot{I}_{sc}} = 166.6 \angle{-2.368°}\ \Omega$。

方法二：阻抗计测量法。

将电压源用短路线代替，去掉地线，从 LabVIEW Instruments 中取出 Impedance Meter（阻抗计）接在电路两端，按图 8-107 所示将起始频率与终止频率均设为电源频率 159.2 Hz，扫描方式设为线性，扫描点数设为 1。

仿真运行后可得电阻 $R = 166.354\ \Omega$，电抗 $X = -6.88\ \Omega$，阻抗 $|Z| = 166.497\ \Omega$。

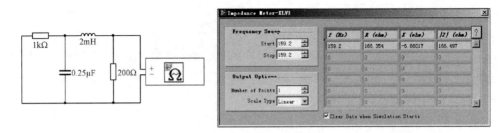

图 8-107　用阻抗计测量结果

计算可得等效复阻抗为 $Z_0 = |Z| \underline{/\arctan \dfrac{X}{R}} = 166.5 \underline{/-2.368°}\ \Omega$

（3）最后得到本题单口网络的戴维南等效电路如图 8-108 所示。

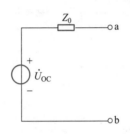

图 8-108　戴维南等效电路

例 8-19　在图 8-109 所示电路中,已知 $\dot{U} = 220 \underline{/0°}\ \mathrm{V}$,$f = 50\ \mathrm{Hz}$。试证明当电位器 R 从 $0 \to \infty$ 变化时,$\dot{U}_o$ 的有效值不变,它的初相位从 $180° \to 0°$ 变化。

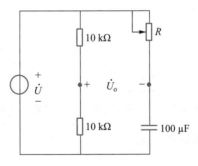

图 8-109　例 8-19 电路图

解:从基本元器件库 〰 中选择电位器 ▯ POTENTIOMETER,并设置其阻值、操作键及增量。

方法一:用电压表(AC 挡)或差分电压探针与伯德图仪测量 $\dot{U}_o$,如图 8-110 所示。

按"A"或"Shift+A"键调节电位器 R 的大小,可以看到当 R 从 0 变到最大时,$\dot{U}_o$ 的有效值 $U_o \approx 110\ \mathrm{V}$ 保持不变,其初相位从 $180° \to 0°$ 变化。图 8-111 所示是 $R = 0\ \Omega$ 时伯德图仪的测量结果。

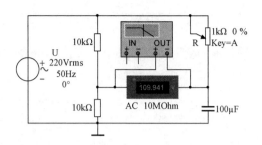

图 8-110 测量电路

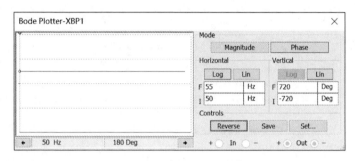

图 8-111 $R = 0\ \Omega$ 时伯德图仪的测量结果

方法二:参数扫描法。

先将电位器 R 换成 $1\ k\Omega$ 的电阻,对电压源进行分析设置并显示电路节点,如图 8-112 所示。

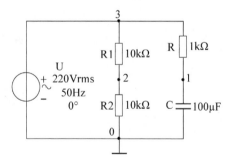

图 8-112 显示节点电路图

从 Analyses and Simulation 中选择 Parameter Sweep,弹出 Parameter Sweep 窗口。在 Analysis Parameters 页面,首先设置被扫描的器件类型、器件名、参数,然后设置扫描方式、扫描起始值、结束值、扫描点数、增量,最后设置联合分析的类型 AC Sweep,并点击 Edit analysis,对交流扫描联合分析的频率参数进行设置,如图 8-113 所示。

在设置输出变量窗口中添加要分析的变量"V(2)-V(1)"。最后单击 Run 按钮,就可以得到如图 8-114 所示的分析结果。可以看出,当电阻从 0 变到 1000 Ω

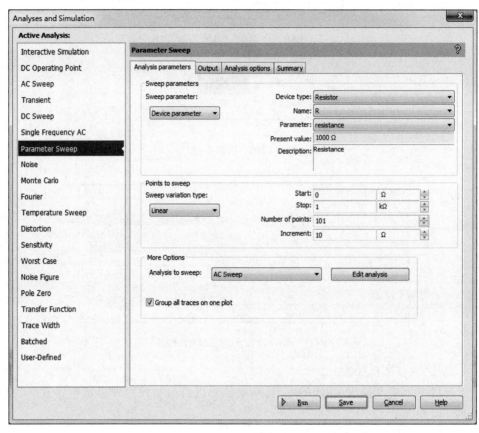

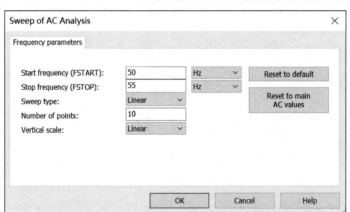

图 8-113 参数扫描联合交流扫描分析及频率参数设置窗口

时,其幅频特性都重合在一起,即 $\dot{U}_\text{o}$ 的有效值 $U_\text{o} = \dfrac{155.565}{\sqrt{2}}$ V = 110 V 保持不变,而

它的相位从 180°→0°变化。

例 8-20 分析如图 8-115 所示带通滤波电路(文氏电路)的频率特性。

解:设输入电压为 $u_\text{i} = \sin 100\pi t$ V,按图 8-116 接好电路并显示节点。

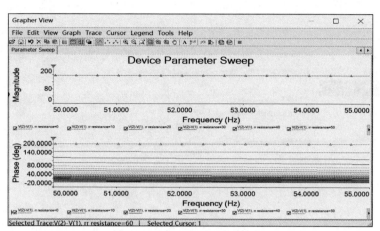

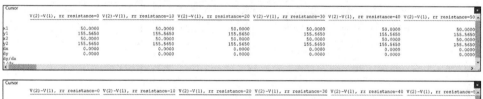

图 8-114 参数扫描的分析结果

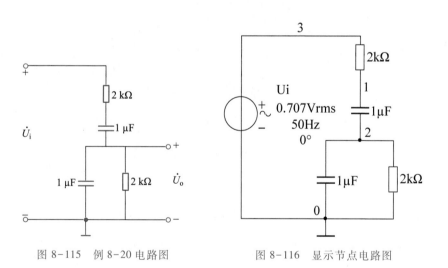

图 8-115 例 8-20 电路图 　　　　　图 8-116 显示节点电路图

从 Analyses and Simulation 中选择 AC Sweep,按如图 8-117 所示窗口进行交流分析参数设置,并选择"V(2)"为输出变量,最后单击 Run 按钮,即得如图 8-118 所示的分析结果,即带通滤波电路的频率特性。

从如图 8-118 所示的幅频特性可以看出该带通电路的最高输出电压是输入电压的 1/3,其对应的频率大约为 79 Hz,而从相频特性可知最高输出电压的相位为 0,

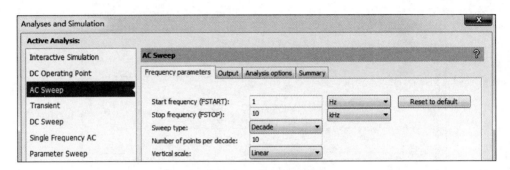

图 8-117　交流分析参数设置

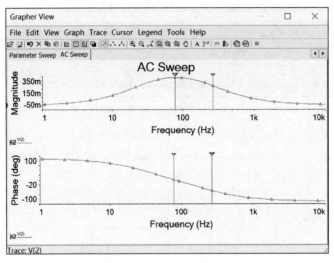

图 8-118　带通滤波电路的频率特性

即 $\dot{U}_o$ 与 $\dot{U}_i$ 同相位,电路发生谐振,其谐振频率为 $f_0 \approx 79$ Hz。在电子技术中,用此

RC 串并联网络可以选出 $f=f_0=\dfrac{1}{2\pi RC}$ 的信号,故该网络又称 RC

选频网络。

　　由幅频特性还可得到在输出最大电压的 $\dfrac{1}{\sqrt{2}}$ 倍(约 235 mV)

处所对应的频率分别为:下限截止频率 $f_L \approx 24$ Hz,上限截止频率 $f_H \approx 265$ Hz。二者之差即为通频带宽度 $\Delta f = f_H - f_L = 241$ Hz $\approx 3f_0$。

　　例 8-21　有一 RLC 串联电路,接于 $u=10\sin 6\,180t$ V 的交流电源上,如图 8-119 所示。已知 $R=1$ Ω,$L=1$ mH,C 为可变电容,变化范围为 $0\sim 47$ μF。试求(1) C 调至何值时,该电路发生串联谐振,并测量谐振电流及各元件上的电压;(2) 画出电

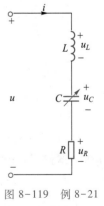

图 8-119　例 8-21
电路图

流频率特性曲线与 L 和 C 的谐振曲线。

　　解:(1) 由 $u = 10\sin 6\,180t$ V 可知 $f = 1$ kHz,选择幅值为 10 V 的 AC Voltage 作为电源,选择可变电容,设置其电容值为 47 μF,操作键为 C 键,增量为 0.5%,按图 8-120 连接电路,用电流表 AC 挡测电流,电压表 AC 挡测电压,将示波器 A 通道+端与电流夹相连,将电流夹的电压与电流比例设置为 1 mV/mA,B 通道+端与电压源+端相连,用示波器的 A、B 通道同时观察 i 与 u 的波形。

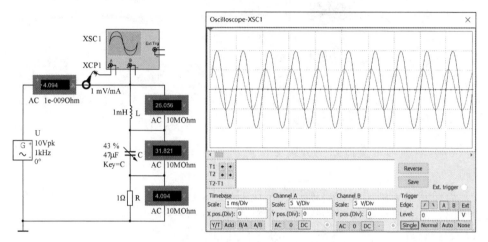

图 8-120　电容取值较小时的电压、电流的读数与波形

　　按 C 或 Shift+C 键调节 C 的大小,并观察各读数与波形的变化,可得:当电容取值较小时,电流超前于电压,电路呈容性,如图 8-120 所示;当电容取值较大时,电流滞后于电压,电路呈感性,如图 8-121 所示;当 $C = 54\% \times 47$ μF $= 25.38$ μF 时,电流与电压同相,此时电路发生谐振,电路呈阻性,如图 8-122 所示。谐振时,$U_R = U = 7.07$ V,$U_L = U_C = QU = 45$ V,$Q = 6.36$,$I = 7.07$ A 为最大电流。

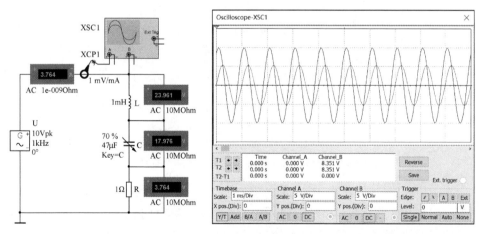

图 8-121　电容取值较大时的电压、电流的读数与波形

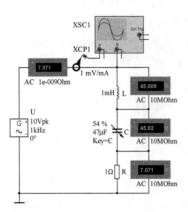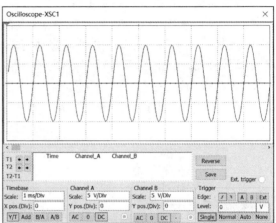

图 8-122　谐振时的电压、电流的读数与波形

（2）本题可用交流扫描分析方法画出各频率特性曲线，也可通过伯德图仪得到。

前面介绍了用伯德图仪测相频特性的方法，下面重点介绍用伯德图仪测幅频特性的方法。伯德图仪可用来测量和显示电路中两个电压相量之比的幅频特性 $A(f)$ 和相频特性 $\varphi(f)$。图 8-123 是用伯德图仪测量电流（即 1 Ω 电阻的电压）与电压的相量之比，即 $\dfrac{\dot{I}_m}{\dot{U}_m} = \dfrac{I_m(f)\diagup\psi_i(f)}{U_m(f)\diagup\psi_u(f)} = A(f)\diagup\varphi(f)$ 的电路及幅频特性曲线图，将伯德图仪输入端 IN 的"+""-"端子接在电压源的参考高、低电位端，将输出端 OUT 的"+""-"端子接在电阻 R 的参考高、低电位端（由于电压源与电阻的参考低电位端均接地，所以 IN 与 OUT 的"-"端也可以悬空不接）。

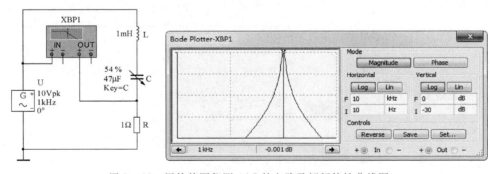

图 8-123　用伯德图仪测 $A(f)$ 的电路及幅频特性曲线图

双击伯德图仪，并点击 Magnitude，正确设置横轴与纵轴的起点和终点值，即可得到如图 8-123 所示幅频特性曲线 $A(f)$，这里纵轴的刻度是 $20\lg A(f)$，单位是 dB。将游标拖至谐振频率 $f_0 = 1$ kHz 处，可得 $20\lg A(f_0) = 0$ dB，$A(f_0) = I_m(f_0)\diagup U_m(f_0) = 1$，$I(f_0) = 7.07$ A，此时电流最大。点击伯德图仪的 Phase，即可得到如图 8-124 所示相频特性曲线 $\varphi(f)$，$\varphi(f) = \psi_i(f) - \psi_u(f)$，在 $f_0 = 1$ kHz 处，$\varphi(f_0) = 0°$，即

电流与电压同相。由于 $\dot{U}_{\mathrm{m}} = 10\underline{/0°}$ V 是不随频率变化的定值,所以可间接获得电流的频率特性。

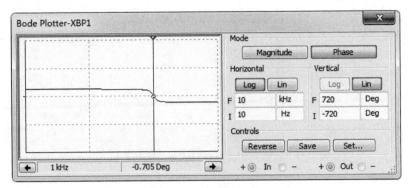

图 8-124　相频特性曲线图

　　要想直接获得电流(电阻电压)的幅频特性曲线,可将幅值为 10 V 的电压源分成幅值为 1 V 和 9 V 的两个电压源串联,并将电压源进行分析设置,然后以 1 V 电压源为输入,以 1 Ω 电阻 R 的电压为输出,按图 8-125 连接伯德图仪,即可获得电流与 1 V 电压之比的幅频特性,也就是电流的幅频特性曲线。

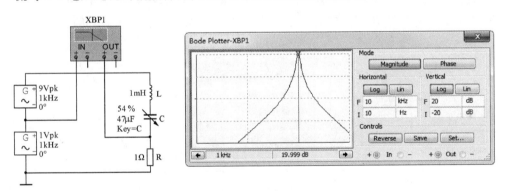

图 8-125　电流的幅频特性曲线测量电路与结果

　　同理可得电感电压的幅频特性曲线如图 8-126 所示,电容电压的幅频特性曲线如图 8-127 所示。点击 Phase 可得相应的相频特性曲线(图略)。

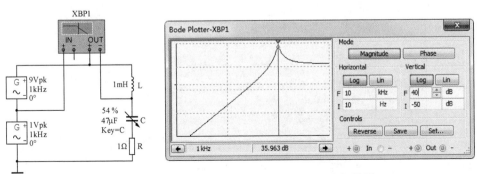

图 8-126　电感电压的幅频特性曲线测量电路与结果

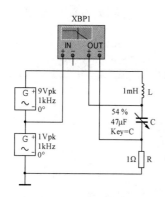

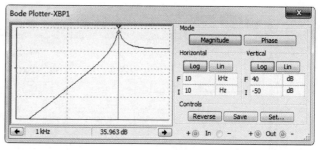

图 8-127　电容电压的幅频特性曲线测量电路与结果

8.3.2　三相交流电路的分析

例 8-22　测定软件中三相电源的相序。

解:从 ÷ 的 ⊕ POWER_SOURCES 中选择 THREE_PHASE_WYE 作为三相电源。对三相电路进行仿真时应先搞清楚此三相电源的相序,为此可用四通道示波器进行测试,如图 8-128 所示,从示波器波形可见,A 通道波形超前 C 通道波形 120°,C 通道波形超前 B 通道波形 120°,由此可知若假设 A 通道所接为 L_1 相,则 B 通道和

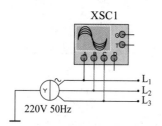

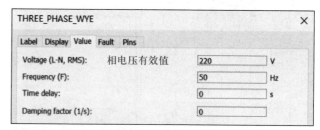

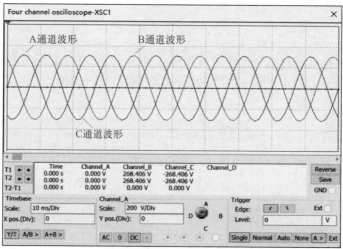

图 8-128　三相电源的设置及相序测试

260

C 通道所接分别为 L_3 和 L_2 相。

在没有示波器的情况下,可采用如图 8-129 所示的由一个电容和两个相同白炽灯星形联结的电路作为相序指示器,来测定电源的相序。如果假定电容所接的是 L_1 相,则灯光较亮的白炽灯接在 L_2 相上。

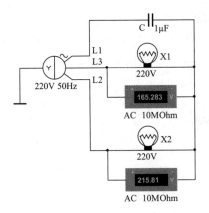

图 8-129 相序指示器

从 Indicators 库中选取灯泡 VIRTUAL_LAMP,并设置其额定电压为 220 V,额定功率为 100 W。

运行后可见 X2 两端电压大于 X1 两端电压,X2 灯光较亮,所以 X2 接在 L_2 相上,X1 接在 L_3 相上。

例 8-23 已知:图 8-130 电路中,对称三相电源的线电压为 380 V,频率为 50 Hz,$R_1 = 11\ \Omega$,$R_2 = R_3 = 22\ \Omega$。试求:(1) 各相负载的电压、电流和中性线电流;(2) 若中性线因故断开,求各相负载的电压、电流和中性点间的电压 $\dot{U}_{\text{N'N}}$。

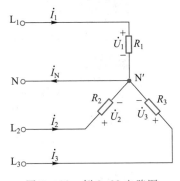

图 8-130 例 8-23 电路图

解:(1) 画出仿真电路如图 8-131 所示。

用电流表 AC 挡测各相电流及中性线电流,将伯德图仪 OUT 的"+""-"端分别接在四个电流表的"+""-"端,或将伯德图仪与电流夹配合,即可测出各电流的相位。

测得 $\dot{I}_1 = 20\ \underline{/-120°}$ A,$\dot{I}_2 = 10\ \underline{/120°}$ A,$\dot{I}_3 = 10\ \underline{/0°}$ A,$\dot{I}_N = 10\ \underline{/-120°}$ A。

用电压表 AC 挡测各相电压,由于电阻上电压和电流同相,所以可得 $\dot{U}_1 = $

$220\underline{/-120°}$ V，$\dot{U}_2 = 220\underline{/120°}$ V，$\dot{U}_3 = 220\underline{/0°}$ V 。

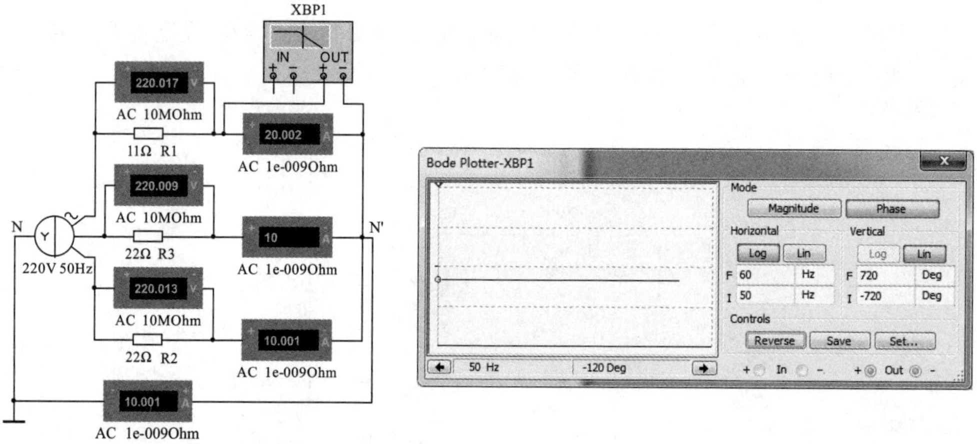

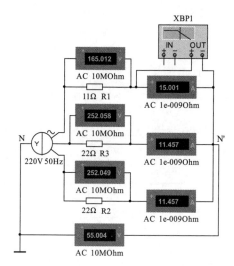

图 8-131   有中性线时仿真电路图

（2）无中性线时仿真电路如图 8-132 所示。

用电压表 AC 挡测中性点间的电压，将伯德图仪 OUT 的 +端接在 N′点，−端接在 N 点（也可悬空），即可测出中性点间电压的相位。各相电压、相电流的测试方法与有中性线时相同。测得：$\dot{U}_{N'N} = 55\underline{/-120°}$ V，$\dot{U}_1 = 165\underline{/-120°}$ V，$\dot{U}_2 = 252\underline{/109.107°}$ V，$\dot{U}_3 = 252\underline{/10.893°}$ V；$\dot{I}_1 = 15\underline{/-120°}$ A，$\dot{I}_2 = 11.457\underline{/109.107°}$ A，$\dot{I}_3 = 11.457\underline{/10.893°}$ A。

图 8-132   无中性线时仿真电路图

例 8-24   在如图 8-133 所示的对称三相电路中，电源的线电压为 380 V，频率为 50 Hz。有两组对称负载，一组是 Y 形联结的 $Z_Y = 22\underline{/-30°}$ Ω，另一组是△形联结的 $Z_\triangle = 38\underline{/60°}$ Ω。求：Y 形联结负载的相电压；△形联结负载的相电流；线路电

流 $\dot{I}_1$、$\dot{I}_2$、$\dot{I}_3$。

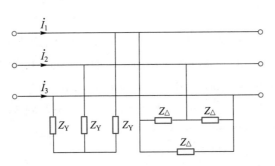

图 8-133　例 8-24 电路图

解:先对两组负载进行如下变换。

Z_Y 等效为一个电阻 $R = 22\cos(-30°)\ \Omega = 19\ \Omega$ 和一个电容 $C = \dfrac{1}{2\pi \times 50 \times 22\sin 30°}$ F

$\approx 290\ \mu$F。

$Z_\triangle$ 等效为一个电阻 $R = 38\cos 60°\ \Omega = 19\ \Omega$ 和一个电感 $L = \dfrac{38\sin 60°}{2\pi \times 50}$ H $\approx$

$105\ \text{mH}$。

按图 8-134 连接电路,用交流电压表、电流表及探针测量电压、电流有效值可得:

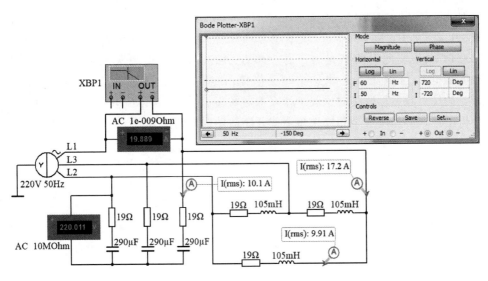

图 8-134　仿真电路图

① Y 形联结负载的相电压为 220 V,相电流约为 10 A。

② △形联结负载的相电流约为 10 A,线电流为 17.2 A。

③ 线路电流约为 20 A。

将伯德图仪 OUT 并联在电流表两端测量电流表内阻(1 nΩ)上的电压初相位,

可间接得到 $\dot{I}_1$ 的初相位,或将伯德图仪与电流夹配合也可测量电流 $\dot{I}_1$ 的初相位,最后测得 $\dot{I}_1 \approx 20\underline{/-150°}$ A。

因为电路是对称电路,所以 $\dot{I}_2 \approx 20\underline{/90°}$ A, $\dot{I}_3 \approx 20\underline{/-30°}$ A。

另一种方法是利用基本元件库 ～ 中的 Z 负载 Z_LOAD,根据 $Z_Y = 22\underline{/-30°}$ Ω $= (19-j11)$ Ω,选取 A–jB_BLOCK 作为 Z_Y,根据 $Z_\triangle = 38\underline{/60°}$ Ω $= (19+j33)$ Ω,选取 A+jB_BLOCK 作为 $Z_\triangle$。按图 8–135 连接电路,仿真结果与图 8–134 完全相同。

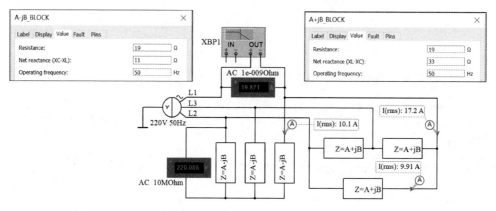

图 8–135 Z 负载设置及电路仿真

例 8–25 在图 8–136 所示三相三线制电路中,电源线电压为 220 V,频率为 50 Hz,负载是四个 220 V、50 W 的白炽灯。(1)若负载采用三角形联结,求负载对称(开关 S 断开)和不对称(开关 S 闭合)时的相电流和线电流的有效值及三相电路的总功率,说明此时负载是否工作在额定状态;(2)若负载采用星形联结,则负载的相电流、相电压及三相总功率又如何,说明此时负载是否工作在额定状态;(3)为使负载星形联结时也能工作在额定状态,应采用何种供电线路,请通过仿真分析中性线的作用及某相发生短路或开路故障时的情况。

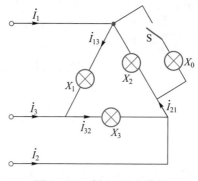

图 8–136 例 8–25 电路图

解:(1)按图 8–137 连接电路,熔断器 FUSE10_AMP 从 Power 库中选取。三相电路中的电压、电流可采用电压表、电流表(AC 挡)或探针直接测量。通过 A

键改变开关 S 的状态,可以看到无论负载对称与否,负载的相电压都等于电源线电压 220 V,所以负载工作在额定状态。

三相总功率可用功率探针直接测量,也可通过功率表测量。

对于负载对称的三相电路,因其每相负载消耗的功率相同,故只需用一只功率表测量任一相的功率,将其读数乘以 3 即为三相电路的总功率。对于负载不对称的三相电路,需用三只功率表测量每一相的功率,将其读数相加即为三相电路的总功率,即 $P = P_1 + P_2 + P_3$,这种测量方法称为三瓦计法。

在三相三线制电路中,通常用两只功率表测量三相功率,称为二瓦计法。二瓦计法的接线原则为:将两只功率表的电流线圈分别串接入任意两相相线,电流线圈的同名端(+端)必须接在电源侧;两只功率表电压线圈的同名端(+端)必须各自接到电流线圈的同名端,非同名端(-端)必须同时接到(没有接入功率表电流线圈的)第三根相线上。如图 8-137 所示,则三相负载所消耗的总功率 P 为两只功率表读数的代数和,即 $P = P_1 + P_2$,式中 P_1 和 P_2 分别表示两只功率表读数,而且其中任何一只功率表的读数都没有独立的意义。

注意:
　二瓦计法适用于对称或不对称的三相三线制电路,对于三相四线制电路一般不适用。

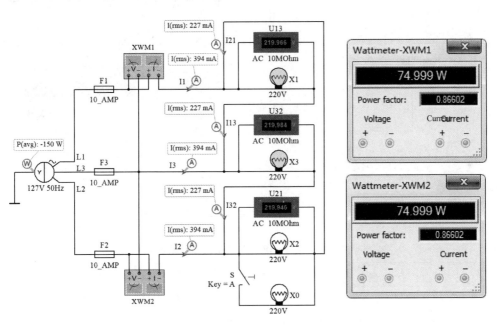

图 8-137　线电压为 220 V 时对称负载三角形联结测试电路图

图 8-137 电路同时采用功率探针和二瓦计法测量三相电路总功率,运行可见两个瓦特表读数之和等于功率探针所测功率。分别观察开关 S 断开和闭合时的测量结果,测量结果见表 8-2。

表 8-2　线电压为 220 V 时负载三角形联结测量结果

	I_1	I_2	I_3	I_{21}	I_{32}	I_{13}	P_1	P_2	$P_\triangle$
负载对称	0.394 A	0.394 A	0.394 A	0.227 A	0.227 A	0.227 A	75 W	75 W	150 W
负载不对称	0.601 A	0.601 A	0.394 A	0.454 A	0.227 A	0.227 A	100 W	100 W	200 W

（2）将负载星形联结,如图 8-138 所示,分别观察开关 S 断开和闭合时的测量结果,测量结果见表 8-3,此时负载没有工作在额定状态。

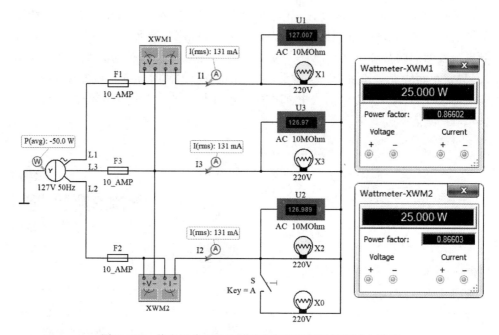

图 8-138　线电压为 220 V 时对称负载星形联结测试电路图

表 8-3　线电压为 220 V 时负载星形联结测量结果

	I_1	I_2	I_3	U_1	U_2	U_3	P_1	P_2	P_Y
负载对称	0.131 A	0.131 A	0.131 A	127 V	127 V	127 V	25 W	25 W	50 W
负载不对称	0. 150 A	0.197 A	0.150 A	145.5 V	95.25 V	145.5 V	25 W	37.5 W	62.5 W

由表 8-2、表 8-3 测量结果对比可得,相同电源下,同一负载联结方式不同时,所耗功率也不相同,且负载对称时 $P_\triangle = 3P_Y$。

（3）为使负载星形联结时也能工作在额定状态,应采用电源线电压为 380 V、频率为 50 Hz 的三相四线制供电线路,为了研究中性线的作用,本例在中性线上接了开关 S0,实际应用时中性线上不允许接开关或熔断器。

图 8-139 是负载对称的仿真电路,闭合或断开开关 S0,可见当负载对称时,有无中性线都一样,负载都工作在额定状态,三相电路的总功率与图 8-137 中相同。

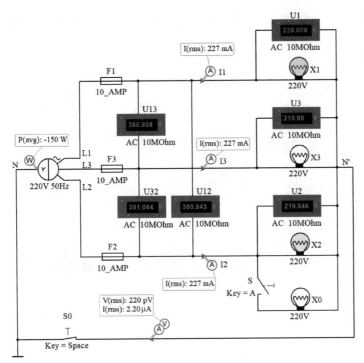

图 8-139　线电压为 380 V 时对称负载星形联结测试电路图

　　闭合开关 S 使负载不对称,若闭合开关 S0 即有中性线时,负载仍能工作在额定状态,如图 8-140 所示,三相电路的总功率与表 8-2 中负载不对称三角形联结时

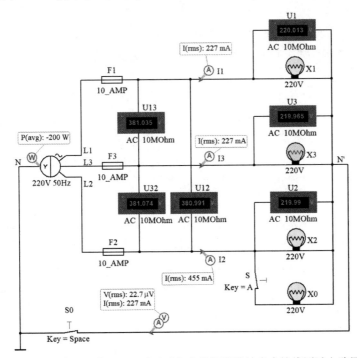

图 8-140　线电压为 380 V 时不对称负载星形联结有中性线测试电路图

267

相同。若断开中性线,则 X1 和 X3 因电压高于额定值而烧断灯丝,造成两相开路,所以 X2 和 X0 也不会亮,如图 8-141 所示。

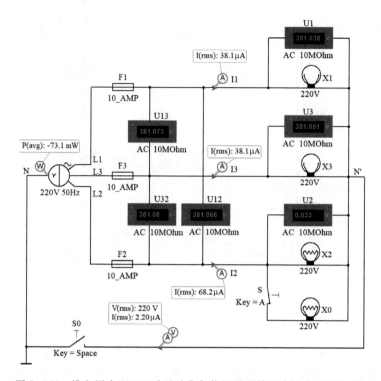

图 8-141　线电压为 380 V 时不对称负载星形联结无中性线测试电路图

下面请读者自行仿真负载发生故障时的电路,例如双击白炽灯 X1,在其 Fault(故障)页面选择将其 1 脚或 2 脚 Open(开路),或者选择将其 1 脚和 2 脚 Short(短路),如图 8-142 所示。

仿真可见,在 X1 开路情况下,如果有中性线,则另外几个白炽灯仍能工作在额定状态,如果中性线断开,开关 S 断开时白炽灯 X2、X3 光线较暗,S 闭合时,X3 的灯丝烧断,X2 和 X0 不亮。

在 X1 短路情况下,如果有中性线,则另外几个白炽灯仍能工作在额定状态,但短路时第一相短路电流达到几百千安,熔断器 F1 熔断。如果没有中性线,则另外几个白炽灯的灯丝烧断。

通过上述仿真可见,负载不对称又无中性线时,中性点电压不等于零,发生了中性点位移现象,使得负载的相电压不对称,尤其当某一相负载发生开路或短路故障时,负载电压的不平衡情况更严重,以致造成严重的事故,这都是绝对不允许的。因此,为保证三相负载的相电压对称,中性线不能断开,即中性线上不能接熔断器或开关,中性线的作用是使星形联结的不对称负载的相电压对称。

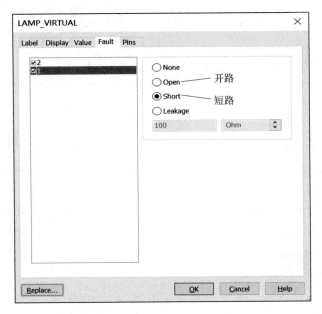

图 8-142 负载故障设置页面

第9章 Multisim 14.0 在模拟电子电路分析中的应用

模拟电子电路的仿真分析是电工电子技术中的一个难点,利用 Multisim 14.0 所提供的虚拟仪器及各种分析方法可以很方便地得到测量和分析结果,直观地看到输入输出波形。

本章通过典型实例讲解利用 Multisim 14.0 对二极管特性及其应用、晶体管特性及其放大电路以及集成运放的应用进行仿真和分析的基本方法。

9.1 二极管电路

二极管元器件库中有整流二极管 DIODE、稳压二极管 ZENER、发光二极管 LED、整流桥 FWB 和肖特基二极管等很多可以满足仿真需求的二极管元器件,可以进行二极管整流滤波、钳位、稳压管的稳压等电路的仿真。

二极管元件的正向压降参数 VJ 和反向耐压参数 BV 是二极管的两个重要参数,正向压降会影响输出电压的大小,而反向耐压不够,会出现击穿。正向压降 VJ 和反向耐压 BV 等参数可修改和恢复,修改后的参数只对本次仿真有效。

9.1.1 二极管伏安特性及简单应用

例 9-1 二极管伏安特性测试。

解:从仪器工具栏中选用 ▉ IV 分析仪,从元器件工具栏的二极管元器件库 ꗛ 中选择二极管,这里选用虚拟二极管元件 DIODES_VIRTUAL,搭建二极管伏安特性测试电路如图 9-1 所示。双击二极管,点击 Edit Model(编辑模型)按钮,设置该二极管正向压降 VJ 为 0.7 V,反向耐压 BV 为 10 V,如图 9-2 所示。双击 IV 分析仪面板,点击 IV 分析仪仿真参数按钮 Simulate Parameters,根据该二极管的正向压降 VJ

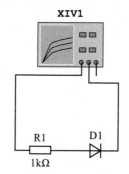

图 9-1 例 9-1 测量电路图

和反向耐压 BV 等参数进行二极管起始电压值和终止电压值的设置,如图 9-3 所示。点击 Run 运行按钮,得到二极管伏安特性曲线,如图 9-4 所示。

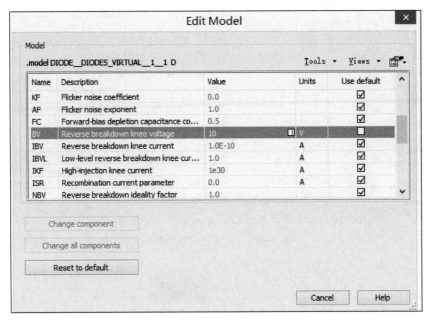

图 9-2　二极管参数设置

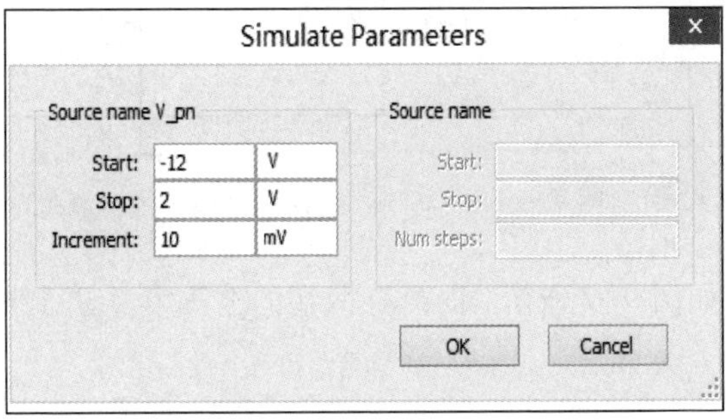

图 9-3　IV 分析仪仿真参数设置

由图 9-4 可以看出二极管的伏安特性,当正向电压大于死区电压后,正向电流迅速增长,曲线接近上升直线;当二极管的外加反向电压大于一定数值时,反向电流突然急剧增加,二极管被反向击穿。反向击穿电压一般在几十伏以上。

例 9-2　电路如图 9-5 所示,求 A、O 两端的电压 U_{AO},并判断二极管 D 是导通的还是截止的。

解:仿真测量电路如图 9-6 所示。将电压表接到 A、O 两端和二极管 D 两端,测量结果为 $U_{AO} = -6.67$ V ,$U_D = 0.67$ V。由此可以判断出二极管处于导通状态。

该电路由于二极管的钳位作用,输出电压 U_{AO} 被钳制在 -6.67 V。

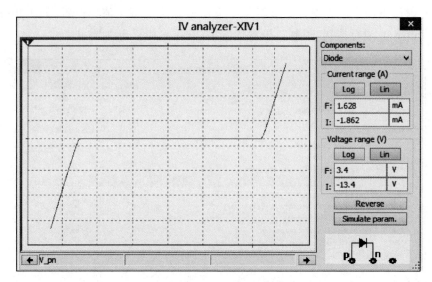

图 9-4　二极管伏安特性曲线

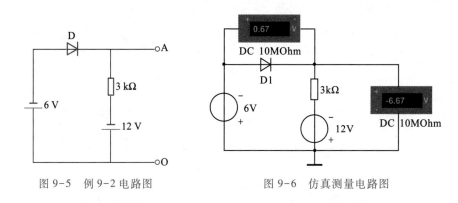

图 9-5　例 9-2 电路图

图 9-6　仿真测量电路图

例 9-3　电路如图 9-7 所示,求 A、O 两端的电压 U_{AO},并判断二极管 D_1、D_2 是导通的还是截止的。

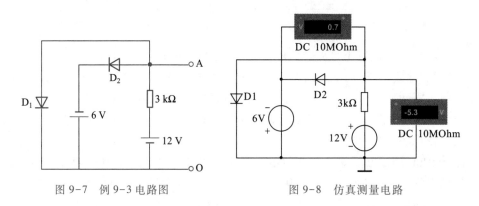

图 9-7　例 9-3 电路图

图 9-8　仿真测量电路

解:仿真测量电路如图 9-8 所示,将电压表接到 A、O 两端和二极管 D_2 两端,

电压表显示 $U_{AO} = -5.3$ V,二极管 D_2 两端为正向电压 0.7 V,故该电路中 D_2 优先导通,所以使 U_{AO} 被钳制在 -5.3 V,这样 D_1 两端为反向电压,故截止。

例 9-4 电路如图 9-9 所示,已知 $U = 5$ V, $u_i = 10\sqrt{2}\sin 314t$ V,求输出电压 u_o 的波形。

解:仿真测量电路如图 9-10 所示,观察波形需要用示波器,为了便于输出波形和输入波形对应观察,本例中示波器接入了两路信号,即 A 通道接输入信号,B 通道接输出信号,调节 Channel A 和 Channel B 两个通道的 Y position,测量结果及波形如图 9-11 所示。

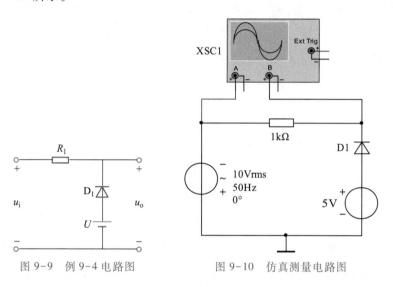

图 9-9   例 9-4 电路图   图 9-10   仿真测量电路图

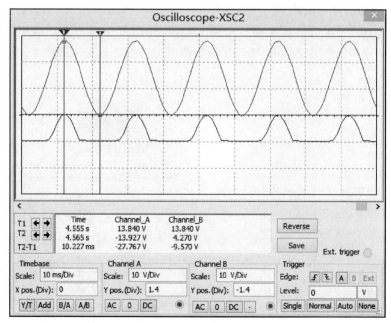

图 9-11   测量结果及波形

　　用游标测量图 9-11 所示波形可以看出：当输入信号电压低于 5 V 时，二极管 D_1 导通，输出电压为 4.27 V；当输入信号电压高于 5 V 时，二极管 D_1 截止，可近似认为开路，故输出电压等于输入电压即 $u_o = u_i$。

9.1.2　特殊二极管

1. 发光二极管

例 9-5　观察如图 9-12 所示电路中发光二极管的发光情况。

解：从元器件工具栏的二极管元器件库 ⊬ 中选择 ⊬ LED 发光二极管，按如图 9-12 所示电路接线，单击 RUN 运行按钮，按下 Space 空格键，可观察到发光二极管外加正向偏置电压时会发光。

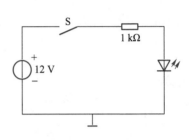

图 9-12　例 9-5 电路图

2. 稳压管

稳压管工作在反向击穿状态。它的反向击穿是可逆的，只要不超过稳压管的允许电流值，PN 结就不会过热损坏，当外加反向电压去除后，稳压管恢复原性能，所以稳压管具有良好的重复击穿特性。当稳压管加正向电压时，它相当于一个普通二极管。

稳压管具有恒压特性，当 I_Z 在较大范围内变化时，稳压管两端电压 U_Z 基本不变。利用这一特性可以起到稳定电压的作用。

例 9-6　如图 9-13 所示电路中，已知两个稳压管的稳定电压 $U_Z = 5$ V，$u_i = 12\sqrt{2}\sin 314t$ V，二极管的正向压降为 0.7 V，$R = 300\ \Omega$，试画出输入、输出电压的波形。并说出稳压管在电路中所起的作用。

解：从 DIDOES 二极管元器件库的 ZENER 稳压管子库中选用虚拟的稳压管 DZ，如图 9-14 所示，点击 Edit Model（编辑模型）按钮，查看稳压管的 U_Z 参数（BV）为 5.105 V。

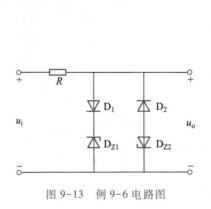

图 9-13　例 9-6 电路图

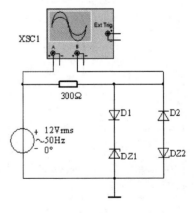

图 9-14　仿真测量电路图

将示波器 A、B 通道分别接输入、输出端,可测得其输入、输出电压波形如图 9-15 所示,移动示波器游标可测得输出电压在 -5.9 ~ 5.9 V 之间,可见稳压管在电路中起双向限幅的作用。

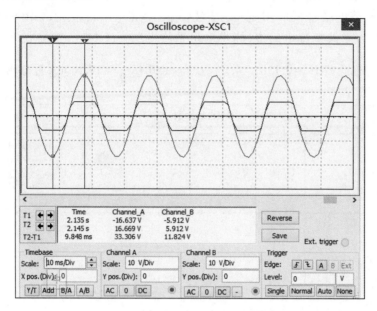

图 9-15　输入、输出电压波形图

9.1.3　整流滤波及稳压电路

例 9-7　如图 9-16 所示电路中,已知 $u_2 = 10\sqrt{2}\sin 314t$ V,$R_L = 240\ \Omega$,试画出 u_O、i_D 的波形,并求 I_0、U_0。

解:图 9-17 所示为测量电路,从二极管元器件库选择虚拟二极管,从仪器工具栏中选择 $\mathbf{\mathcal{L}}$ 电流夹,双击该仪器设置其参数为 1 mV/mA,配合示波器测量支路电流波形。

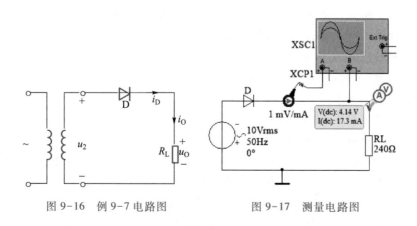

图 9-16　例 9-7 电路图　　　　图 9-17　测量电路图

将电流探针、电压探针接入电路,可直接读得 I_0、U_0 的值。

观察二极管电流 i_D 波形的方法是将电流夹 $\checkmark$ 串联到二极管支路,另一端接示波器 A 通道,双击示波器,选择合适的 Time base 挡和 V/Div 挡,运行后可观察到 A 通道为二极管电流 i_D 波形,B 通道为半波整流的输出电压 u_0 波形,如图 9-18 所示。

结论:该半波整流电路中,测得输出平均电压为 4.14 V,整流电流平均值为 17.3 mA,与理论值 $U_0 = 0.45U_2 = 4.5$ V,$I_0 = \dfrac{U_0}{R_L} = 0.45\dfrac{U_2}{R_L} = 17.18$ mA 近似吻合。

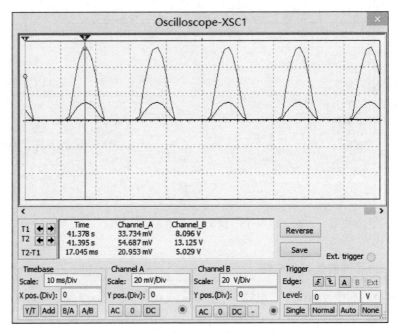

图 9-18　二极管电流 i_D 及输出电压 u_0 波形图

若将二极管参数中的 BV 值改为 10 V,二极管会被反向击穿,输出电压 u_0 波形如图 9-19 所示。

例 9-8　如图 9-20 所示为单相桥式整流电容滤波电路,可变电容 C_1 最大值为 1000 μF,测量下列几种情况下的输出电压并观察输出电压波形。

(1) 可变电容 $C_1 = 0$ μF;

(2) 可变电容 C_1 为 1% 最大值;

(3) 可变电容 C_1 为 25% 最大值;

(4) 可变电容 C_1 为 90% 最大值;

(5) 可变电容 $C_1 = 1000$ μF,且负载开路。

解:题中整流桥选用 3N246,使用了可变电容 C_1,通过改变可变电容(按键 C 或 Shift+C)可以观察到桥式整流、桥式整流并带有电容滤波以及负载开路三种不同情况下输出电压大小的变化,同时还可以观察到电容大小对输出电压纹波的影响。

测量电路如图 9-21 所示,注意图中地线的接法。

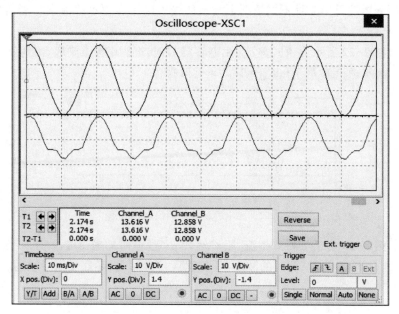

图 9-19 二极管反向击穿后的波形图

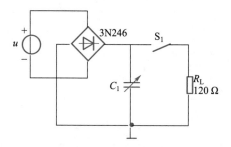

图 9-20 例 9-8 电路图

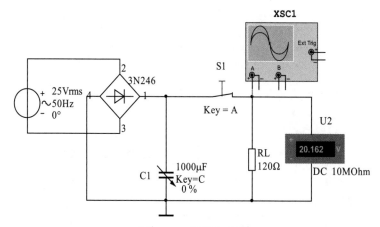

图 9-21 测量电路图

　　下面分析题目中五种不同情况下测出的输出电压和用示波器观察到的输出电压波形。

　　(1) 图 9-22 所示为桥式整流、无电容滤波时的输出电压波形,测得输出电压为 20.16 V,与理论值 $U_0 = 0.9U_2 = 22.5$ V 近似吻合。

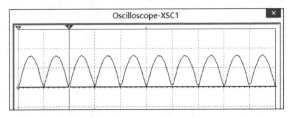

图 9-22　无电容滤波时输出电压波形

　　(2) 图 9-23 所示为桥式整流、用 $C_1 = 10~\mu F$ 滤波时的输出电压波形,测得输出电压为 20.642 V。注意,此时的波形不同于第(1)种情况,是高于水平线的。

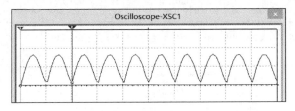

图 9-23　小电容 10 μF 滤波时输出电压波形

　　(3) 图 9-24 为桥式整流、$C_1 = 250~\mu F$ 滤波时的输出电压波形,测得输出电压为 30.208 V。

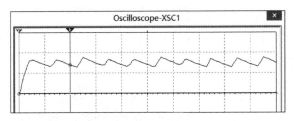

图 9-24　较大电容 250 μF 滤波时输出电压波形

　　(4) 图 9-25 为桥式整流、$C_1 = 900~\mu F$ 滤波时的输出电压波形,测得输出电压为 31.908 V。

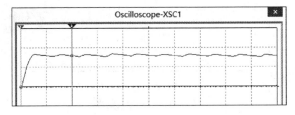

图 9-25　大电容 900 μF 滤波时输出电压波形

（5）图 9-26 为桥式整流、$C_1 = 1000\ \mu\text{F}$，且负载开路（断开 R_L）滤波时的输出电压波形，波形为一条直线，测得输出电压为 33.295 V，与理论值 $U_0 = \sqrt{2}\,U_2 = 35.35$ V 近似吻合。

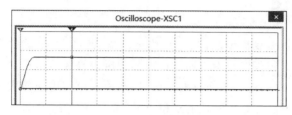

图 9-26　负载开路滤波时输出电压波形

可见，桥式整流、电容滤波时，随着电容增大，输出电压的平均值增大，纹波减小。

例 9-9　测量如图 9-27 所示稳压管稳压电路中的各支路电流，并观察负载电阻变化对各支路电流及输出电压的影响。本例中选用型号为 IN4735A 的稳压管。

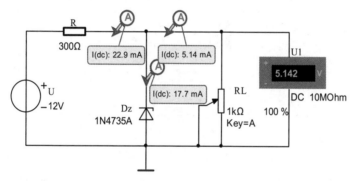

图 9-27　例 9-9 电路图

解：从二极管元器件库 ZENER 中选择型号为 IN4735A 的稳压管，其反向耐压 BV 值为 5.1 V，稳压管接入测量电路，工作在反向击穿状态。当稳压管反向击穿时，改变负载电阻 RL（按键 A 或 Shift+A）大小，测量输出电压和稳压管电流值，可以观察到各支路电流及输出电压的变化情况。测试结果见表 9-1。

表 9-1　例 9-9 的测试结果

负载电阻与最大值的百分比	负载电流/mA	稳压管电流/mA	电源电流/mA	输出电压/V
100%	5.14	17.7	22.9	5.142
80%	6.43	16.4	22.9	5.14
60%	8.56	14.3	22.9	5.136
40%	12.8	10.1	22.9	5.126
21%（反向饱和与击穿的临界状态）	23.5	0.0085	23.5	4.94

可以看出,负载电流小,稳压管电流就大;负载电流大,稳压管电流则小。但无论负载电阻 RL 如何变化,电源电流总是等于稳压管电流与负载电流之和,而输出电压则基本保持不变。

9.2　晶体管电路

半导体晶体管为双极型晶体管,简称为晶体管。它的电流放大作用和开关作用在电子技术中应用很广。本节通过典型实例讲解晶体管电流放大作用及输出特性测试,单管放大电路静态工作点的测试,以及放大电路电压放大倍数、输入电阻、输出电阻的测量方法和频率特性的观察方法。

9.2.1　晶体管特性测试

例 9-10　电路如图 9-28 所示,以 NPN 型晶体管为例,测试晶体管各极间电流分配关系及其电流放大作用。

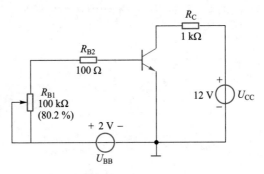

图 9-28　例 9-10 电路图

解:如图 9-29 所示,从元器件工具栏的晶体管元器件库中选择 ■ TRANSISTORS_VIRTUAI 虚拟晶体管子库中的 BJT_NPN,双击该晶体管,点击 Edit model(编辑模型)按钮,修改晶体管的 β 参数(BF),本题中 BF 值设置为 52,如图 9-30 所示,参数修改完成再点击 Change component 按钮,最后点击 OK 即可。

测试电路如图 9-31 所示,改变可变电阻 R_{B1} 的阻值,用电流探针测量基极电流 I_B、集电极电流 I_C 和发射极电流 I_E,测试结果见表 9-2。

表 9-2　例 9-10 的测试结果

基极电流 $I_B/\mu A$	0	20	40	60	80	100
集电极电流 I_C/mA	0.005	1.04	2.08	3.13	4.18	5.21
发射极电流 I_E/mA	0.005	1.06	2.12	3.19	4.26	5.31

通过仿真实验数据可知:

(1) $I_E = I_B + I_C$;

(2) I_E 和 I_C 几乎相等,但远远大于基极电流 I_B。由表 9-2 测量数据计算可得

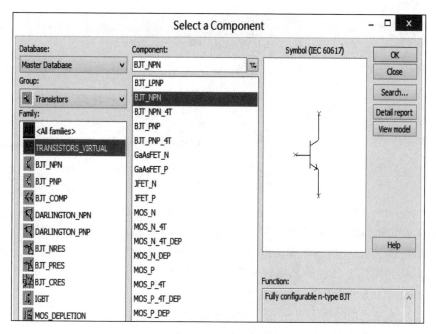

图 9-29 晶体管型号选择

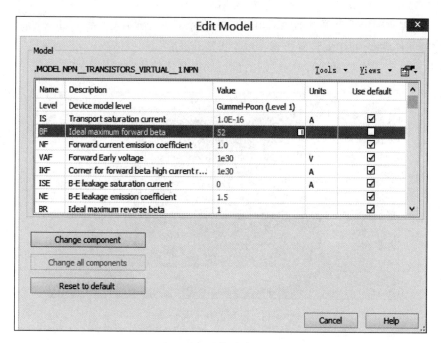

图 9-30 晶体管参数设置

$$\frac{I_{C3}}{I_{B3}} = \frac{2.08}{0.04} = 52, \frac{I_{C4}}{I_{B4}} = \frac{3.13}{0.06} = 52.1, \frac{\Delta I_{C}}{\Delta I_{B}} = \frac{I_{C4} - I_{C3}}{I_{B4} - I_{B3}} = \frac{3.13 - 2.08}{0.06 - 0.04} = \frac{1.05}{0.02} = 52.5$$

由仿真计算结果可知,基极电流 I_{B} 的微小变化,可引起比它大数十倍的集电极

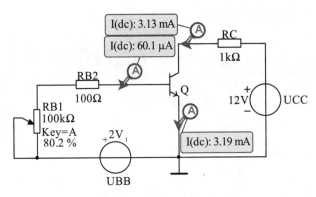

图 9-31　测试电路图

电流 I_C 的变化,且其比值近似为常数,这就是晶体管的电流放大作用。

例 9-11　以 NPN 晶体管为例,测试晶体管的输出特性。

解:从元器件工具栏的晶体管元器件库中选择
TRANSISTORS_VIRTUAL 虚拟晶体管子库中的
BJT_NPN,本题选用的晶体管 β(BF)设置为 52;从仪
器工具栏中选用 BJT Analyzer 分析仪。测试电路
如图 9-32 所示,将晶体管各个极分别接入 XLV1 分析
仪面板引脚,双击 XLV1 分析仪,在如图 9-33 所示界
面,选择元件类型为 NPN,设置仿真参数 V_CE Sweep

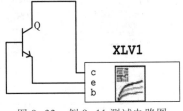

图 9-32　例 9-11 测试电路图

和 I_B Sweep,点击仿真运行 Run 按钮,即可获得晶体管伏安特性曲线。

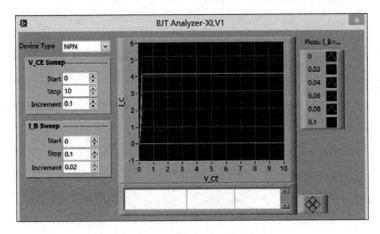

图 9-33　晶体管伏安特性曲线

视频:单管放
大电路

9.2.2　单管放大电路

例 9-12　如图 9-34 所示为单管分压式偏置放大电路,已知 $U_{CC}=24$ V,$R_{B1}=$
3 kΩ,$R_1=100$ kΩ,$R_{B2}=10$ kΩ,$R_E=1.5$ kΩ,$R_C=3.3$ kΩ,$R_L=5.1$ kΩ,$R_S=10$ Ω,$\beta=66$
(选晶体管型号为 2N2712)。要求:

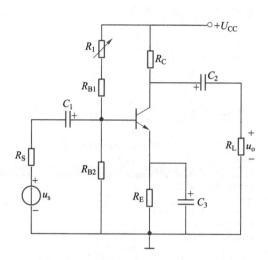

图 9-34　单管分压式偏置放大电路图

（1）测量基极电阻 $R_B = 33\ \mathrm{k\Omega}$ 即 $R_1 = 30\ \mathrm{k\Omega}$ 时的静态工作点 $Q(U_B、I_C、U_{CE})$；

（2）动态参数测试：基极电阻 $R_B = 33\ \mathrm{k\Omega}$ 时，测量源电压放大倍数 A_{us}、电压放大倍数 A_u，并观察发射极旁路电容 C_3 对电压放大倍数的影响，测量放大电路的输入电阻 r_i、输出电阻 r_o；

（3）用示波器观察输入、输出电压波形，观察其相位关系；

（4）改变基极电阻 R_B（即改变电位器 R_1），观察饱和失真和截止失真波形，以及观察断开发射极旁路电容 C_3 引入负反馈后对输出波形的改善情况；

（5）测量电压放大倍数的幅频特性 $A_u(f)$，求上、下限频率 f_H、f_L。

解：在晶体管的元件库中选择型号为 2N2712 的晶体管并双击，在如图 9-35 所示晶体管界面中，点击 Edit model（编辑模型）按钮，本例中晶体管的 β 参数（BF）值

图 9-35　晶体管界面

设为 66,如图 9-36 所示,参数修改完成后点击 Change component 按钮,最后点击 OK 确定。

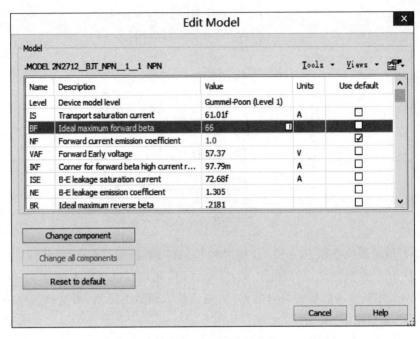

图 9-36　修改晶体管参数

(1) 静态工作点 $Q(U_B \ , I_C \ , U_{CE})$ 的测试

测试静态工作点 Q 的直流通路如图 9-37 所示,探针或电表应选用直流(DC),测量 U_{CE} 使用了差分电压探针。点击运行按钮,各电压、电流的静态值如图 9-37 所示。

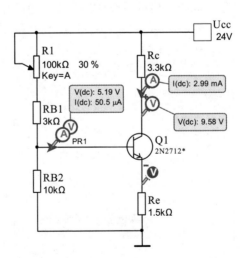

图 9-37　测试静态工作点的直流通路图

284

注意：
　输入信号 u_s 为 mV 级的小信号，探针或电表全部要选择交流（AC）。

（2）动态测试

① 电压放大倍数的测量

将 电压电流探针直接接到放大电路的输入、输出端，即可测得输入、输出的电压和电流值，如图 9-38 所示。

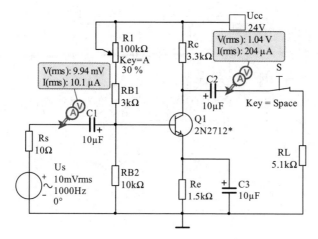

图 9-38　电压放大倍数测量电路图

源电压放大倍数是输出电压与信号源电压的比值，即 $A_{us} = -\dfrac{1040}{10} = -104$。

电压放大倍数 A_u 是输出电压与输入电压的比值：有旁路电容 C_3 时，电压放大倍数为 $A_u = -\dfrac{1040}{9.94} = -104.6$；没有旁路电容 C_3 时，电压放大倍数为 $A_u = -\dfrac{13}{9.99} = -1.3$。可见，没有旁路电容时，电压放大倍数 A_u 很低，这是由于引入了负反馈的缘故。

② 输入电阻 r_i 的测量

输入电阻 = 输入电压 / 输入电流

有旁路电容 C_3 时，由图 9-38 可得 $r_i = \dfrac{9.94\ \text{mV}}{10.1\ \mu\text{A}} = 0.984\ \text{k}\Omega$；没有旁路电容 C_3 时，$r_i = \dfrac{9.99\ \text{mV}}{1.43\ \mu\text{A}} = 6.98\ \text{k}\Omega$，输入电阻提高了。

③ 输出电阻 r_o 的测量

输出电阻 =（空载电压 - 负载电压）/ 负载电流

测试电路如图 9-38 所示，只要测出空载电压、负载电压、负载电流这三个值就可求得输出电阻 r_o。这里接入一个切换开关 S，断开开关 S 测量空载电压为 1.68 V，闭合开关 S 测得负载电压为 1.04 V，可见输出电压随负载电阻值的增加而增大。输出电阻为 $r_o = \dfrac{(1680-1040)\ \text{mV}}{204\ \mu\text{A}} = 3.14\ \text{k}\Omega$。

（3）观察输入、输出电压波形

将示波器的 B 通道接放大电路的输入端，A 通道接放大电路的输出端，测量电路如图 9-39 所示。调节示波器面板参数,测量结果如图 9-40 所示,可观察到清晰的输入、输出电压波形,并测得输入电压的幅值约为 14 mV,输出电压幅值约为 1.4 V,可得电压放大倍数约为 100。

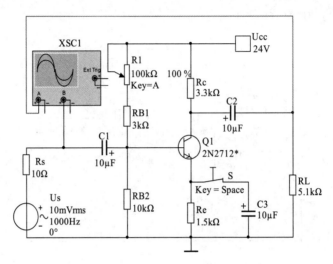

图 9-39　输入、输出电压波形的测量电路

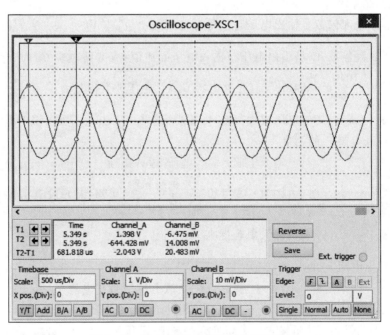

图 9-40　输入、输出电压波形的测量结果

另外,改变电位器 R_1 的阻值,可观察到截止失真和饱和失真,电压放大倍数也会随之改变。将 R_1 增大到 100% 最大值时,可观察到截止失真,波形如图 9-41 所示;当 R_1 减小到 15% 的最大值时,可观察到饱和失真,波形如图 9-42 所示;将电位器 R_1 调到 50% 的最大值(即静态工作点适中),而信号源增大为 100 mV 时,可观察

286

到两头都失真的波形如图 9-43 所示。

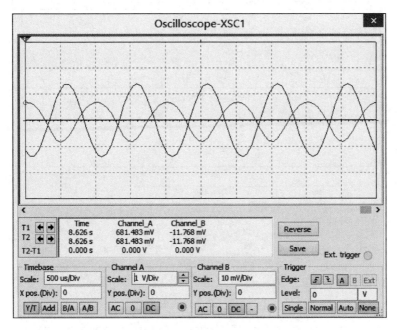

图 9-41 截止失真波形图

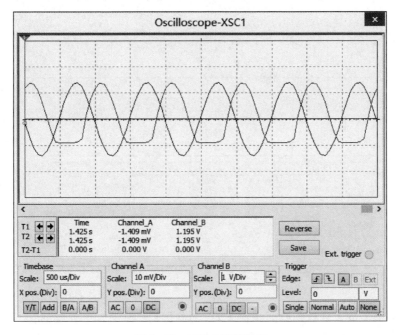

图 9-42 饱和失真波形图

（4）断开开关 S 使旁路电容 C_3 开路后,通过示波器可看到失真波形得到了明显的改善,实质是引入了负反馈,但这时的电压放大倍数明显降低,这一点可从示波器 A 通道 V/Div 挡位看出。图 9-44 为负反馈对饱和失真波形的改善情况图。

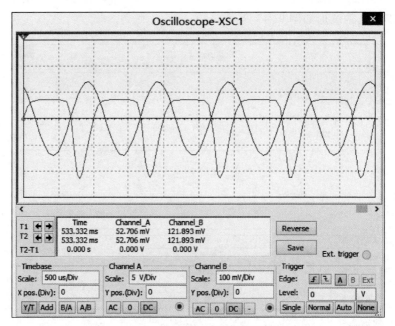

图 9-43　两头失真波形图

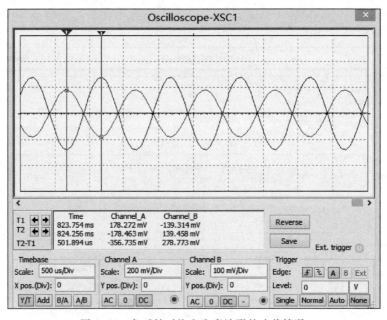

图 9-44　负反馈对饱和失真波形的改善情况

（5）电压放大倍数的幅频特性 $A_u(f)$ 的测量。

注意：这里是用伯德图仪测量电压放大倍数的幅频特性 $A_u(f) = U_o(f)/U_i(f)$，所以应将其输入端"IN+"接输入信号，输出端"OUT+"接输出信号。测量电路如图 9-45 所示。双击伯德图仪，在伯德图仪的控制面板上，选择 Magnitude，设定垂直轴的终值 F 为 60 dB，初值 I 为 -60 dB，水平轴的终值 F 为 100 GHz，初值 I 为 100 mHz，且垂直轴和水平轴的坐标设为对数方式（Log），观察到的幅频特性曲线如图 9-46 所示。用控制面板上的右移箭头将游标移到电源频率 1000 Hz 处，测得电压放大倍数约为 40 dB（$20 \lg A_u = 40$ dB），即 $A_u = 100$，与图 9-38 所测结果基本相同。

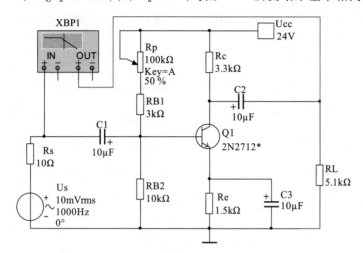

图 9-45　幅频特性的测量电路图

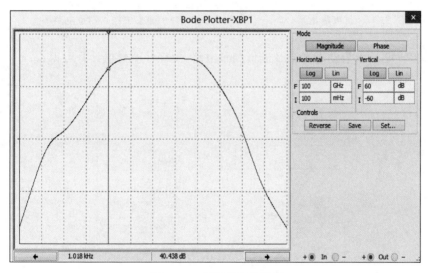

图 9-46　幅频特性曲线图

将游标移到中频段，测得电压放大倍数为 46.155 dB，可以再用左移、右移箭头移动游标找出电压放大倍数下降 3 dB 时所对应的两处频率——下限频率 f_L 和上限频率 f_H，两者之差即为电路的通频带 $f_{BW} = f_H - f_L$，将旁路电容 C_3 断开，观察幅频特性可看到通频带展宽，但电压放大倍数减小（图略），这是负反馈造成的影响。

9.2.3　射极输出器

例 9-13　图 9-47 所示为射极输出器，已知 $U_{CC} = 12$ V，$R_b = 120$ kΩ，$R_e = 4$ kΩ，

289

$R_{\mathrm{L}} = 4$ kΩ，$R_{\mathrm{s}} = 100$ Ω，晶体管的 $\beta = 40$（选晶体管型号为 2N2712）。求静态工作点、电压放大倍数及输入、输出电阻。

解： 在晶体管库中选择型号为 2N2712 的晶体管，修改其参数 BF 值为 40，图 9-48 所示为静态工作点测量电路，由电流探针与差分电压探针测量得到 $I_{\mathrm{B}} = 39.6$ μA，$I_{\mathrm{C}} = 1.58$ mA，$U_{\mathrm{CE}} = 5.51$ V。

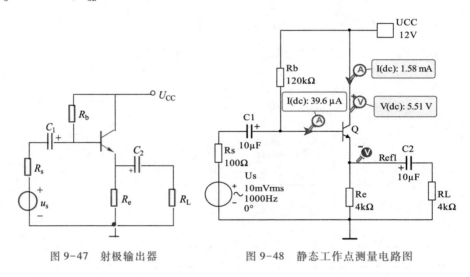

图 9-47　射极输出器　　　　　图 9-48　静态工作点测量电路图

图 9-49 所示为动态参数及波形测量电路，由探针测量值计算可得：

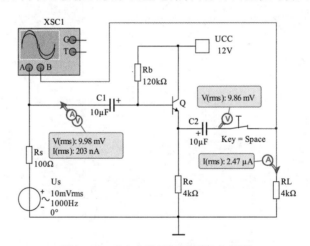

图 9-49　动态参数及波形测量电路图

$$电压放大倍数\ A_u = \frac{9.86\ \mathrm{mV}}{9.98\ \mathrm{mV}} = 0.99$$

$$输入电阻\ r_{\mathrm{i}} = \frac{9.98\ \mathrm{mV}}{0.203\ \mu\mathrm{A}} = 49.2\ \mathrm{k}\Omega$$

$$输入电阻\ r_{\mathrm{o}} = \frac{空载电压-有载电压}{有载电流} = \frac{9.93\ \mathrm{mV} - 9.86\ \mathrm{mV}}{2.47\ \mu\mathrm{A}} = 28.3\ \Omega$$

可见,射极输出器的电压放大倍数小于约等于1,输入电阻很大,输出电阻很小。

由示波器测量得到的输入、输出电压波形如图9-50所示,可以看到,射极输出器的输入、输出电压相位相同,且大小近似相等。

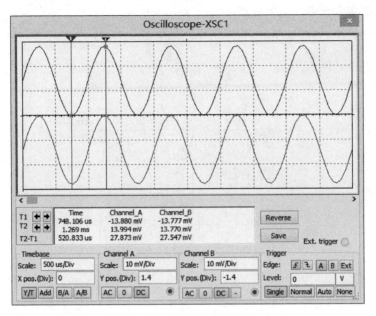

图9-50 输入、输出波形图

9.2.4 差分放大电路

例9-14 如图9-51所示差分放大仿真电路中,已知晶体管 $\beta = 50$,测量其静态工作点及双端输出的差模电压放大倍数,并通过示波器观察输入、输出波形。

解:（1）测量静态工作点。

测量静态工作点时需将输入信号短路或设为零,如图9-52所示,测量结果为

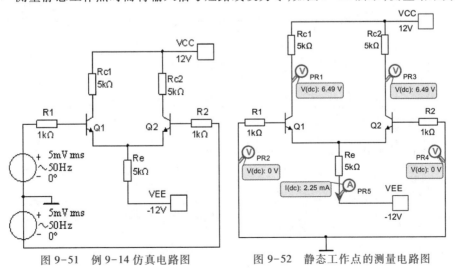

图9-51 例9-14仿真电路图   图9-52 静态工作点的测量电路图

291

$$U_{B_1} = U_{B_2} = 0 \text{ V}$$

$$U_{C_1} = U_{C_2} = 6.49 \text{ V}$$

$$I_E = 2.25 \text{ mA}$$

（2）测量差模电压放大倍数。

测量电路如图 9-53 所示,由电压探针测量结果可得双端输出时差模电压放大倍数

$$A_{od} = \frac{1010}{10} = 101$$

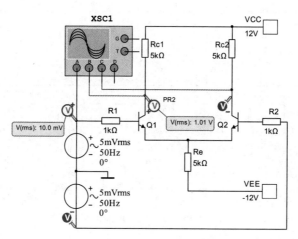

图 9-53　差模电压放大倍数的测量电路图

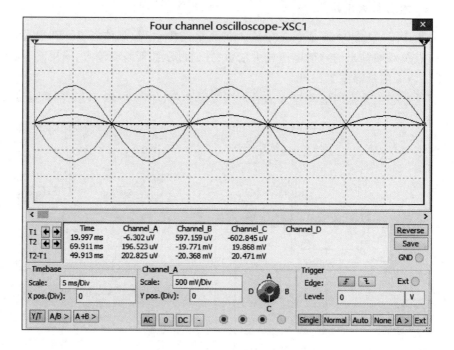

图 9-54　输入、输出电压波形图

图 9-54 所示为通过示波器观察到的输入、输出电压波形,其中 A 通道为输入信号波形, B 通道为晶体管 Q_1 的集电极输出电压波形,该输出电压与输入电压相位相反;C 通道为晶体管 Q_2 的集电极输出电压波形,该输出电压与输入电压相位相同。

9.2.5 功率放大电路

例 9-15 如图 9-55 所示为 OCL 互补对称功率放大电路,晶体管特性完全对称, $U_{CC} = 23\text{ V}$, $R_L = 9\text{ }\Omega$,当输入电压幅值发生变化时,观察其输出电压的波形,测量每个电源提供的功率和负载得到的功率并计算效率。

解:图 9-55 所示为工作于乙类状态的 OCL 互补对称功率放大电路。用示波器测量功率放大器的输入和输出电压波形,用功率探针或瓦特表测量电源提供的功率和负载得到的功率,测量电路如图 9-56 所示,其中两个虚拟晶体管特性完全对称。

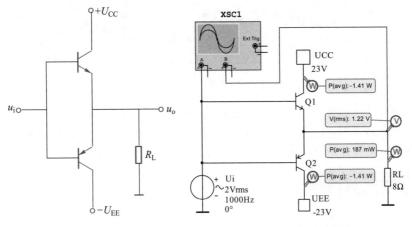

图 9-55 OCL 互补对称功率放大电路   图 9-56 测量电路图

改变输入电压 u_i 的值,观察输入和输出电压波形,记录功率探针或瓦特表读数。

图 9-57 所示为 $U_i = 2\text{ V}$ 时的输入、输出电压波形。显然,乙类工作状态下,在正负半轴交界的地方,输出电压波形出现了交越失真。

表 9-3 是当电源电压有效值 U_i 取不同值时测得的结果,其中 U_o 为电压探针

表 9-3 例 9-15 的测试结果

U_i/V	U_o/V	P_{E1}/W	P_{E2}/W	P_L/W	η
2	1.22	1.41	1.41	0.187	6.6%
7	6.16	7.67	7.67	4.74	30.9%
13	12.1	15.3	15.3	18.4	60.1%
16	15.1	19.2	19.2	28.6	74.4%
17	16.0	20.3	20.3	32.5	80.0%

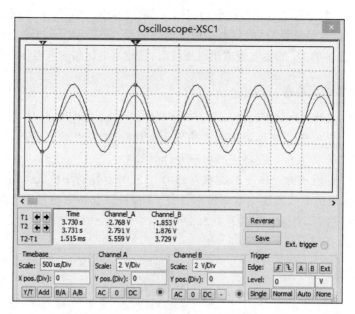

图 9-57　$U_i = 2$ V 时的输入、输出电压波形图

测得的输出电压的有效值，P_{E1} 和 P_{E2} 为功率探针测得的两个电源提供的功率，P_L 为负载得到的功率，功率转换效率可由公式 $\eta = P_L / (P_{E1} + P_{E2})$ 计算得到。

表中结果与理论计算基本相同，U_o 最大时，P_L 最大，η 最高。

9.3　集成运放的应用

9.3.1　运放的线性应用

例 9-16　分别测量图 9-58 和图 9-59 两种输入信号下对应的反相比例放大仿真电路的输出电压。

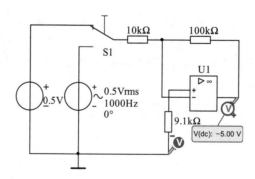

图 9-58　反相比例放大仿真电路(输入直流电压)

解:本题给出了两种输入电压信号，一种为直流 0.5 V，另一种为交流 $U_i = 0.5$ V，$f = 1$ kHz。测量电路及结果如图 9-58、图 9-59 所示。注意，测量时图 9-58 中的电压探针要选择 DC 挡，图 9-59 中的电压探针要选择 AC 挡。结果表明:测量值与理

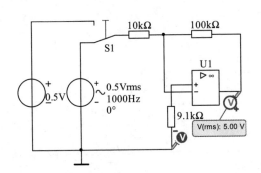

图 9-59 反相比例放大仿真电路(输入交流电压)

论计算是相吻合的。

例 9-17 电路如图 9-60 所示,已知 $U_1 = 2$ mV, $U_2 = 5$ mV, $U_3 = 1$ mV。试测量各级运算放大电路的输出电压 U_{o1} 和 U_{o2}。

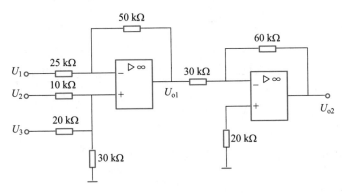

图 9-60 例 9-17 电路图

解:本题电路由加减运算电路和反相比例运算电路两级运放组成。在输出端接入电压探针或直流电压表即可测出各级输出电压,测量电路如图 9-61 所示。

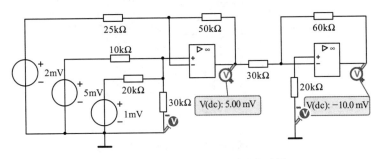

图 9-61 各级输出电压的测量电路图

例 9-18 如图 9-62 所示为测量放大电路,输入信号 $U_i = 200$ mV,当 $R_P = 2$ kΩ 时,试求该电路的电压放大倍数。

解:如图 9-62 所示电路由两级运放组成。第一级由两个输入阻抗很高、电路结构对称的同相放大器 A_1、A_2 构成了并联差分电路。第二级 A_3 形成差分放大器,以实现差模信号放大。

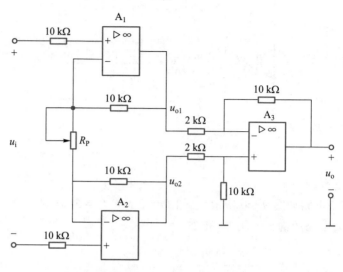

图 9-62 测量放大电路

如图 9-63 所示，$R_P = 2\ \Omega$，输入 $U_i = 200\ \text{mV}$，测得其输出电压 U_o 为 $-11\ \text{V}$，可得放大器的差模增益为

$$A_u = \frac{U_o}{U_i} = -55$$

调节电阻 R_P 的数值大小，就可以改变其放大倍数。

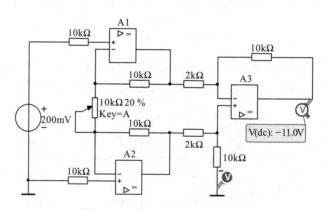

图 9-63 电压放大倍数测量电路

例 9-19 由集成运算放大器构成的低通滤波仿真电路如图 9-64 所示，观察其频率特性。

解：将伯德图仪接入电路中，如图 9-64 所示，双击伯德图仪，点击 Run 运行，则可观察到该低通滤波器的频率特性，如图 9-65 所示。注意：在伯德图仪的控制面板上，设定垂直轴的终值 F 为 10 dB，初值 I 为 -100 dB，水平轴的终值 F 为 20 kHz，初值 I 为 1 mHz，且垂直轴和水平轴的坐标设为对数方式（Log），从频率特性曲线可以看出,该低通滤波器的上限频率为 5.9 Hz。

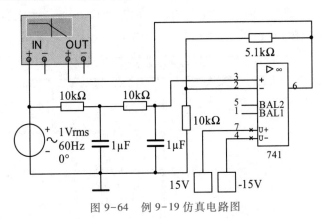

图 9-64 例 9-19 仿真电路图

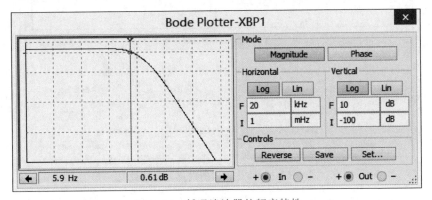

图 9-65 低通滤波器的频率特性

9.3.2 运放的非线性应用

例 **9-20** 观察如图 9-66 所示过零比较器仿真电路的电压传输特性及输入、输出电压波形。

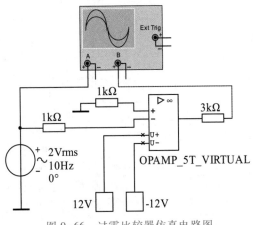

图 9-66 过零比较器仿真电路图

解:用示波器观察过零比较器的电压传输特性和输入、输出波形的电路如图 9-66 所示,A 通道接电路的输入端,B 通道接电路的输出端,双击示波器,将示波器的工作方式(即坐标轴)设置成 B/A,图 9-67 所示为过零比较器的电压传输特性。

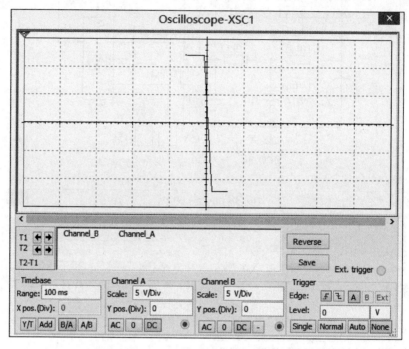

图 9-67 过零比较器的电压传输特性图

将示波器的工作方式设置为 Y/T,即可观察到如图 9-68 所示的输入、输出电压波形,为了使曲线清晰,观察时需调整 Timebase 挡和两通道的 V/Div 挡。

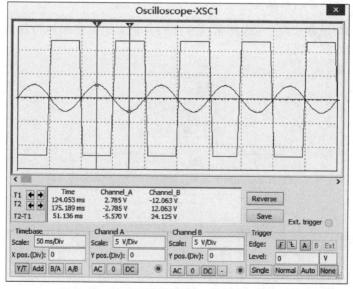

图 9-68 过零比较器的输入、输出电压波形图

由此可见,当输入电压大于零时,输出电压为负向饱和值-12.06 V,当输入电压小于零时,输出电压为正向饱和值 12.06 V,这正是过零比较器的显著特点。

例 9-21 图 9-69 所示为单门限任意电压比较器的仿真电路,已知稳压二极管的稳定电压值为 6 V,观察该电路的电压传输特性及输入、输出电压波形。

解:在二极管 DIODES_VIRTUAL 中选择稳压二极管 ZENER,设置其稳定电压参数(BV)为 6 V。双击示波器,将示波器的工作方式设置为 B/A,即可观察到该电路的电压传输特性,测试结果如图 9-70 所示。将示波器的工作方式设置为 Y/T,即可观察到该电路的输入、输出电压波形,测试结果如图 9-71 所示。由测试结果可知,当输入电压大于 3 V 时,输出电压为+6.5 V,当输入电压小于 3 V 时,输出电压为-6.5 V。

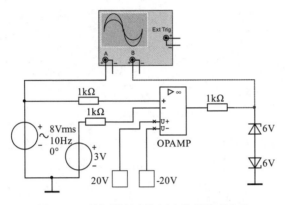

图 9-69 单门限任意电压比较器仿真电路

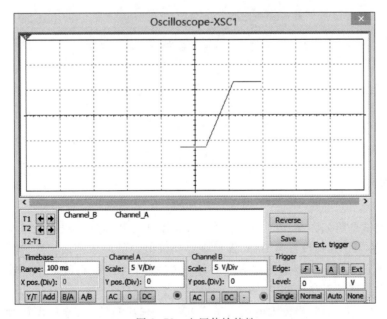

图 9-70 电压传输特性

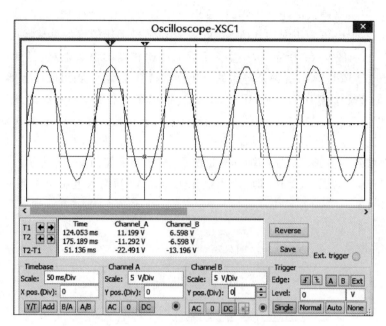

图 9-71　输入、输出电压波形

例 9-22　如图 9-72 所示为迟滞电压比较器的仿真电路,已知稳压管的稳定电压为 6 V,观察电压传输特性及输入、输出电压波形。

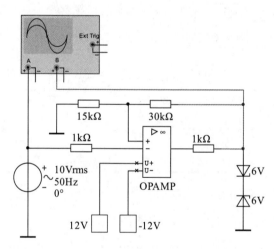

图 9-72　迟滞电压比较器的仿真电路图

视频:迟滞电压比较器

解:测试电路如图 9-72 所示,稳压管稳定电压参数(BV)为 6 V。双击示波器,将示波器的工作方式设置为 B/A,即可观察到该电路的电压传输特性,测试结果如图 9-73 所示。将示波器的工作方式设置为 Y/T,即可观察到该电路的输入、输出电压波形,测试结果如图 9-74 所示。

由测量结果可知,当输入电压大于 2.2 V 时,输出负跳变,输出电压为 -6.6 V;当输入电压小于 -2.2 V 时,输出正跳变,输出电压为 6.6 V。

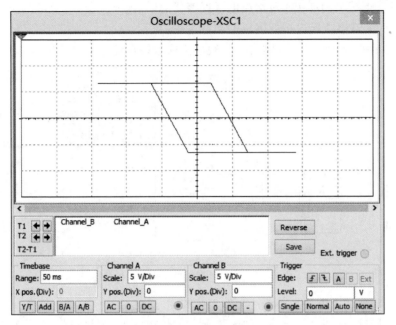

图 9-73 电压传输特性

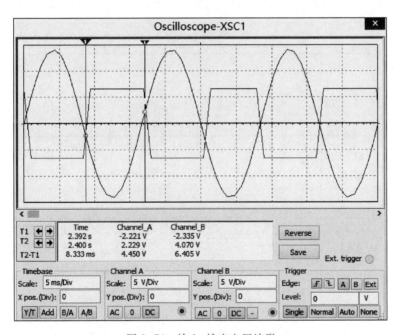

图 9-74 输入、输出电压波形

9.3.3 文氏电桥振荡器

例 9-23 文氏电桥振荡器仿真电路如图 9-75 所示,观察文氏电桥振荡器的起振过程;观察文氏电桥振荡器产生的正弦波,读出周期,计算振荡频率。另外观

视频:文氏电桥振荡器

301

察 9.9 kΩ 电阻变为 9 kΩ 对文氏电桥振荡器的影响。

解:(1) 观察文氏电桥振荡器的起振过程。

双击示波器,点击仿真运行按钮,观察文氏电桥振荡器的起振过程。

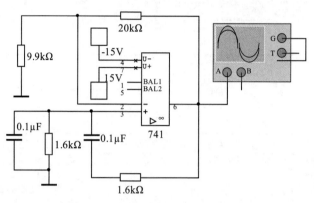

图 9-75　文氏电桥振荡器仿真电路图

(2) 观察文氏电桥振荡器产生的正弦波。

待起振过程结束后得到如图 9-76 所示的输出波形,测量得到该正弦波的周期约为 1 ms,因此可计算出振荡频率为 1 kHz。

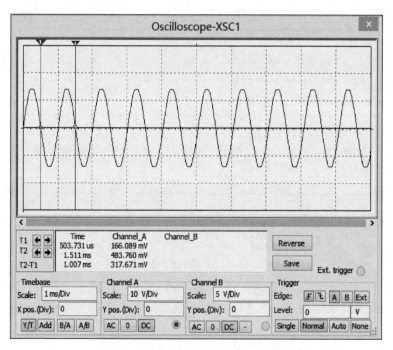

图 9-76　文氏电桥振荡器的输出波形

(3) 将 9.9 kΩ 电阻改为 9 kΩ,再观察文氏电桥振荡器的起振过程及产生的输出波形。阻值改变后,起振时间明显缩短,这是由于放大倍数增大所导致的,但输出波形失真,测量结果如图 9-77 所示。

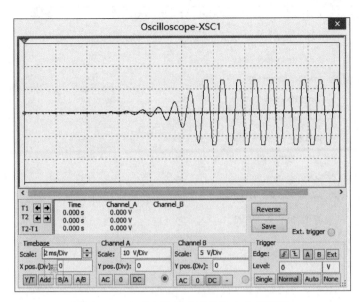

图 9-77　文氏电桥振荡器的输出失真波形

9.4　直流稳压电源

例 9-24　串联反馈型直流稳压电源仿真电路如图 9-78 所示,要求:(1) 测量输出电压的调节范围;(2) 当电位器调节到中间位置时,测量输出电压。

解: 从 运放库中选择 ANALOG_VIRTUAL 中的 OPAMP_3T_VIRTUAL,双击该元件,修改其正负电压摆幅为 ±21 V,如图 9-79 所示。

(1) 调节电位器的比例,测得输出电压的调节范围为 8.97～17.9 V。

(2) 当电位器调节到中间位置时,测得输出电压为 11.952 V。

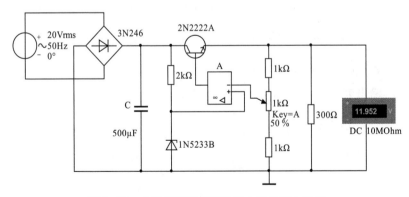

图 9-78　串联反馈型直流稳压电源仿真电路图

例 9-25　图 9-80 电路为三端集成稳压器 7805 组成的供电电路,试求 7805 的三端电流和输出电压,并分析当电源电压发生变化时,输出电压和电流的变化情况。

303

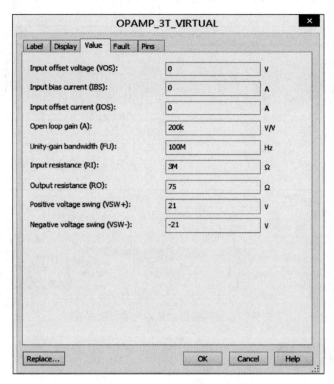

图 9-79   正负电压摆幅参数设置

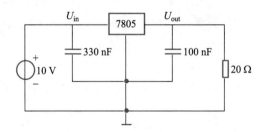

图 9-80   三端集成稳压器 7805 组成的供电电路图

解： 从 元件库中的 VOLTAGE_REGULATOR 中选取三端集成稳压器 LM7805,其输出电流、电压测量电路如图 9-81 所示。

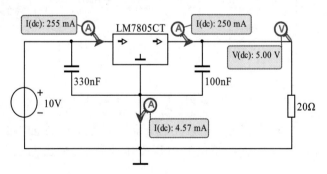

图 9-81   输出电流、电压测量电路图

（1）用电流、电压探针（DC 挡）测量三端集成稳压器 7805 的三端电流和输出电压。可见，三端集成稳压器 7805 的输入电流与输出电流近似相等，输出电压为 5 V。

（2）使用直流扫描方法分析输出电压和电流与输入电压之间的关系。

如图 9-82 所示，首先显示电路节点 U_{in}、U_{out}，然后选择 Simulate—Analyses and Simulate—DC Sweep，并设置分析参数和输出变量，注意将流过负载电阻（20 Ω 电

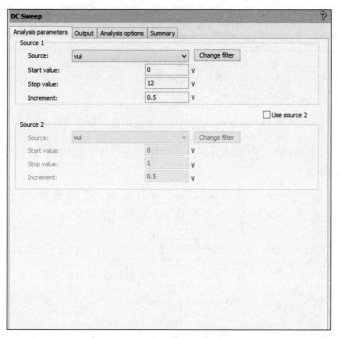

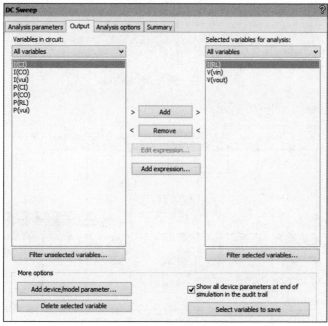

图 9-82　分析参数与输出变量设置窗口

阻)的电流加入输出变量。分析结果如图 9-83 所示。

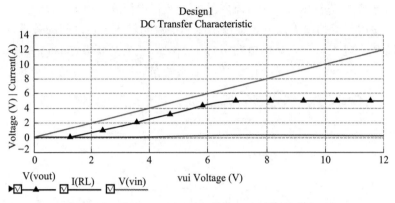

图 9-83　输出电压和电流与输入电压之间的关系图

由图 9-83 可知,输入电压大于 7 V 时,稳压器 7805 起到稳压作用,输出电压保持为 5 V 基本不变。

例 9-26　图 9-84 为三端集成稳压器 7805 组成的扩展电路,观察当电位器 R_2 变化时,图中电流 I_O 与电压 U_O 有何变化,并说明电路的特点。

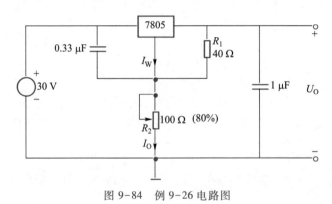

图 9-84　例 9-26 电路图

解:测量电路如图 9-85 所示。

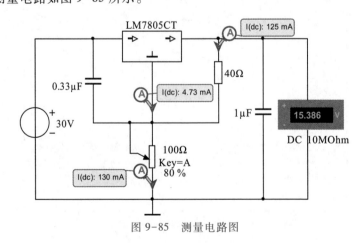

图 9-85　测量电路图

测量可得:当 R_2 变化时,$I_w \approx 4.73$ mA 很小,$I_0 \approx 130$ mA 基本不变,具有恒流的特点,故该电路可做理想电流源电路。

当 R_2 增大时,U_0 也随之增大,且 $U_0 \approx 5\left(1+\dfrac{R_2}{R_1}\right)$,故该电路又是输出可调的稳压电源。

例 9-27   图 9-86 电路为三端可调式集成稳压器 LM117H 的基本应用电路,试调节电位器 R_2 的大小,观察输出电压的变化。

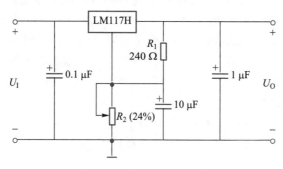

图 9-86   例 9-27 电路图

解:从 元件库中的 VOLTAGE_REGULATOR 中选取三端可调式集成稳压器 LM117H,LM117H 可实现输出电压 1.25～37 V 连续可调,且最大输出电流可达 1.5 A。其基准电压设置很小,约为 1.25 V,而允许的输入电压范围大(3～40 V)。为了使电路正常工作,它的输出电流应不小于 5 mA。

在图 9-87 电路中选用 40 V 作为输入电压,并用探针或电表(DC 挡)测量基准电压、输出电压和输出电流,调节 R_2 的大小可以看到,当 R_2 从 0%～70%(即 0～7 kΩ)变化时,稳压器输出电流约为 5.21 mA,基准电压 $U_{REF} \approx 1.25$ V,输出电压变化范围为 1.25～37 V。测量值与由公式 $U_0 = U_{REF}\left(1+\dfrac{R_2}{R_1}\right)$ 计算所得的值基本一致。

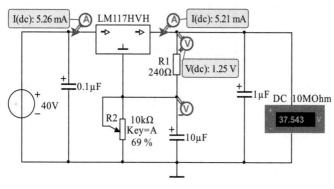

图 9-87   测量电路图

第 10 章　Multisim 14.0 在数字电子电路中的应用

数字电子电路和模拟电子电路具有截然不同的特点和仿真方法,数字电路多采用交互式仿真方式,Multisim 14.0 软件提供了多种形式的高、低电平输入信号,如数字时钟、交互式数字常数等,还可以通过字信号发生器编辑输入信号,输出状态可用电平指示器、发光二极管、数码管、逻辑分析仪、示波器等进行观测,同时还可用数字探针对输入、输出电平进行监测。此外软件还提供了一种虚拟仪器逻辑转换仪实现逻辑形式转换。

本章重点讲述 Multisim 14.0 软件在数字电路基础、组合逻辑电路、时序逻辑电路、脉冲波形的产生与整形、数模和模数转换技术中的应用。

10.1　数字电路基础

10.1.1　逻辑转换

例 10-1　化简逻辑关系表达式: $F = AC + \overline{\overline{A}BC} + \overline{B}C + A\overline{B}C + AB$,并画出用**与非门**表示化简后表达式的电路图。

解:Multisim 14.0 软件提供了一种实际当中没有的虚拟仪器逻辑转换仪(Logic converter),可以很方便地进行逻辑函数的化简、组合逻辑电路的分析与设计等。从仪器栏中找到逻辑转换仪图标 ![icon],将其放到电路工作窗口,如图 10-1 所示,再用鼠标左键双击它,出现如图 10-2 所示界面,在逻辑转换仪面板最底部的逻辑表达式窗口中,输入待化简的逻辑关系表达式。

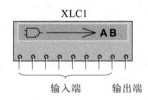

图 10-1　逻辑转换仪图标

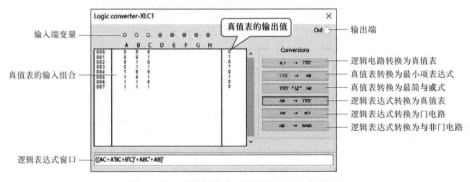

图 10-2　逻辑转换仪面板界面及功能描述

308

因为面板界面中没有化简逻辑表达式的直接方式,所以需要先按下
将逻辑表达式转换成真值表,然后再按下"真值表转换为最简**与或**式"的按钮
, 即可得到最简表达式, 如图 10-3 所示。按下"逻辑表达式转换为**与非门电路**"按钮 , 即可得到用两输入端**与非门**画出的电路图, 如图 10-4
所示。

注意:
在软件中用"'"
来表示逻辑非。

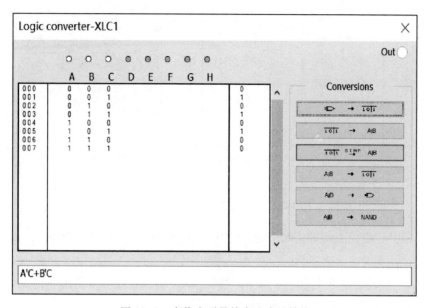

图 10-3　真值表到最简表达式的转换

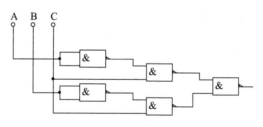

图 10-4　最简表达式的与非门电路图

例 10-2　化简以下包含无关项的逻辑关系表达式,并画出化简后表达式的电路图。

$$F = \sum m(2,4,6,8) + \sum d(0,1,13)$$

解:因为该表达式中最大的项数为 13,所以应该从逻辑转换仪的顶部选择四个输入变量(A、B、C、D),此时真值表区会自动出现输入变量的所有组合,而右边输出列的初始值全部为"?",根据逻辑表达式改变真值表的输出值(用鼠标左键点一次"?"即变"0",点一次"0"即变"1",点一次"1"即变"×"),得到的真值表如图 10-5 所示。

按下"真值表转换为最简**与或**式"的按钮 ,相应的逻辑表达式就会

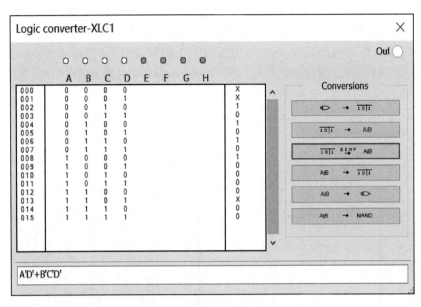

图 10-5　真值表到最简表达式的转换

出现在逻辑转换仪底部的逻辑表达式栏内。这样就得到了该式的最简表达式：$F=\overline{A}\ \overline{D}+\overline{B}\ \overline{C}\ \overline{D}$。

按下"逻辑表达式转换为门电路"按钮 ![A|B → ⊃] 即可得到用**非门**及两输入端逻辑**与**、**或**门画出的电路图，如图 10-6 所示。

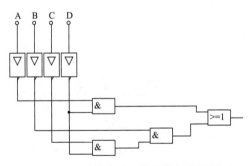

图 10-6　最简表达式的逻辑门电路图

10.1.2　逻辑门电路测试

例 10-3　测试 TTL **与非门** 74LS00 的逻辑功能。

解：从 ![TTL] TTL 元件库中点击![74LS]74LS，选择 74LS00N 或 74LS00D（二者只是封装形式不同，后缀中的"D"和"N"表示 IC 的封装分别为 SOIC 小外形集成电路封装和 PDIP 塑封双列直插，对电路模块的性能无影响），会弹出一个列表框![New A|B|C|D Cancel]，说明 74LS00 中有 A、B、C、D 四个功能完全相同的**与非门**，任意选取一个进行测试，测试电路如图 10-7 所示，其中数字电源 VCC 和数字地 GND 从电源库的![PWR] POWER

_SOURCES 中选取,电平指示器从 📧 指示器件库的 🔲 PROBE 中选取。通过 A 键、B 键控制输入端接高电平 *VCC* 或低电平 GND,观察输出端电平指示器的状态,电平指示器发光,说明输出为高电平,不发光说明输出为低电平。

图 10-8 所示 74LS00N 是从 🔧 TTL 元件库的 🔲 74LS_IC 中选取的,类似于在实验室做芯片测试,但实验室测试时,芯片必须接电源和地,而软件中已经默认接好,所以芯片的 *VCC* 和 GND 可以不接,Multisim 14.0 在电源库的数字电源 🔲 DIGITAL_SOURCES 中还提供了一种交互式数字常数 INTERACTIVE_DIGITAL_CONSTANT,图 10-8 中将输入端 1*A*、1*B* 与交互式数字常数相连,通过鼠标左键或按键 A、B 改变输入端的电平为 **0** 或 **1**,输出端 1*Y* 仍与电平指示器相连,同时在导线上还可以放一个数字探针 🔲(必须放在导线上),高电平时显示 1,低电平时显示 0。

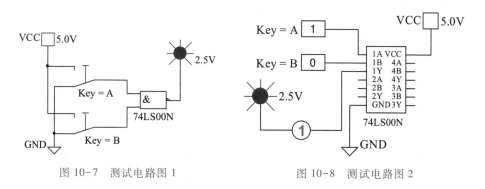

图 10-7　测试电路图 1　　　　图 10-8　测试电路图 2

图 10-9 中将 74LS00N 与逻辑转换仪相连,点击 🔲 → 🔲 按钮即可得到门电路的真值表。

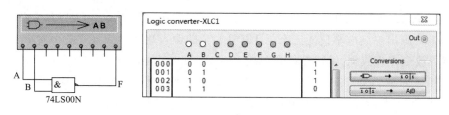

图 10-9　通过逻辑转换仪得到真值表

例 10-4　三态门的逻辑功能测试与应用。

解:从 🔲 的 🔲 TIL 中选取高电平使能的三态门 TRISTATE 和低电平使能的三态门 TRISTATE_NEG,从电源库的数字电源 🔲 DIGITAL_SOURCES 中选取数字时钟 DIGITAL_CLOCK 作为输入信号与两个三态门的输入端相连,在导线上放一个数字探针,双击数字时钟可改变其频率和占空比,两个三态门的控制端与交互式数字常数 *C* 相连,从 Place 菜单的 Connectors 中选择 Output connector 与两个三态门的输出端相连,并在导线上放数字探针,如图 10-10 所示。测试时,点击运行,通过按键 C,使控制端 *C* 输入 **1**,观察输入 *A* 与输出 Y_1、Y_2 处所放数字探针的状态,可以看到

此时输入 A 与输出端 Y_1 探针显示状态一致,而无论输入是 **1** 还是 **0**,输出端 Y_2 探针均显示×,即当 $C=1$ 时,$Y_1=A$,输出 Y_2 不受输入 A 影响,为高阻状态;通过按键 C,使控制端 C 输入 0,可以看到此时输入 A 与输出端 Y_2 探针显示状态一致,而无论输入是 **1** 还是 **0**,输出端 Y_1 探针均显示×,即当 $C=0$ 时,$Y_2=A$,输出 Y_1 不受输入 A 影响,为高阻状态。三态门的逻辑功能如表 10-1 所示。

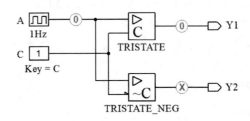

图 10-10　三态门逻辑功能的测试电路图

表 10-1　三态门的逻辑功能

控制端 C	输入端 A	输出端 Y_1	输出端 Y_2
0	**0**	高阻	**0**
0	**1**	高阻	**1**
1	**0**	**0**	高阻
1	**1**	**1**	高阻

　　三态门主要应用于总线传送,它可进行单向数据传送,也可进行双向数据传送。

　　图 10-11 所示为用三态门构成的双向总线,图中总线 Bus1 可从 Place 菜单中选择 Bus 画出。高电平使能三态门 TRISTATE 的输入端 A 接交互式数字常数,通过 A 键可改变输入数据,输出端接在总线 Bus1 上,并在弹出窗口的 Bus line 中填上相应的接口标号 a,如图 10-12 所示;低电平使能三态门 TRISTATE_NEG 的输入端接在总线 Bus1 上,并选择相同的接口标号 a。两个三态门的控制端接在一起,由按键 C 控制,当控制端输入信号为 **1** 时,TRISTATE 工作而 TRISTATE_NEG 为高阻状态,数据经 TRISTATE 后送到数据总线;当控制端输入信号为 **0** 时,TRISTATE_NEG 工作而 TRISTATE 为高阻状态,之前经 TRISTATE 传到数据总线的数据经 TRISTATE_NEG 后送到 Y 端。这样就可以通过改变控制信号的状态,实现分时数据双向传送。

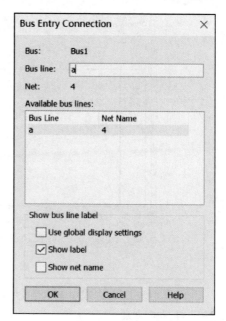

图 10-12 总线设置

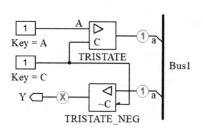

图 10-11 三态门构成的双向总线电路图

10.2 组合逻辑电路

10.2.1 组合逻辑电路的分析与设计

例 **10-5** 分析如图 10-13 所示电路的逻辑功能。

解:从 的 TIL 中选取**非门** NOT 和**与非门** NAND,并按图 10-13 进行连接。将电路的输入端 A、B 接到逻辑转换仪的输入端,电路的输出端 F 接到逻辑转换仪的输出端,如图 10-14 所示,然后双击逻辑转换仪,出现控制面板后,按下"电路图到真值表"的按钮 ,即可得到该电路的真值表,再按下"真值表到最简**与或**式"的按钮 ,得到的就是所求的最简**与或**式,结果如图 10-15 所示。

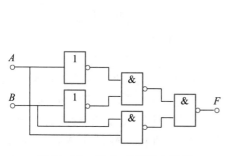

图 10-13 例 10-5 逻辑电路图

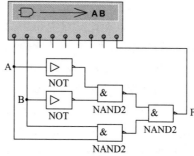

图 10-14 电路与逻辑转换仪的连接图

因此该逻辑电路的表达式为 $F = \overline{A}\,\overline{B} + AB$。

313

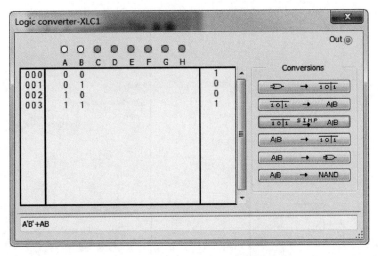

图 10-15　通过逻辑转换仪得到最简与或式

由真值表或表达式可知，当 $A = B$ 时 $F = 1$，当 $A \neq B$ 时 $F = 0$，所以该电路实现的是**同或**逻辑关系。

例 10-6　分析如图 10-16 所示逻辑电路的功能。

解：从 的 TIL 中选取三个两输入端**异或**门 XOR2，按图 10-16 进行连接，并连接逻辑转换仪，如图 10-17 所示。双击逻辑转换仪，通过"电路图到真值表"按钮，得到该逻辑电路的真值表如图 10-18 所示，由真值表可见：当输入为奇数个 **1** 时输出为 **1**，当输入为偶数个 **1** 时输出为 **0**，因此该电路是一个奇偶校验电路。

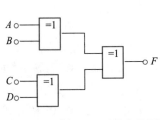

图 10-16　例 10-6 逻辑电路图

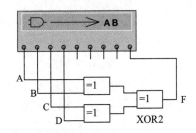

图 10-17　电路与逻辑转换仪的连接图

例 10-7　有 A、B、C 三台电机，它们正常工作时必须有且只能有一台电机运行，如果不满足这个条件，就发出报警信号，试设计该报警电路。

解：用逻辑转换仪完成设计。

从逻辑转换仪的顶部选择需要的输入变量（A、B、C），此时真值表区会自动出现输入变量的所有组合，而右边输出列的初始值全部为"？"。假定输入端为 **1** 表示电机运行，输出端为 **1** 表示发出报警信号。根据设计要求，改变真值表的输出值（**1**、**0** 或×），可得到真值表如图 10-19 所示。按下"真值表到最简**与或**式"的按钮，相应的逻辑表达式就会出现在逻辑转换仪底部的逻辑表达式栏内。然后，按下"表达式到电路图"的按钮，就得到了所要设计的逻辑电路，如图 10-20 所示。若需要可在输入端接上切换开关，在输出端接上指示灯或蜂鸣器进行模拟。

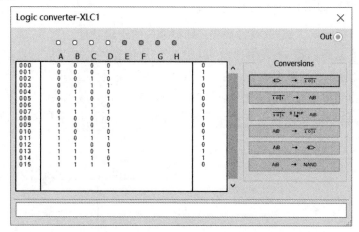

图 10-18　逻辑电路的真值表

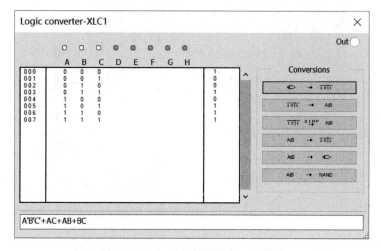

图 10-19　通过逻辑转换仪列真值表

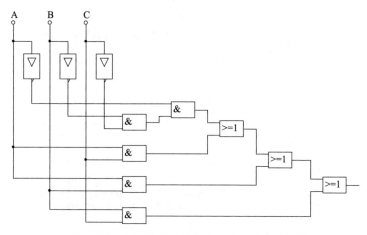

图 10-20　由逻辑转换仪自动生成的逻辑电路图

315

10.2.2　常用的组合逻辑电路

例 10-8　测试 3 线-8 线译码器 74LS138N 的逻辑功能。

解:(1) 从 的 74LS 中选取 74LS138N,从仪器栏选取字信号发生器 Word generator,按图 10-21 连接电路,输入信号的三位二进制代码由数字信号发生器产生,其状态由数字探针监测,输出信号的状态由电平指示器 $Y_0 \sim Y_7$ 监视,三个使能端 G_1、$\sim G_{2A}$ 和 $\sim G_{2B}$ 分别与三个交互式数字常数相连,通过按键 E、F、G 改变使能端状态。

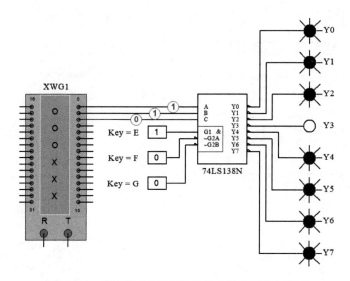

图 10-21　译码器 74LS138N 逻辑功能的测试电路图

(2) 双击字信号发生器,出现如图 10-22 所示的控制面板图,单击 Set 按钮,在

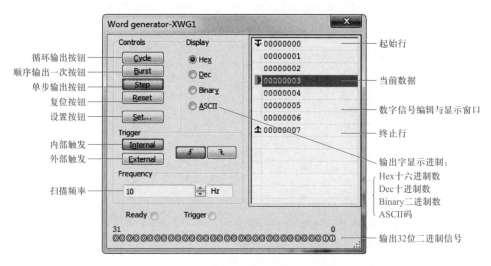

图 10-22　字信号发生器控制面板图

Settings 对话框中,选择递增编码方式(Up counter),按图 10-23 进行设置,然后单击 OK。之后,不断单击字信号发生器面板上的单步输出按钮(Step),观察输出信号与输入代码的对应关系。

图 10-23 设置按钮的对话框

(3) 记录结果见表 10-2。可见当 G_1 接低电平或 $\sim G_{2A}$ 和 $\sim G_{2B}$ 其中至少一端接高电平时,译码器被禁止,所有输出端均被封锁为高电平。只有当 G_1 接高电平,$\sim G_{2A}$ 和 $\sim G_{2B}$ 接低电平时,译码器才处于工作状态,三位二进制输入代码 C、B、A 共有 8 种状态组合,对应着 8 个不同的输出信号 $Y_0 \sim Y_7$,输出信号为低电平有效。

表 10-2 译码器 74LS138N 的逻辑功能

使能			通道选择			输出							
G_1	$\sim G_{2A}$	$\sim G_{2B}$	C	B	A	Y_0	Y_1	Y_2	Y_3	Y_4	Y_5	Y_6	Y_7
0	×	×	×	×	×	1	1	1	1	1	1	1	1
×	1	×	×	×	×	1	1	1	1	1	1	1	1
×	×	1	×	×	×	1	1	1	1	1	1	1	1
1	0	0	0	0	0	0	1	1	1	1	1	1	1
1	0	0	0	0	1	1	0	1	1	1	1	1	1
1	0	0	0	1	0	1	1	0	1	1	1	1	1
1	0	0	0	1	1	1	1	1	0	1	1	1	1
1	0	0	1	0	0	1	1	1	1	0	1	1	1
1	0	0	1	0	1	1	1	1	1	1	0	1	1
1	0	0	1	1	0	1	1	1	1	1	1	0	1
1	0	0	1	1	1	1	1	1	1	1	1	1	0

例 10-9　用 3 线-8 线译码器 74LS138N 实现数据分配的逻辑功能。

解：按图 10-24 连接电路，由 A、B、C 三线提供地址输入信号，分别与三个交互式数字常数相连，控制端 $\sim G_{2A}$ 作为数据输入端 D 接到频率为 10 Hz 的时钟脉冲上，由数字探针监视，时钟脉冲从电源库的数字电源 DIGITAL_SOURCES 中选取数字时钟 DIGITAL_CLOCK。在数字电源 DIGITAL_SOURCES 中选取两个数字常数 DIGITAL_CONSTANT 分别接在 G_1 和 $\sim G_{2B}$ 上，设置 G_1 端接的数字常数是高电平 **1**，$\sim G_{2B}$ 端接的数字常数是低电平 **0**，输出端与 LED 灯组相连，LED 灯组从二极管库的 LED 中选取绿色的 BAR_LED_GREEN，其由 8 个 LED 灯组成，标 A 的一端为阳极，另一端为阴极，图中采用共阳接法，阳极接 VCC，阴极与译码器的输出端相连，输出信号的状态同时由数字探针监视。运行时通过 A、B、C 三个按键控制交互式数字常数来提供不同的地址，可以看到在图示（输入为 **110**）状态下，Y_6 对应的 LED 随着 D 而闪烁（$D=0$ 时亮，$D=1$ 时灭），其余的都不亮，即相当于将数据 D 分配至 Y_6。如果 LED 采用共阴接法，阴极接 GND，阳极与译码器的输出相连，则显示状态正好相反。观察输出信号与地址输入及数据输入信号间的对应关系，记录结果见表 10-3。

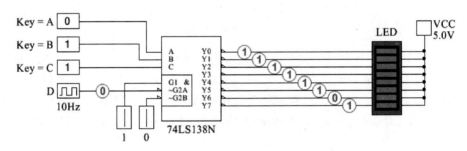

图 10-24　用译码器 74LS138N 实现数据分配的电路图

表 10-3　数据分配逻辑功能

输入			输出							
C	B	A	Y_0	Y_1	Y_2	Y_3	Y_4	Y_5	Y_6	Y_7
0	**0**	**0**	D	1	1	1	1	1	1	1
0	**0**	**1**	1	D	1	1	1	1	1	1
0	**1**	**0**	1	1	D	1	1	1	1	1
0	**1**	**1**	1	1	1	D	1	1	1	1
1	**0**	**0**	1	1	1	1	D	1	1	1
1	**0**	**1**	1	1	1	1	1	D	1	1
1	**1**	**0**	1	1	1	1	1	1	D	1
1	**1**	**1**	1	1	1	1	1	1	1	D

例 10-10 测试二-十进制译码器 74LS42N 的逻辑功能。

解:测试电路如图 10-25 所示,其中排阻 R 从 ～ 的 ▣ RPACK 中选取 4Line_Bussed,输入端通过 A、B、C、D 四个按键控制,当开关闭合时输入为 **0**,断开时输入为 **1**,输出端接 UNDCD_BARGRPH（不需译码的条形光柱,从 ▣指示器件库的 ▣ BARGRAPH 中选取）,它由 10 个独立的条形光柱组成,左侧为阳极,右侧为阴极。运行电路可见输出为低电平有效,即当输入 $DCBA$ 从 **0000~1001** 变化时,输出 $O_0 \sim O_9$ 对应的光柱依次有一个灭,其余的都亮,当输入 $DCBA$ 从 **1010~1111** 变化时,由于输入为伪码,输出全部为高电平,条形光柱全亮。

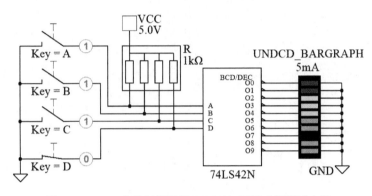

图 10-25 二-十进制译码器 74LS42N 逻辑功能测试电路

例 10-11 测试七段译码器 74LS47N 的逻辑功能。

解:测试电路如图 10-26 所示,输入信号的四位二进制代码由字信号发生器产生,其状态由数字探针监视,输出信号经限流电阻 R 接共阳七段数码管,其中限流电阻 R 从 ～ 的 ▣ RPACK 中选取排阻 7Line_Isolated,七段数码管从 ▣ 的 ▣ HEX_DISPLAY 中选 SEVEN_SEG_COM_A,数码管的阳极 CA 接高电平,为了便于观察,输出信号同时由数字探针监视,灭灯输入端 $\sim BI$、动态灭零输入端 $\sim RBI$ 和灯测试端 $\sim LT$ 分别与三个交互式数字常数相连。

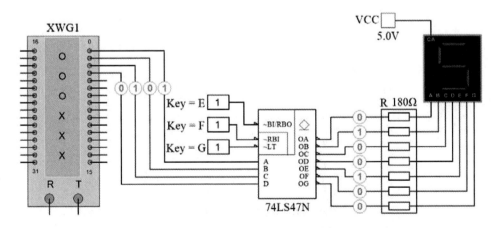

视频:测试七段译码器 74LS47N 的逻辑功能

图 10-26 七段译码器 74LS47N 逻辑功能的测试电路图

双击字信号发生器,单击 Set 按钮,在 Settings 对话框中,选择递增编码方式(Up counter),将 Buffer size 设为 16,然后单击 OK。在字信号发生器面板上设置频率及显示方式,点击 Cycle,如图 10-27 所示,则字信号发生器不断循环输出 0 ~ 15 的四位二进制数到 74LS47N 的输入端。按照表 10-4,改变三个控制端信号,同时根据输入信号记录七段译码器 74LS47N 的输出值及七段数码管的显示状态。

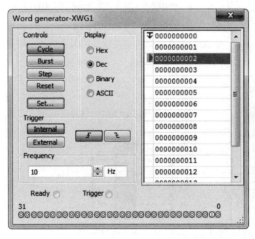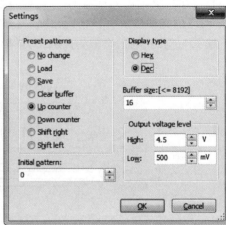

图 10-27 字信号发生器设置

表 10-4 七段译码器 74LS47N 的逻辑功能

十进制	控制		输入					输出							
	~LT	~RBI	D	C	B	A	~BI	OA	OB	OC	OD	OE	OF	OG	~RBO
0	1	1	0	0	0	0	1	0	0	0	0	0	0	1	1
1	1	×	0	0	0	1	1	1	0	0	1	1	1	1	1
2	1	×	0	0	1	0	1	0	0	1	0	0	1	0	1
3	1	×	0	0	1	1	1	0	0	0	0	1	1	0	1
4	1	×	0	1	0	0	1	1	0	0	1	1	0	0	1
5	1	×	0	1	0	1	1	0	1	0	0	1	0	0	1
6	1	×	0	1	1	0	1	1	1	0	0	0	0	0	1
7	1	×	0	1	1	1	1	0	0	0	1	1	1	1	1
8	1	×	1	0	0	0	1	0	0	0	0	0	0	0	1
9	1	×	1	0	0	1	1	0	0	0	1	1	0	0	1
10	1	×	1	0	1	0	1	1	1	1	0	0	1	0	1
11	1	×	1	0	1	1	1	1	1	0	0	1	1	0	1
12	1	×	1	1	0	0	1	1	0	1	1	1	0	0	1
13	1	×	1	1	0	1	1	0	1	1	0	1	0	0	1

续表

十进制	控制		输入					输出							
	$\sim LT$	$\sim RBI$	D	C	B	A	$\sim BI$	OA	OB	OC	OD	OE	OF	OG	$\sim RBO$
14	1	×	1	1	1	0	1	1	1	1	0	0	0	0	1
15	1	×	1	1	1	1	1	1	1	1	1	1	1	1	1
$\sim BI$	×	×	×	×	×	×	0	1	1	1	1	1	1	1	×
$\sim RBI$	1	0	0	0	0	0	×	1	1	1	1	1	1	1	0
$\sim LT$	0	×	×	×	×	×	1	0	0	0	0	0	0	0	1

可见,七段译码器 74LS47N 输出为低电平有效,七段数码管显示器显示的十进制数与输入的 BCD 码相对应。

例 10-12　分析 8 线-3 线编码器 74LS148N 的逻辑功能。

解:按图 10-28 连接电路,其中排阻 R 从 ∼ 的 ▣ RPACK 中选取 8Line_Bussed,拨码开关 S 从 ∼ 的 ⚊ SWITCH 中选取 DSWPK_8。拨码开关一端接地,另一端通过排阻接 5 V 电源,同时连接优先编码器的输入端,双击拨码开关可对其进行按键设置,本例中设置为 0~7 八个数字键,如图 10-29 所示,通过按键或鼠标左键单击均可拨动对应位开关,黑色块在上时接通 VCC,输入高电平信号 **1**,黑色块在下时接通地,输入低电平信号 **0**,可通过数字探针监测输入状态,选通输入端 EI 与交互式数字常数相连。输出代码的状态由电平指示器 $A_0 \sim A_2$ 监视。两个扩展输出端 GS、EO 用于扩展编码功能,其状态由电平指示器 GS、EO 监视。

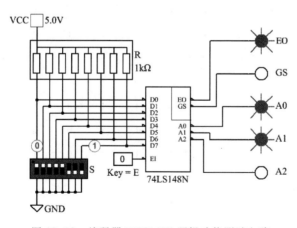

图 10-28　编码器 74LS148N 逻辑功能测试电路

运行电路,按照表 10-5 所列输入信号状态依次进行测试,观察并记录输出结果。

可见,只有当选通输入端 $EI = \textbf{0}$ 时,编码器才能正常工作。该编码器的输入为低电平有效,且输入 7 端的优先级别最高,输入 0 端的优先级别最低,输出是输入编码二进制数的反码。编码器工作且至少有一个信号输入时,$GS = \textbf{0}$,编码器工作

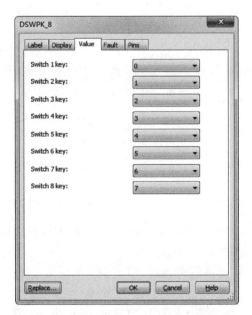

图 10-29　拨码开关按键设置

且没有信号输入时，$EO = 0$。

表 10-5　编码器 74LS148N 的逻辑功能

	输入								输出				
EI	0	1	2	3	4	5	6	7	GS	EO	A_2	A_1	A_0
1	×	×	×	×	×	×	×	×	1	1	1	1	1
0	1	1	1	1	1	1	1	1	1	0	1	1	1
0	×	×	×	×	×	×	×	0	0	1	0	0	0
0	×	×	×	×	×	×	0	1	0	1	0	0	1
0	×	×	×	×	×	0	1	1	0	1	0	1	0
0	×	×	×	×	0	1	1	1	0	1	0	1	1
0	×	×	×	0	1	1	1	1	0	1	1	0	0
0	×	×	0	1	1	1	1	1	0	1	1	0	1
0	×	0	1	1	1	1	1	1	0	1	1	1	0
0	0	1	1	1	1	1	1	1	0	1	1	1	1

　　例 10-13　分析如图 10-30 所示由优先编码器 74LS148N 和七段译码器 74LS47N 构成的编码译码电路。

　　解:按图 10-30 连接仿真电路,图中七段译码器 74LS47N 的输出为低电平有效,74LS47N 用于驱动共阳数码管,数码管的阳极 CA 接高电平,蜂鸣器可从□的□□ BUZZER 中选取,并将其电压设置为 4 V 左右,将其管脚 1 接高电平,管脚 2 接晶体

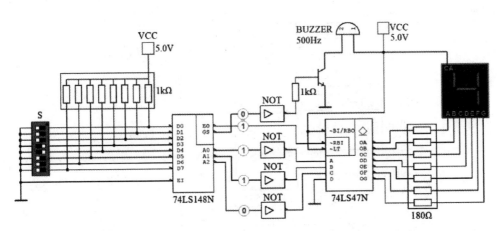

图 10-30 由 74LS148N 与 74LS47N 构成的编码译码电路图

管。拨码开关的快捷键设置为数字 0~7,通过键盘控制拨码开关可以改变编码器的输入电平,编码器根据优先编码的原则输出相应的编码。由于编码器 74LS148N 输出是低电平有效,而译码器 74LS47N 的输入端为高电平有效,所以在两个芯片之间加有反相器。通过仿真可以看到,当有按键接地时,GS 为 **0**,EO 为 **1**,说明有编码输出,蜂鸣器发出声音,数码管显示优先级高的数字,当所有按键都接高电平时,GS 为 **1**,EO 为 **0**,说明没有编码输出,蜂鸣器不响,此时动态灭零端低电平有效,数码管不显示。

例 10-14 测试数据选择器 74LS153N 的逻辑功能。

解:74LS153N 为双四选一数据选择器,选择其中一个进行测试。将使能端 ~$1G$ 及选择信号 B、A 与交互式数字常数相连,输入端 $1C_0 \sim 1C_3$ 分别与四个频率不同的时钟信号相连,输出端 $1Y$ 接示波器 A 通道,同时用数字探针监测,点击 ⚙ 探针设置,选择其参数模式为 Instantaneous and periodic(瞬时值和周期)。运行电路可见,当使能端为 **1** 时,输出为 **0**,选择器不工作;当使能端为 **0** 时,选择器才工作。BA = **00** 时,选择 $1C_0$ 所接信号输出,BA = **01** 时选择 $1C_1$ 所接信号输出,BA = **10** 时选择 $1C_2$ 所接信号输出,BA = **11** 时选择 $1C_3$ 所接信号输出,图 10-31 中 BA = **10**,所以选择 30 Hz 矩形波信号输出。

例 10-15 分别画出用数据选择器 74LS151N、译码器 74LS138N(加门电路)实现函数 $F(A, B, C) = \overline{A}\ \overline{B} + B\overline{C}$ 的逻辑电路图,并加以验证。

解:先在逻辑转换仪 XLC1 中输入函数表达式,再点击 `A|B → 101`,得到其真值表,如图 10-32 所示,由此可得函数的最小项表达式为 $F(A, B, C) = \sum m(0, 1, 2, 6)$。据此可画出用 74LS151N 实现函数的电路如图 10-33 所示,用 74LS138N(加**与非门**)实现函数的电路如图 10-34 所示,图中接入逻辑转换仪用于验证电路的正确性,即分别将 XLC2、XLC3 的输入变量 A、B、C 与 74LS151N、74LS138N 的输入端 C、B、A 相接,XLC2 的输出与 74LS151N 的 Y 端相连,XLC3 的输出和**与非门**的输出相连。双击 XLC2、XLC3,点击 `⊃ → 101`,即可得到真值表,再点击 `101 SIMP A|B`,即可得到最简表达式,所得结果与图 10-32 中所示完全相同,说明所画电路正确。

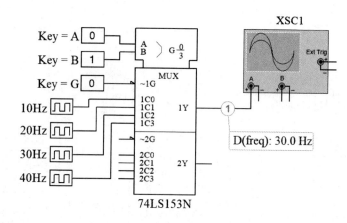

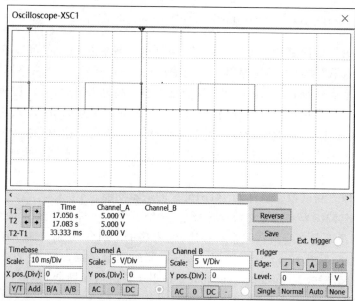

图 10-31　数据选择器 74LS153N 逻辑功能测试电路及测试结果

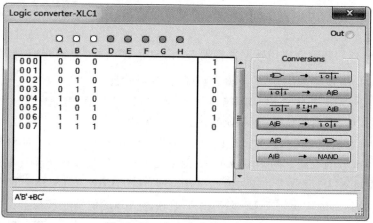

图 10-32　由表达式得出真值表

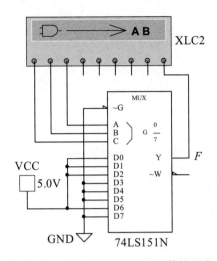

图 10-33 用 74LS151N 实现函数的电路

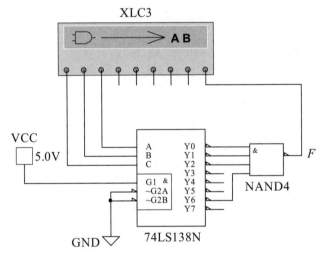

图 10-34 用 74LS138N 实现函数的电路

例 10-16 试用数据选择器 74LS153N 构成全加器。

解:由表 10-6 全加器的真值表可得

$$S(A,B,C_1) = \overline{A}\ \overline{B}C_1 + \overline{A}B\overline{C_1} + A\ \overline{B}\ \overline{C_1} + ABC_1 = m_0 C_1 + m_1 \overline{C_1} + m_2 \overline{C_1} + m_3 C_1$$

$$C_0(A,B,C_1) = \overline{A}BC_1 + A\overline{B}C_1 + AB\overline{C_1} + ABC_1 = m_1 C_1 + m_2 C_1 + m_3 \overline{C_1} + m_3 C_1 = m_1 C_1 + m_2 C_1 + m_3$$

其中 m_i 为 AB 的最小项,而数据选择器 74LS153N 的表达式为 $Y = \sum_{i=0}^{3} m_i C_i$,其中 m_i 为 BA 的最小项。所以令 $1C_0 = 1C_3 = 2C_1 = 2C_2 = C_1$,$1C_1 = 1C_2 = \overline{C_1}$,$2C_0 = \mathbf{0}$,$2C_3 = \mathbf{1}$,按图 10-35 连接电路。通过按键 A、B、C 改变被加数 A、加数 B 与来自低位的进位 C_1 的值,观察和 S 与进位端 C_0 的状态,其结果与表 10-6 全加器的真值表完全相同。

325

表 10-6　全加器真值表

输入			输出	
A	B	C_I	S	C_O
0	0	0	0	0
0	0	1	1	0
0	1	0	1	0
0	1	1	0	1
1	0	0	1	0
1	0	1	0	1
1	1	0	0	1
1	1	1	1	1

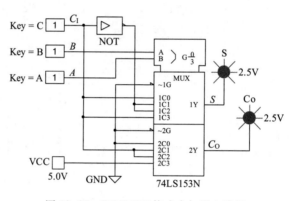

图 10-35　74LS153N 构成全加器电路图

例 10-17　用先行进位加法器 74LS83N 实现两个四位二进制数的加减运算。

解:图 10-36 是采用 74LS83N 和**异或**门组成的加减法电路,图中 $A_4A_3A_2A_1$ 为四位二进制被加数(被减数),$B_4B_3B_2B_1$ 为四位二进制加数(减数),由交互式数字常数通过按键 A~H 输入二进制数,**异或**门可实现数据的可控求反,其输出由数字探针监测,S 为加减法控制端,当 $S=1$ 时为减法运算,$S=0$ 时为加法运算。C_0 接 S 端,加法时 $C_0=S=0$,不影响和位以及进位 C_4,减法时,$C_0=S=1$,$B_4B_3B_2B_1$ 先与 **1 异或**变反后再加上低位的进位 $C_0=1$,正好是将其变成补码后再与 $A_4A_3A_2A_1$ 相加,即减法操作通过补码加法运算实现,C_4 为进位输出,$S_4S_3S_2S_1$ 为四位二进制和输出,其状态由电平指示器监视。

326

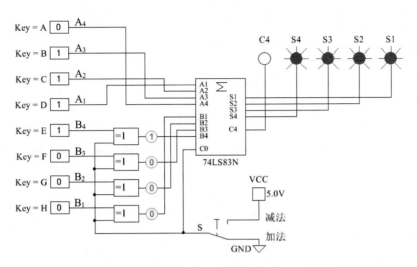

图 10-36　74LS83N 和异或门组成的加减法电路图

10.2.3　组合逻辑电路的竞争-冒险

例 10-18　观察组合逻辑电路中的竞争-冒险现象。

解：（1）在如图 10-37 所示的有竞争-冒险现象的组合逻辑电路中，A、B 为输入信号，均接高电平，C 为时钟脉冲，时钟脉冲频率设为 10 Hz，用示波器观察输入的时钟脉冲波形与输出波形，如图 10-38 所示。

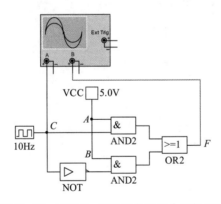

图 10-37　有竞争-冒险现象的组合逻辑电路

从理论上讲，图 10-37 所示电路中的逻辑表达式为 $F = AC + B\bar{C} = 1$，即输出应始终为高电平，但输出波形中却出现了如图 10-38 所示的负尖脉冲，这就是竞争-冒险现象。

（2）为消除竞争-冒险现象所产生的负尖脉冲，在图 10-37 的电路中增加冗余项 AB，如图 10-39 所示，这样 $F = AC + B\bar{C} + AB$，当 $A = B = 1$ 时，无论 C 如何变化，F 始终为 **1**，从而消除了负尖脉冲，波形如图 10-40 所示。

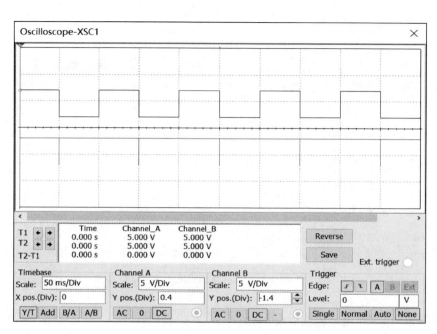

图 10-38　观察到的竞争-冒险现象

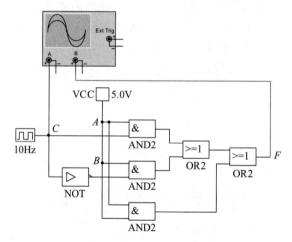

图 10-39　为消除竞争-冒险现象的改进电路图

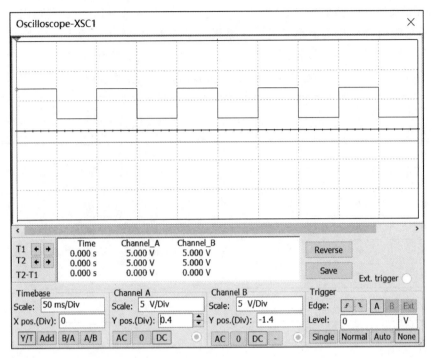

图 10-40 改进电路的波形图

10.3 时序逻辑电路

10.3.1 触发器与时序逻辑电路的分析

例 **10-19** 测试 *JK* 触发器的逻辑功能。

解:从 🔲 的 🔲 TIL 中选取 JK_FF,按图 10-41 连接电路。时钟端 *CLK* 信号由数字时钟电源提供,频率设为 10 Hz,直接置位端 SET,直接复位端 RESET,信号输入端 *J*、*K* 均与交互式数字常数相连,并通过按键 S、R、J、K 控制 **0**、**1** 的输入,四通道示

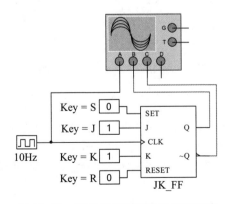

图 10-41 *JK* 触发器逻辑功能测试电路

329

波器的 A 通道接时钟信号,B、C 通道分别接输出 Q、$\sim Q$(即 $\overline{Q}$),运行电路,用示波器观察输出随时钟变化的波形并将测试结果记录在表 10-7 中。图 10-42 所示为当 $S=R=0$,$J=K=1$ 时用示波器测得的 JK 触发器输出随时钟变化的波形。

表 10-7　JK_FF 触发器的逻辑功能表

输入					输出	
S	R	CP	J	K	Q^{n+1}	$\overline{Q}^{n+1}$
0	1	×	×	×	0	1
1	0	×	×	×	1	0
0	0	↑	0	0	Q^n	$\overline{Q}^n$
0	0	↑	0	1	0	1
0	0	↑	1	0	1	0
0	0	↑	1	1	$\overline{Q}^n$	Q^n

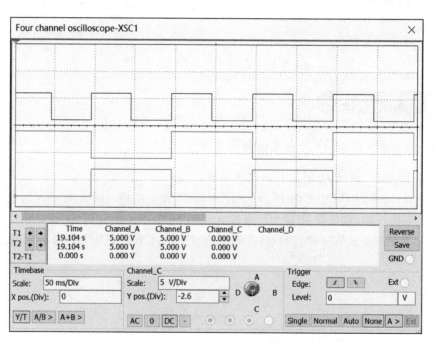

图 10-42　$S=R=0$,$J=K=1$ 时 JK 触发器输出随时钟变化的波形

从仿真结果可见 JK_FF 的置位端 SET、复位端 RESET 均为高电平有效,正常工作时应使其无效,即应接低电平。本题也可从 🔲 的 🔢 TIL 中选取 JK_FF_NEGSR 进行测试,其与 JK_FF 的区别是置位端 SET、复位端 RESET 均为低电平有效。请读者自行完成测试。

例 10-20　分析如图 10-43 所示计数器电路的逻辑功能,画出状态转换图及波形图。

解：由于仿真软件中没有下降沿触发的 JK 触发器，所以仍从 的 TIL 中选取上升沿触发的 JK 触发器 JK_FF_NEGSR（其中置位端 SET、复位端 RESET 均为低电平有效，正常计数时应使其无效，所以应接高电平），而图 10-43 中 JK 触发器均在 CP 下降沿触发，所以可将 CP 下降沿通过非门变成上升沿后再接到 JK_FF_NEGSR 的时钟端，用数字探针和译码显示器（从 的 HEX_DISPLAY 中选 DCD_HEX）来显示电路的状态，如图 10-44 所示。画出计数器的状态转换图如图 10-45 所示。用示波器测得的波形如图 10-46 所示。

可见，该计数器是同步三进制加法计数器。

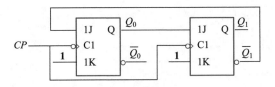

图 10-43   例 10-20 逻辑电路图

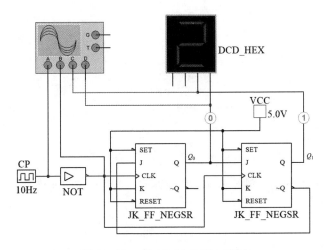

图 10-44   例 10-20 仿真电路图

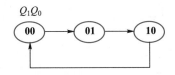

图 10-45   计数器的状态转换图

例 **10-21**   逻辑电路如图 10-47 所示，其中 X 是输入变量，设触发器初始状态 $Q=1$，试画出 $X=10110101$ 时触发器输出 Q 和输出 Y 的波形。

解：仿真电路如图 10-48 所示。D 触发器 D_FF 从 的 TIL 中选取，其置位端 SET、复位端 RESET 用于设置初始状态，均为高电平有效，由于要设置触发器初始状态 $Q=1$，因此将置位端 SET 与交互式数字常数相连，复位端 RESET 接地。用

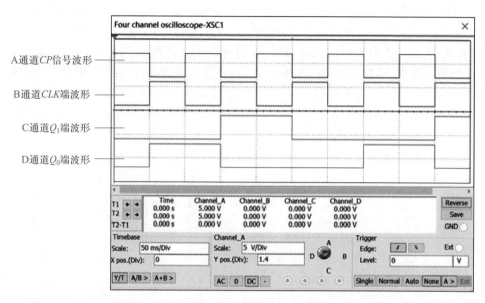

图 10-46　用示波器测得的波形图

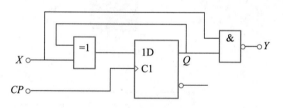

图 10-47　例 10-21 逻辑电路图

字信号发生器的最低两位输出提供 CP 脉冲与 X 信号,用四通道示波器测量 CP、X、Q、Y 的波形。

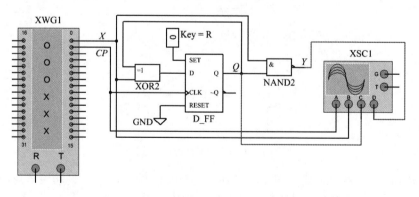

图 10-48　例 10-21 仿真电路图

　　为了使字信号发生器按照题目要求提供信号,必须在其输出信号编辑窗口中编辑信号。首先根据题意画出时钟脉冲 CP 和信号 X 的时序图,然后以 CP 脉冲为高位,以 X 信号为低位,写出每个脉冲半个周期时间段所有信号的十六进制(或十进制、二进制)数值,如图 10-49 所示。最后将这些数值按照地址输入到字信号发生器的数字信号编辑与显示窗口内。编辑完成的信号如图 10-50 所示,图中按十六进制(Hex)输入信号。

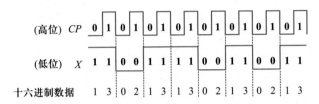

图 10-49 信号转换成十六进制数值

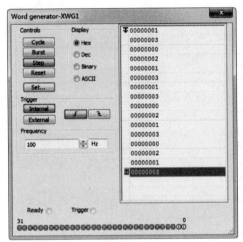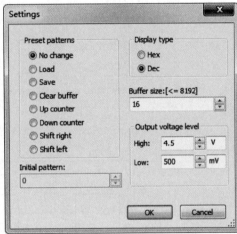

图 10-50 字信号发生器编辑与设置

仿真时,先点击字信号发生器的 Reset 按钮,使当前数据为窗口中的第一行数据,再通过按键 R 将图 10-48 中与 D_FF 置位端 SET 相连的交互式数字常数切换到高电平,使其满足 $Q=1$ 的初始条件,然后点击运行按钮,再通过按键 R 将交互式数字常数切换到低电平,使触发器正常工作,接着点击字信号发生器控制面板上的 Step 按钮,使其从第一行开始以单步运行方式输出数字信号,直到最后一行。调节示波器扫描频率及各通道的 y 轴位置即可得到如图 10-51 所示的波形图。

例 10-22 分析如图 10-52 所示时序逻辑电路的逻辑功能,列出状态转换表并画出在 CP 作用下各状态变量的波形图。

解:从 的 TIL 中选取 D_FF_NEGSR(其中置位端 SET、复位端 RESET 均为低电平有效,正常工作时应使其无效,所以应接高电平)。

按图 10-53 连接电路,在电路的输出端,用电平指示器和七段译码显示器来显示电路的状态,据此得到电路的状态转换表如表 10-8 所示。输出波形可用四通道示波器测量,也可用逻辑分析仪(从仪器栏中选取 Logic Analyzer)测量,双击逻辑分析仪,在其控制面板图上 Clock 区域单击 Set 按钮,并对 Clock rate 进行适当设置,即可观察到时钟脉冲和各触发器的输出波形,如图 10-54 所示。

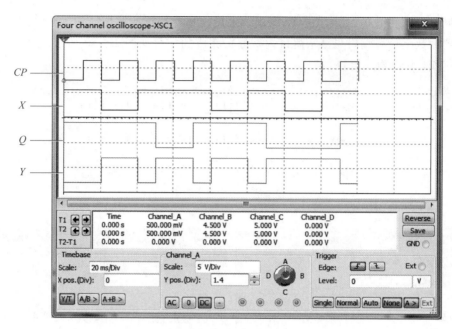

图 10-51　示波器显示的波形图

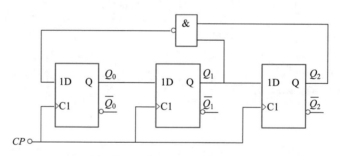

图 10-52　例 10-22 逻辑电路图

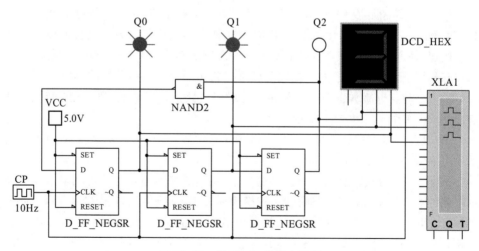

图 10-53　例 10-22 仿真电路图

334

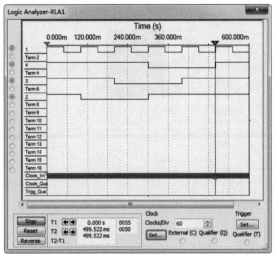
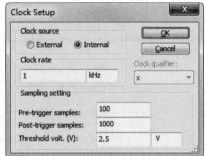

图 10-54 逻辑分析仪设置及时钟脉冲和各触发器的输出波形图

表 10-8 状态转换表

CP	Q_2	Q_1	Q_0
0	**0**	**0**	**1**
1	**0**	**1**	**1**
2	**1**	**1**	**1**
3	**1**	**1**	**0**
4	**1**	**0**	**0**
5	**0**	**0**	**1**

10.3.2 集成计数器及其应用

例 10-23 测试四位同步二进制加法计数器 74LS163N 的功能并用其构成十二进制计数器。

解：从 TTL 元件库的 74LS 中选择 74LS163N，CLK 与数字时钟脉冲相连，其余输入端与交互式数字常数相连，输出进位端 RCO 与电平指示器相连，Q 端与译码显示器相连，如图 10-55 所示。通过各输入端按键控制各输入信号，观察输出变化，得到其功能表如表 10-9 所示。

用 74LS163N 构成十二进制计数器可以采用清零法和置数法。

335

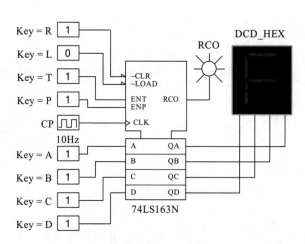

图 10-55　测试电路

表 10-9　74LS163N 功能表

输入					输出
$\overline{CLR}$	$\overline{LOAD}$	ENT	ENP	CLK	Q^n
0	×	×	×	↑	同步清除
1	**0**	×	×	↑	同步预置
1	**1**	**1**	**1**	↑	计数
1	**1**	**0**	×	×	保持
1	**1**	×	**0**	×	保持

（1）清零法

由于 74LS163N 为同步清零,所以反馈码为 $Q_D Q_C Q_B Q_A = 1011$,当计数器状态为 **1011** 时,通过**与非**门加到清零端,等待下一个脉冲到来时清零。如图 10-56 所示。

注意:
使用清零法时,输入 *DCBA* 不起作用,可以不接。

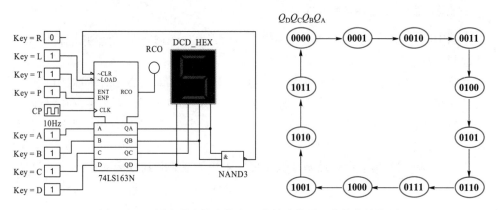

图 10-56　用清零法构成的十二进制计数器及其状态转换图

（2）置数法

用置数法设计任意进制计数器时，反馈码与置数输入端 $DCBA$ 的数值有关，因此根据预置数的不同可以设计出不同的电路，例如当 $DCBA=\mathbf{0010}$ 时，构成的十二进制计数器及其状态转换图如图 10-57 所示。

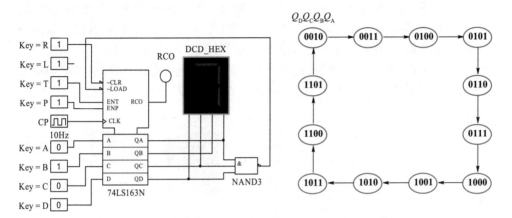

图 10-57　用置数法构成的十二进制计数器及其状态转换图

如果 $DCBA=\mathbf{1000}$，要构成十二进制计数器，应当如何搭建电路才能实现，请读者自行仿真。

例 **10-24**　试分析如图 10-58 所示由四位同步二进制加法计数器 74LS161N 构成的计数器。

解：图 10-58 是由 74LS161N 构成的可变进制计数器。该计数器采用的是反馈预置数法，即当计数器计数到 **1111** 时，计数器进位端 RCO 出现高电平，通过**非门**给置数端 $\sim LOAD$ 发出置数指令，将 $DCBA$ 的值置入，通过空格键 Space 控制交互式数字常数可改变预置数，当交互式数字常数切换为 **1** 时，预置数为 **0110**，此时数码管循环显示 $6\rightarrow7\rightarrow8\rightarrow9\rightarrow A\rightarrow B\rightarrow C\rightarrow D\rightarrow E\rightarrow F$，计数器为十进制；当交互式数字常数切换为 **0** 时，预置数为 **1010**，此时数码管循环显示 $A\rightarrow B\rightarrow C\rightarrow D\rightarrow E\rightarrow F$，计数器为

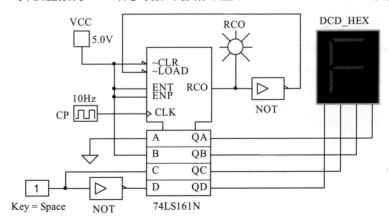

图 10-58　用 74LS161N 构成的计数器仿真电路图

337

六进制。

例 **10-25**　用四位异步二进制加法计数器 74LS293N 构成十二进制计数器。

解：74LS293N 由一个二进制计数器 DIV2 和一个八进制计数器 DIV8 组成，二者串联即构成十六进制计数器，R_{01}、R_{02} 为共用异步清零端，高电平有效。

本题采用了两种方法构成十二进制计数器。图 10-59 中将二进制输出端 Q_A 与八进制时钟端 IN_B 相连构成十六进制，再用清零法构成十二进制，其时序图如图 10-60 所示。图 10-61 中将八进制输出端 Q_D 与二进制时钟端 IN_A 相连构成十六进制，再用清零法构成十二进制，这两种方法的时序图、状态图相同，只是输出的高低位顺序不同，前者为 $Q_D Q_C Q_B Q_A$，后者为 $Q_A Q_D Q_C Q_B$。

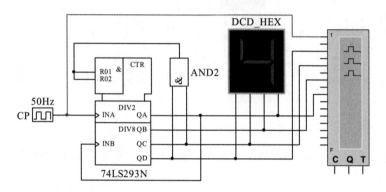

图 10-59　用 74LS293N 构成的十二进制计数器

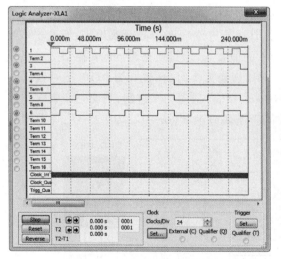
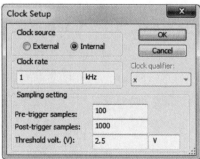

图 10-60　用 74LS293N 构成的十二进制计数器的时序图

例 **10-26**　用 74LS290N 分别构成 8421BCD 码十进制计数器和 5421BCD 码十进制计数器。

解：74LS290N 由一个二进制计数器 DIV2 和一个五进制计数器 DIV5 组成，二者串联即构成十进制计数器，公共清零端 R_{01}、R_{02} 和公共置 9 端 R_{91}、R_{92} 均为高电平

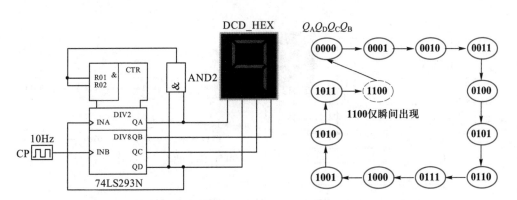

图 10-61　用 74LS293N 构成十二进制计数器的另一种方法及其状态图

有效。图 10-62 为用 74LS290N 构成的 8421BCD 码十进制计数器及其状态图,图 10-63 为用 74LS290N 构成的 5421BCD 码十进制计数器及其状态图。

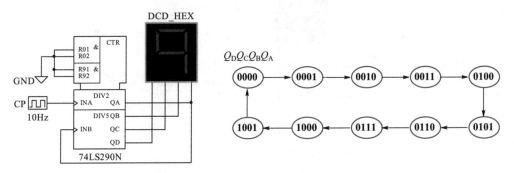

图 10-62　用 74LS290N 构成的 8421BCD 码十进制计数器及其状态图

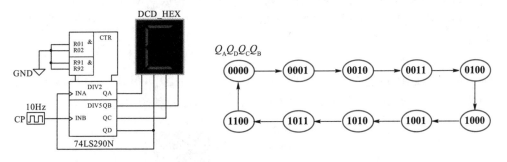

图 10-63　用 74LS290N 构成的 5421BCD 码十进制计数器及其状态图

例 10-27　用 74LS290N 构成七进制计数器。

解:74LS290N 具有异步清零端和异步置 9 端,可分别用清零法和置数法构成七进制计数器。

(1) 清零法。电路如图 10-64 所示。

(2) 置数法。电路如图 10-65 所示。

上述两种方法都是先把 74LS290N 构成 8421BCD 码十进制计数器,然后再构成七进制计数器,同理可先把 74LS290N 构成 5421BCD 码十进制计数器,然后再构

视频:用 74LS290N 构成七进制计数器

339

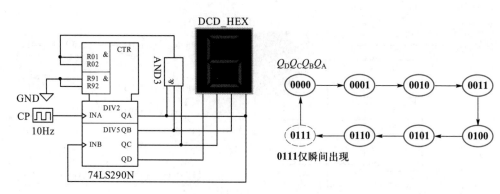

图 10-64　用清零法构成的七进制计数器及其状态图

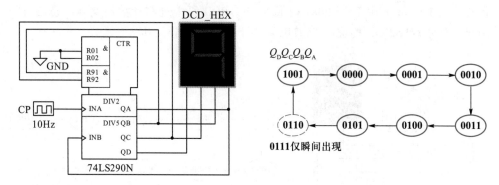

图 10-65　用置数法构成的七进制计数器及其状态图

成七进制计数器,请读者自行练习仿真。

例 10-28　用同步十进制加法计数器 74LS160N 构成六进制计数器。

解:74LS160N 具有同步置数、异步清零功能,可用多种方法构成六进制计数器。

(1) 清零法

由于 74LS160N 是异步清零,所以反馈码为 $Q_D Q_C Q_B Q_A$ = **0110**,当计数器状态为 **0110** 时,$Q_C Q_B$ 通过**与非门**加到 ~CLR 端,立即清零,电路如图 10-66 所示。逻辑分

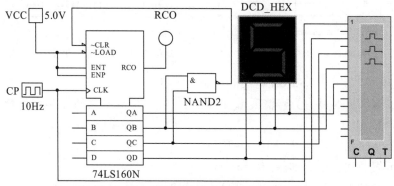

图 10-66　用清零法构成的六进制计数器

340

析仪观察到的时序波形如图 10-67 所示。

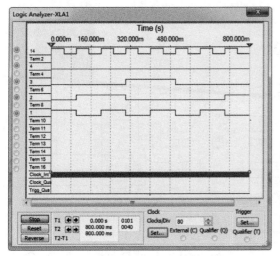
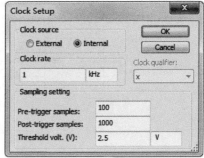

图 10-67　用清零法构成的六进制计数器的时序图

（2）置数法

用置数法设计时,根据预置数的不同可以设计出不同的电路,例如当 $DCBA =$
0000 时,与清零法构成六进制时的状态图和时序图都相同,但由于 74LS160N 是同
步置数,所以反馈码为 $Q_D Q_C Q_B Q_A = $ **0101**,读者可通过设置不同的预置数自行设计
六进制计数器并进行仿真。当预置数较小时,RCO 始终为低电平,没有进位输出,
当预置数较大时,就会产生进位输出(RCO 变高电平)。例如在如图 10-68 所示仿
真电路中,预置数为 $DCBA =$ **1001**,反馈码为 $Q_D Q_C Q_B Q_A = $ **0100**,当计数器状态为
0100 时,Q_C 通过非门加到 $\sim LOAD$ 端(可通过数字探针观察 $\sim LOAD$ 端状态),等待
下一个脉冲到来时将预置数 **1001** 放到输出端,计数过程为 $0 \to 1 \to 2 \to 3 \to 4 \to 9 \to 0$,
当显示 9 时 RCO 变为高电平。

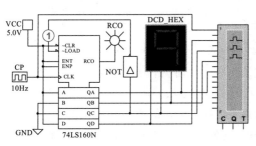
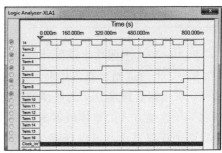

图 10-68　用置数法构成的六进制计数器

例 10-29　试分析如图 10-69 所示由计数器 74LS190N 和译码器 74LS47N 构
成的计数译码电路。

解:74LS190N 为同步十进制可逆计数器,其功能表如表 10-10 所示。由表可

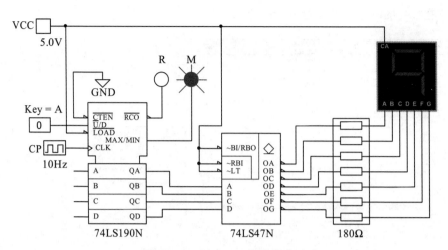

图 10-69　例 10-29 仿真电路图

知,$\overline{CTEN}$ 为计数器使能端,低电平有效,$\overline{U/D}$ 为加/减计数的控制端。图 10-69 中通过 A 键来控制计数器的加、减,计数器输出的四位二进制数通过译码器 74LS47N 译码后,由共阳数码管显示出来。用电平指示器 R 指示进位端 $\overline{RCO}$ 的状态,用 M 指示 MAX/MIN 的状态,可以看到二者状态相反,加计数时计到最大值 9 时 R 灭、M 亮,减计数时计到最小值 0 时 R 灭、M 亮。

表 10-10　74LS190N 的功能表

输入				输出
CLK	$\overline{CTEN}$	$\overline{LOAD}$	$\overline{U/D}$	Q
×	1	1	×	保持
×	×	0	×	预置数
↑	0	1	0	加计数
↑	0	1	1	减计数

视频:二十四进制计数器设计

例 10-30　用两片十进制计数器 74LS160N 构成二十四进制计数器。

解:二十四进制计数器如果用于数字时钟,做"时"计时显示电路,可采用如图 10-70 所示同步连接方式的整体置数法(或整体清零法)构成,也可采用如图 10-71 所示异步连接方式的整体清零法构成。两片 74LS160N 的输出端 Q_D、Q_C、Q_B、Q_A 分别接两个译码显示器用以观察计数状态。为使电路图更加简洁明了,两个图中都使用了总线。

二十四进制计数器如果不作"时"计时显示电路,可由一个 N_1 进制计数器和一个 N_2 进制计数器连接起来构成,其中 N_1 和 N_2 为正整数,且 $N_1 \times N_2 = 24$。请读者自行设计仿真。

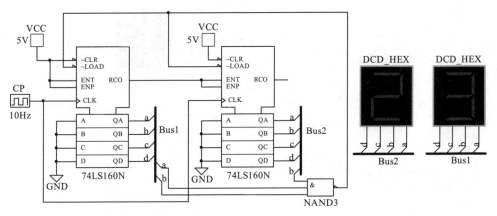

图 10-70　同步连接方式的整体置数法构成的二十四进制计数器("时"计时显示电路)

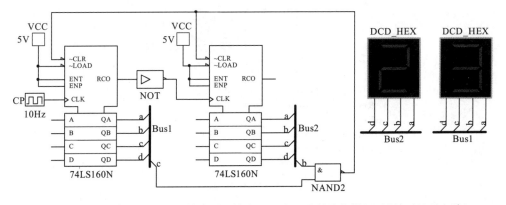

图 10-71　异步连接方式的整体清零法构成的二十四进制计数器("时"计时显示电路)

10.3.3　寄存器

例 10-31　测试四位 D 锁存器 74LS75N 的功能。

解:74LS75N 由四位门控 D 锁存器组成,两个锁存器为一组,共用一个时钟信号 EN。图 10-72 所示为 74LS75N 的测试电路,运行仿真可见,在时钟信号为高电平期间,输出端 Q 的状态随 D 变化;当时钟信号变为低电平时,Q 端状态锁存为时钟信号由高变低前 Q 的电平。

例 10-32　74LS194N 是由四个触发器组成的四位双向移位寄存器,要求测试 74LS194N 的功能,并用 74LS194N 构成五进制计数器,画出电路图及状态转换图。

解:按图 10-73 连接电路,在时钟 CLK 端接 1 Hz 的数字时钟脉冲,并用数字探针监测脉冲电平,其余输入端接交互式数字常数,输出端接逻辑电平指示器。运行电路,得到 74LS194N 的功能表如表 10-11 所示。

其中 $\sim CLR$ 为异步清零端,S_1、S_0 是控制输入端,SL 和 SR 分别是左移和右移串行输入端。A、B、C、D 是并行输入端。Q_A 和 Q_D 分别是左移和右移时的串行输出端,Q_A、Q_B、Q_C、Q_D 为并行输出端。

视频:移位寄存器 74LS194N 测试及应用

343

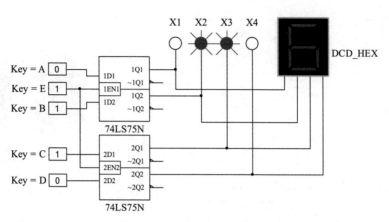

图 10-72　74LS75N 的测试电路

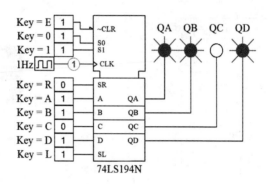

图 10-73　74LS194N 的测试电路图

表 10-11　74LS194N 的功能表

输　入											输　出				工作模式
清零	控制		串行输入		时钟	并行输入				输出					
~CLR	S_1	S_0	SL	SR	CLK	A	B	C	D	Q_A	Q_B	Q_C	Q_D		
0	×	×	×	×	×	×	×	×	×	**0**	**0**	**0**	**0**	异步清零
1	**0**	**0**	×	×	×	×	×	×	×	Q_A^n	Q_B^n	Q_C^n	Q_D^n	保持
1	**0**	**1**	×	**1**	↑	×	×	×	×	**1**	Q_A^n	Q_B^n	Q_C^n	右移,SR 为串行输入,Q_D 为串行输出
1	**0**	**1**	×	**0**	↑	×	×	×	×	**0**	Q_A^n	Q_B^n	Q_C^n	
1	**1**	**0**	**1**	×	↑	×	×	×	×	Q_B^n	Q_C^n	Q_D^n	**1**	左移,SL 为串行输入,Q_A 为串行输出
1	**1**	**0**	**0**	×	↑	×	×	×	×	Q_B^n	Q_C^n	Q_D^n	**0**	
1	**1**	**1**	×	×	↑	A	B	C	D	A	B	C	D	并行置数

　　图 10-74 是用 74LS194N 构成的五进制计数器。通过按键 0 来控制 S_0 端,先使 S_0 = **1**,相当于正脉冲预置信号到来,此时 $S_1 S_0$ = **11**,从而不论移位寄存器

74LS194N 的原状态如何, 在 CLK 作用下总是执行置数操作使 $Q_A Q_B Q_C Q_D = \textbf{0011}$。再使 $S_0 = \textbf{0}$, 此时 $S_1 S_0 = \textbf{10}$, 在 CLK 作用下移位寄存器进行左移操作。由逻辑电平指示器显示的状态画出状态转换图如图 10-75 所示。

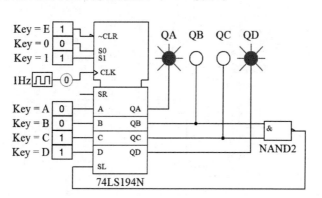

图 10-74　74LS194N 构成的五进制计数器电路图

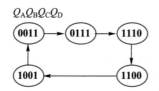

图 10-75　五进制计数器的状态转换图

例 10-33　设计一个能自启动的四位环形计数器。

解: 由四个边沿 D 触发器可组成四位移位寄存器, 如果将 Q_D 端引入串行输入端 D_A, 并令寄存器的初始状态 $Q_A Q_B Q_C Q_D$ 为 **0001**, 则可构成四进制环形计数器, 但不能自启动。若令 $D_A = \overline{Q_C}\ \overline{Q_B}\ \overline{Q_A}$, 构成的四位环形计数器则能自启动, 如图 10-76 所示。环形计数器常用来产生序列脉冲。

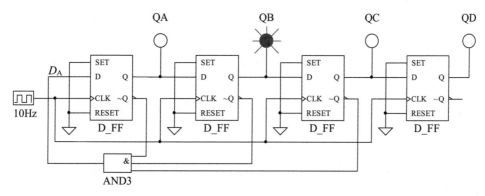

图 10-76　由移位寄存器构成的四位环形计数器

图 10-77 是用四位移位寄存器芯片 74LS194N 构成的四位环形计数器。令 $S_1 S_0 = \textbf{01}$, 此时在 CP 作用下移位寄存器进行右移操作, 为了使计数器能够自启动,

需引入附加反馈

$$SR = \overline{Q}_A \overline{Q}_B \overline{Q}_C = \overline{Q_A + Q_B + Q_C}$$

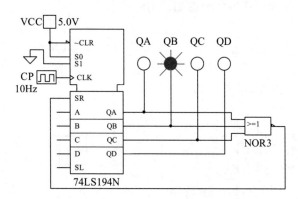

图 10-77　由 74LS194N 构成的四位环形计数器

仿真结果表明,两种方法构成的四位环形计数器的状态变化规律均如图 10-78 所示。

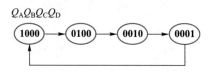

图 10-78　四位环形计数器的状态图

10.4　脉冲波形的产生与整形

555 定时器是一种将模拟电路与数字电路相结合的中规模集成电路,利用它可以很方便地构建施密特触发器、单稳态触发器和多谐振荡器,因此在信号产生、整形、延时(定时)、控制等方面获得了广泛的应用。仿真时可使用示波器进行观测。

例 10-34　用 555 定时器构成一个施密特触发器,并测量其阈值和回差电压。

解:从 $\boxed{01}$ 的 $\blacksquare$ MIXED_VIRTUAL 中选取 555_VIRTUAL,它有 8 个引脚,其中 RST 为复位端(低电平时复位),DIS 为放电端,THR 为阈值输入端,TRI 为触发输入端,CON 为控制端,OUT 为输出端。将 555 定时器阈值输入端 THR 和触发输入端 TRI 连接在一起作为信号输入端,可构成施密特触发器,如图 10-79 所示。

输入信号由信号发生器提供,双击信号发生器选择正弦波或三角波,将示波器 A 通道连接输出端,B 通道连接输入端,运行仿真电路,点击示波器面板最下边的 Y/T 按钮,可得输入、输出随时间变化的波形,可见施密特触发器可将正弦波或三角波变换成矩形波,点击 A/B 按钮,可得以 B 通道输入为横轴,A 通道输出为纵轴的电压传输特性曲线,如图 10-80 所示。在波形图中通过移动两个游标可大致读出正向和负向阈值电压分别为 $U_{T+} \approx 8\ V$,$U_{T-} \approx 4\ V$,回差电压约为 4 V。

例 10-35　利用 555 定时器设计向导,设计单稳态触发器,并观察波形。

视频:用 555 定时器构成施密特触发器

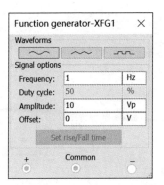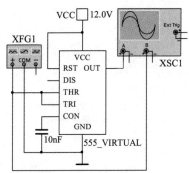

图 10-79　由 555 定时器构成的施密特触发器仿真电路图

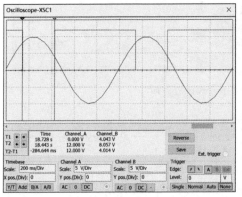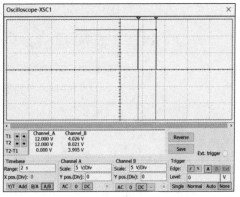

图 10-80　将正弦波变换为矩形波的输入、输出波形与电压传输特性图

解:Multisim 14.0 软件提供了针对 555 定时器设计的向导,通过向导可以很方便地构建 555 定时器应用电路。单击菜单命令 Tool—Circuit Wizard—555 Timer Wizard,启动 555 定时器使用向导,Type 下拉列表框中的选项列表可以设定 555 定时器的两种工作方式,无稳态工作方式(Astable operation)和单稳态工作方式(Monostable operation),选择单稳态工作方式,出现如图 10-81 所示界面。其中输入脉冲宽度为输入信号负脉冲的持续时间 t_{PI},输出脉冲宽度为输出暂稳态的持续时间 t_{PO},电阻值 R 为灰色,当输出脉宽或电容 C 改变时,系统会根据 $t_{PO} = 1.1RC$ 自动计算并更改 R 的阻值。将各项参数设置完毕后,单击 Build circuit 按钮,即可生成单稳态定时电路。其中,触发信号由脉冲信号源(电源库 SIGNAL_VOLTAGE_SOURCES 中的 Pulse Voltage)提供,每当信号源向 555 定时器提供一个负脉冲都会触发电路,使其输出一定宽度的高电平信号(暂稳态),且输出高电平持续一定的时间后自行消失,变为低电平信号(稳态)。本例中使用了软件向导默认的设置参数构成单稳态触发器,用四通道示波器的 A、C、D 通道观察输入电压 u_1、电容电压 u_C 及输出电压 u_0 的波形,如图 10-82 所示。拖动游标可测得波形的周期与脉宽。

如果将图 10-82 中的脉冲信号源的脉宽由 90 μs 改为 600 μs,为了确保触发端负脉冲宽度小于输出的正脉冲宽度,需要在输入端增加由 R_i、C_i 组成的微分环节电

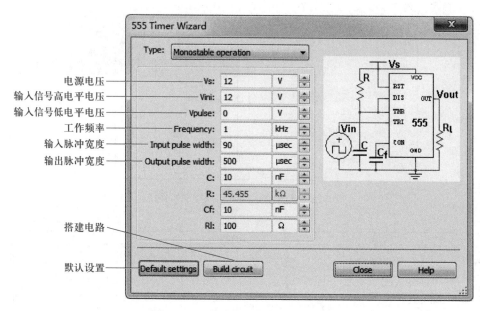

图 10-81　单稳态工作方式设置界面

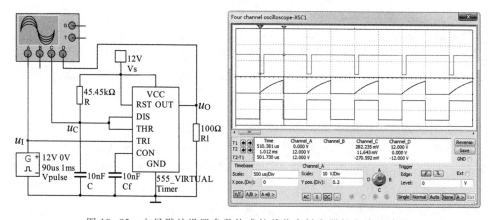

图 10-82　向导默认设置参数构成的单稳态触发器的电路及波形

路［一般要求 $t_{PI} > (3\sim5)R_iC_i$］，其作用是将矩形波信号 u_1 变为尖脉冲信号 u_2 后输入 555 定时器的触发端，利用负的尖脉冲来触发电路，用四通道示波器观察输入电压 u_1、触发端信号 u_2、电容电压 u_C 及输出电压 u_0 的波形，如图 10-83 所示。

　　由于 555 定时器构成的单稳态触发器的输出脉冲宽度 $t_{PO} = 1.1RC$，所以在通过向导搭建好电路后还可调整 R 或 C 的大小对脉宽进行调整。

　　例 10-36　利用 555 定时器设计向导设计多谐振荡器，要求电源电压为 10 V，振荡器的输出脉冲频率为 700 Hz，占空比为 50%。

　　解：在 555 定时器设计向导中选择无稳态工作方式，按照题目要求更改电源电压 Vs 为 10 V，工作频率 Frequency 为 700 Hz，占空比 Duty 为 50%，如图 10-84 所示。其中 R1、R2 为灰色，由系统根据设置的频率、占空比及电容自动计算给出，参

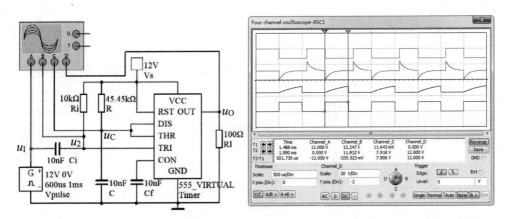

图 10-83　含有微分环节的单稳态触发器电路及波形

数设置完毕后,单击 Build circuit 按钮,即可生成多谐振荡器电路。用示波器 A、B 通道观察电容 C 的充放电波形和输出波形,如图 10-85 所示。

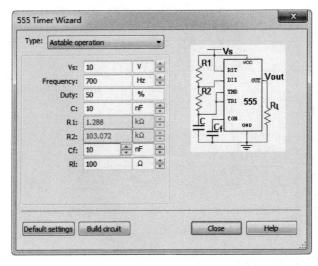

图 10-84　无稳态工作方式设置界面

拖动游标可以读出振荡器的周期约为 $T = 1.5$ ms,其中电容充电时间约为 0.75 ms,所以振荡器的频率为 $f = \dfrac{1}{T} = \dfrac{1}{0.0015}$ Hz ≈ 700 Hz,脉冲波形的占空比为 $q = \dfrac{0.75}{1.5} \times 100\% = 50\%$,满足题目要求。

例 10-37　试设计占空比可调的多谐振荡器并观察其工作波形。

解: 上例中图 10-85 所示电路的占空比是固定不变的。若利用二极管 D_1 和 D_2 将电容 C 的充放电回路分开,再加上电位器 R_P 的调节就可构成占空比可调的多谐振荡器,通过示波器可观测其工作波形,如图 10-86 所示。拖动示波器游标测量并计算波形高电平持续时间与整个周期的比值,即为占空比。仿真结果与通过公式

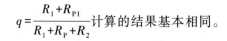

$$q = \frac{R_1 + R_{P1}}{R_1 + R_P + R_2}$$ 计算的结果基本相同。

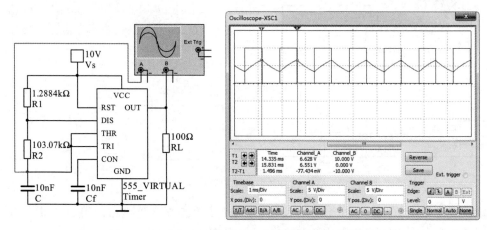

图 10-85　由 555 定时器构成的多谐振荡器电路及波形

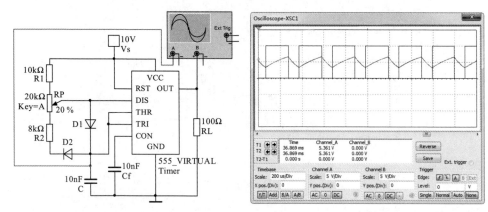

图 10-86　占空比可调的多谐振荡器电路及其工作波形

10.5　数模和模数转换技术

数模转换就是将离散的数字量转换为连续变化的模拟量,模数转换则相反。在数字处理技术中,外部信号经传感器采集转换为模拟电信号,而 CPU 只能处理数字量,这就需要通过模数转换器将模拟量转化成数字量传输给 CPU;CPU 处理之后的数字信号再通过数模转换器变为模拟电信号,经放大后通过执行机构对物理对象进行控制。

通过 Multisim 14.0 软件仿真可以更好地理解数模和模数转换器的工作原理。

例 10-38　图 10-87 所示为权电阻 D/A 转换器电路,输入信号 D_i 的电压幅值为 5 V,试测量在 $D_0 = 5\,\mathrm{V}, D_1 = 0\,\mathrm{V}, D_2 = 5\,\mathrm{V}, D_3 = 5\,\mathrm{V}$ 时输出电压 U_0 的值,并观察各个电流之间的关系。

解:由图 10-87 所示权电阻 D/A 转换器可知,运放输出的模拟电压与输入数字

量的关系为 $U_O = -I_F R_F = -\dfrac{R_F}{8R}(2^0 D_0 + 2^1 D_1 + 2^2 D_2 + 2^3 D_3)$，其中 $R = 25\ \text{k}\Omega$。

所以当 $D_0 = 5\ \text{V}$，$D_1 = 0\ \text{V}$，$D_2 = 5\ \text{V}$，$D_3 = 5\ \text{V}$ 时，代入上式可得输出电压 $U_O = -3.25\ \text{V}$。

仿真电路如图 10-88 所示，输入端与交互式数字常数相连，其高电平 **1** 为 5 V，低电平 **0** 为 0 V，用电流和电压探针测量各电流和输出电压，按照题目要求，通过按键 0、1、2、3 设置 $D_0 D_1 D_2 D_3$ 为 **1011**，测得此时 U_O 为 -3.25 V，与计算结果相同。

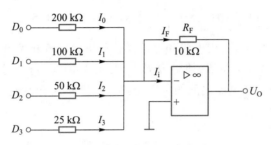

图 10-87　例 10-38 电路图

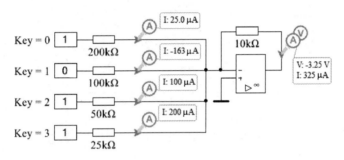

图 10-88　仿真电路图

例 **10-39**　如图 10-89 所示 $R/2R$ 电阻网络 D/A 转换器中，若是输入 D_0、D_1、D_2、D_3 的值都为 **1** 就相当于开关动触点接通运放反相端，为 **0** 相当于连接运放同相

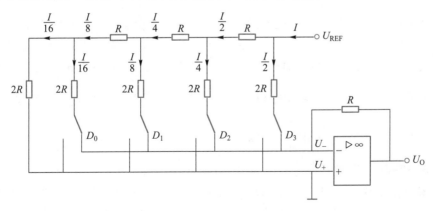

图 10-89　例 10-39 电路图

端。试测量在 $D_0=1$、$D_1=0$、$D_2=0$、$D_3=1$ 时输出电压 U_0 的值,并观察各个电流之间的关系。图中 $R=1\text{ k}\Omega$,参考电压为 5 V。

解:由图 10-89 所示运放电路可知,运放输出的模拟电压与输入数字量的关系为

$$U_0=-U_{\text{REF}}\left(\frac{1}{2}D_3+\frac{1}{4}D_2+\frac{1}{8}D_1+\frac{1}{16}D_0\right)$$

当 $D_0=1$、$D_1=0$、$D_2=0$、$D_3=1$,参考电压为 5 V 时,得运放的输出电压为

$$U_0=-5\left(\frac{1}{2}\times1+\frac{1}{4}\times0+\frac{1}{8}\times0+\frac{1}{16}\times1\right)\text{ V}=-(2.5+0.3125)\text{ V}=-2.8125\text{ V}$$

按图 10-90 连接电路,用电流和电压探针测量各电流和输出电压,通过按键 0、1、2、3 控制单刀双掷开关位置,使得 $D_0D_1D_2D_3$ 为 **1001**,测得此时 U_0 为 -2.81 V,与计算结果基本相等。各电流之间的关系与图 10-89 中所标电流间关系相同。

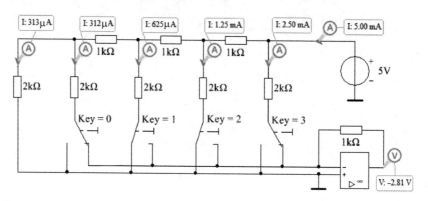

图 10-90　$R/2R$ 电阻网络 D/A 转换器仿真电路图

例 **10-40**　用 VDAC 设计一个 D/A 转换电路。

解:VDAC 是一种电压输出型 D/A 转换器。其输出模拟量与输入数字量之间的关系为 $U_0=\dfrac{U_{\text{REF}}}{2^n}\times\sum\limits_{i=0}^{n-1}D_i\cdot 2^i$。

从 ⊕ 的 ▦ ADC_DAC 中选取 VDAC,从 ⩓ 中选取 8 位拨码开关 S 与排阻 R,按图 10-91 连接电路,设参考电压 $U_{\text{REF}}=12$ V,拨动拨码开关 S 输入不同的数字,图中输入的数字量 $D_7\sim D_0$ 为 **10010011**,用直流电压表测得输出模拟量为 6.891 V。根据输出模拟量与输入数字量之间的关系计算输出的模拟电压 $U_0=\dfrac{12}{2^8}\times(2^0+2^1+2^4+2^7)$ V $=\dfrac{12}{256}\times147$ V $=6.89$ V,与测量结果相同。

例 **10-41**　用 ADC 设计一个 A/D 转换电路。

解:从 ⊕ 的 ▦ ADC_DAC 中选取 ADC,ADC 是一种 A/D 转换元件,它有四个输入端:V_{in} 为模拟量输入端;$V_{\text{ref+}}$ 和 $V_{\text{ref-}}$ 为参考电压输入端,接直流参考电源的正极和负极,ADC 输入模拟信号的范围不能超过该参考电压,正负电压差也是 ADC 转换

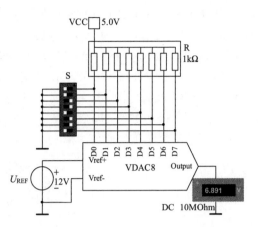

图 10-91 VDAC 构成的 D/A 转换电路图

精度的决定因素之一;SOC 为转换启动信号端,该端口电平从低电平变成高电平时,转换开始。ADC 有九个输出端:$D_0 \sim D_7$ 为数字量输出端;$\overline{EOC}$为转换结束标志位输出端,高电平表示正在转换,转换结束后变为低电平。

由 ADC 构成的 A/D 转换电路如图 10-92 所示,图中采用电位器 R 构成一个分压电路,将滑动端接至 ADC 的模拟信号输入端,通过改变电位器的大小,即可改变输入模拟信号的大小,其值可由电压表测得,SOC 接交互式数字常数,ADC 的输出端状态均由发光二极管监控。同时用示波器观察 SOC 与 $\overline{EOC}$的波形。

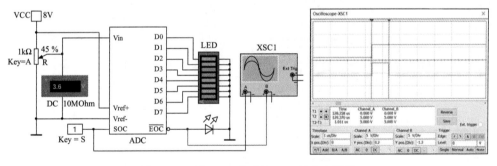

图 10-92 由 ADC 构成的 A/D 转换电路图

仿真时,先通过按键 S 使 SOC 为低电平 **0**,再运行电路,通过按键 A 调节电位器 R 到 45%,测得 $V_{in} = 3.6\ V$。然后通过按键 S 使 SOC 为高电平 **1**,ADC 启动转换,$\overline{EOC}$所接发光二极管仅点亮一瞬间,转换结束后,$\overline{EOC}$输出低电平,发光二极管灭,通过示波器观测转换启动信号与结束信号的波形可知,数据转换约需要 1 μs。由输出端 LED 灯组的状态可得输出的数字量为$(D)_2 = (01110011)_2 = (115)_{10}$。

代入 ADC 输出数字量与模拟量之间的关系式$\left(\dfrac{V_{in} \times 2^n}{V_{ref}}\right)_{10} = (D)_2$,可得

$$\left(\frac{V_{in} \times 2^n}{V_{ref}}\right)_{10} = \left(\frac{3.6 \times 2^8}{8}\right)_{10} = (115.2)_{10}$$。可见,测量结果与计算结果基本相等。

调节电位器还可以得到其他数值,输出数字量的最大值为$(11111111)_2 = (255)_{10}$。

例 **10-42**　用 ADC 和 VDAC 设计 A/D-D/A 转换电路。

解:在上例 ADC 电路的基础上添加一个 VDAC 芯片,在 ADC 输入信号中叠加一个正弦信号,使得输入的模拟量不停地变化,在 *SOC* 端接 1 kHz 的时钟信号,将 ADC 的输出信号接到 VDAC 的输入端,如图 10-93 所示。即将 ADC 的模拟输入信号先进行模拟-数字变换,然后再进行数字-模拟变换。双击 VDAC 图标,打开参数设置对话框,设置数字高低电平的电压阈值如图 10-94 所示。

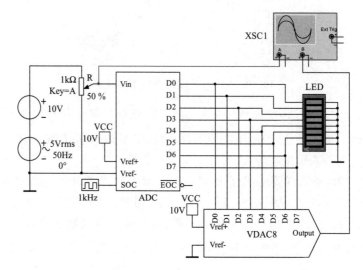

图 10-93　A/D-D/A 转换电路

图 10-94　VDAC 参数设置

　　将示波器 A 通道接在 ADC 的模拟信号输入端，B 通道接在 VDAC 的模拟信号输出端。调节电位器 R 以改变输入模拟信号的大小（注意：ADC 输入模拟信号的范围应介于 0~10 V 之间），对 ADC 输入信号和 VDAC 输出信号进行比较观察，可以看到输出信号为阶梯状的连续信号，且与输入信号的变化基本一致，但是受转换电路的影响，输出信号的幅值和精度与原信号相比，产生了一些变化，如图 10-95 所示。

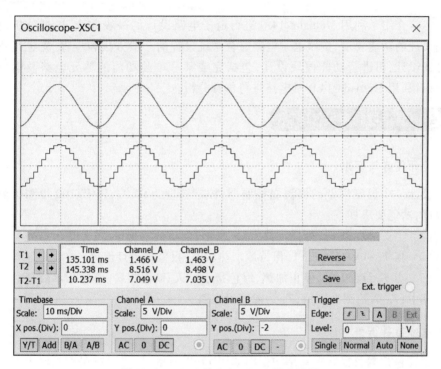

图 10-95　ADC 输入和 VDAC 输出波形

第 11 章 Multisim 14.0 综合应用
——设计与仿真实例

本章介绍了利用 Multisim 14.0 进行电子电路设计的一般方法,通过分析电子电路设计的功能要求,按照电子电路综合系统设计的一般方法和步骤,先进行系统的方案设计,再进行功能模块设计,包括完成某一单独功能的单元电路及整机电路,最后利用 Multisim 14.0 对电路进行仿真分析。

11.1 恒温箱控制及报警电路

一、设计任务与要求

设计一个温度可调的恒温箱控制器,控制精度为 ±1 ℃,用 PT100 检测恒温箱的温度,功能要求如下:

(1) 当 $T_0 < T_S - 1$ 时,开始加热,绿色指示灯亮;低温报警,黄色指示灯亮。

(2) 当 $T_S - 1 \leqslant T_0 \leqslant T_S + 1$,保持原加热状态,报警指示灯熄灭。

(3) 当 $T_0 > T_S + 1$ 时,停止加热,绿色指示灯灭;高温报警,红色指示灯亮。

其中:T_0 为检测温度值,T_S 为温度设定值。

二、系统设计方案

恒温箱控制及报警电路结构框图如图 11-1 所示,首先通过温度检测电路将温度转变为电压信号,这个电压信号相对较小的电压信号,需经过信号放大电路对其进行放大,放大后进入温度比较电路,与温度设定值进行比较,比较结果用于控制加热、指示与报警电路。

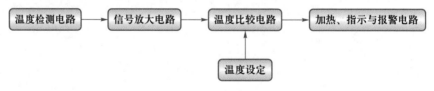

图 11-1 恒温箱控制及报警电路结构框图

1. 温度检测与放大电路

在温度检测电路中通过铂电阻 PT100 采集温度信号,通过电桥电路转换为电压信号。PT100 的阻值与温度间的关系在控制精度要求不高时,可通过 $R = (100 + 0.385 * T)$ Ω 近似计算,温度检测与放大电路如图 11-2 所示。

测温电桥由电阻 R_{29}、R_{30}、R_{31}、R_{32} 及热敏电阻 R_8 组成,为使在静态时,运放输出平衡,取 $R_{29}=R_{31}$,$R_{30}=R_{32}$,由运放 U9 和外围电路组成差分放大电路,将电桥输出电压 ΔU 进行放大,放大器输出电压为

$$U_{TO}=\left(1+\frac{R_{26}}{R_{28}}\right)\frac{R_{25}}{R_{25}+R_{27}}U_B-\frac{R_{26}}{R_{28}}U_A$$

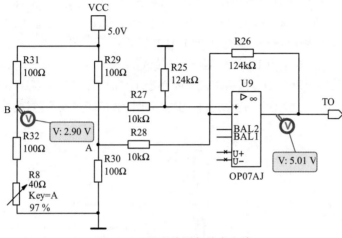

图 11-2　温度检测与放大电路

选择 $R_{27}=R_{28}=10\text{ k}\Omega$,$R_{25}=R_{26}=124\text{ k}\Omega$,则

$$U_{TO}=\frac{R_{26}}{R_{28}}(U_B-U_A)=12.4\Delta U$$

在 0 ℃时 U_{TO}输出电压为 0 V,在 100 ℃时 U_{TO}输出电压为 5 V。

2. 温度设定电路

温度设定电路如图 11-3 所示,调节电阻 R_9 可进行温度设定,设定范围为 0~

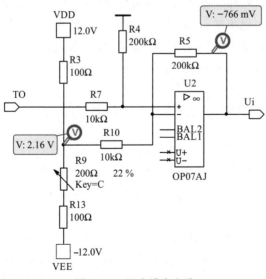

图 11-3　温度设定电路

357

100 ℃,对应电压为 0~5 V。运放 U2 和外围电阻组成差分放大电路,将温度检测结果与温度设定值的差值进行放大,放大倍数选择 20 倍,可得放大电路输出电压变化为 1 V/℃。

3. 温度比较电路

图 11-4 为低温温度比较电路,将运放 U4 连接成电压比较器。非门 U6A 对比较器输出进行整形。温度检测电路输出通过反相器与电压比较器正端连接。调节电位器 R_{16} 可改变阈值电压,温度变化 1 ℃ 时输出电压变化约为 1 V,调节电位器 R_{16} 使运放 U4 负端电压为 1 V。检测温度比给定温度小于 1 ℃ 以上时,**与门 U6A** 输出低电平,在检测温度与给定温度的温度差小于 1 ℃ 时,**与门 U6A** 输出高电平。高温温度比较电路中温度检测电路输出直接与电压比较器正端连接,不需要接反相器。

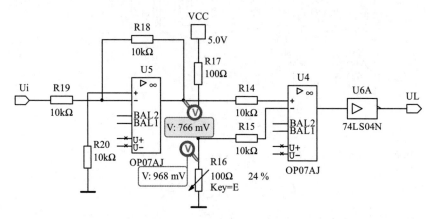

图 11-4　低温温度比较电路

4. 加热控制与报警电路

比较器电路输出对加热器及报警电路进行控制,电路如图 11-5 所示。检测温度比设定温度低 1 ℃ 以上时,比较电路 U_L 输出低电平,黄色发光二极管 LED_1 点亮,**与非门 U1A** 输出高电平,晶体管 Q_1 导通,蜂鸣器发出声音。D 触发器 U3A 被置位,绿色发光二极管 LED_3 点亮,开始加热。检测温度比设定温度高 1 ℃ 以上时,比较电路 U_H 输出低电平,红色发光二极管 LED_2 点亮,晶体管 Q_1 导通,蜂鸣器发出声音。D 触发器 U3A 复位,绿色发光二极管 LED_3 熄灭,停止加热。

5. 整体电路设计

将上述单元电路连接至一起,仿真时 PT100 电阻用电位器代替,为提高仿真时温度检测电路的灵敏度,利用电阻 R_8、R_{12} 串联进行调节,恒温箱控制与报警电路如图 11-6 所示。本项目中各单元电路采用了子电路模块设计,可使主电路简单明了。子电路绘制方法如下。

在原理图编辑窗口中,单击主菜单 Place(放置)—New subcircuit(新建子电路),在出现的 Subcircuit Name(子电路名称)对话框中输入子电路名称,即可得到图 11-6 中所示子电路模块。选中子电路模块,单击主菜单 Edit(编辑)—Edit Symbol/Title Block(编辑符号、标题块),打开 Symbol Edit 窗口,可对子电路的形状、大

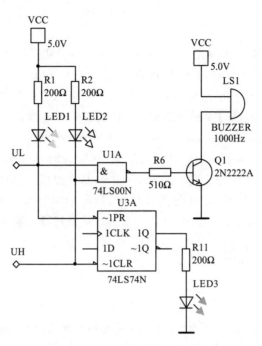

图 11-5 加热控制与报警电路

小、连接端子的位置进行编辑。单击主菜单 Place(放置)—Connectors(连接端子)—HB/SC Connector(层次块/子电路连接端子)放置连接端子并与电路连接,对端子进行重新设置 RefDes(编号),如图 11-3 所示。鼠标移动到子电路模块上时,子电路模块上方会出现 ⊶(Edit the subcircuit/hierarchical block)图标,单击该图标即可进入子电路编辑窗口对其进行编辑。

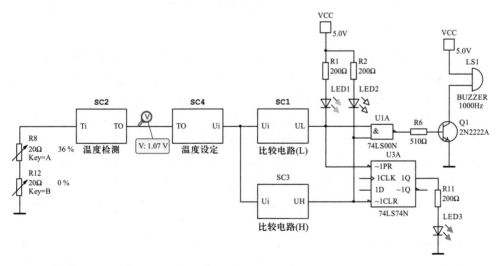

图 11-6 恒温箱控制与报警电路

三、仿真运行

1. 创建仿真电路。选择元器件 74LS00、74LS04、74LS74、OP07、电阻、晶体管、LED 等,参照图 11-2~图 11-6 绘制仿真电路。LED_1、LED_2、LED_3 分别选用黄色、红色、绿色发光二极管。电路中使用了集成电路,电路图中只显示功能引脚,电源引脚不可见,在绘制电路时要示意性地放置电源(VCC)和地(GND),此时电路才能正常工作。

2. 仿真运行。在本项目中电路相对复杂,在设计时可分别对每一单元进行仿真,然后再将各单元连接在一起。在 Multisim 14.0 主界面下,启动仿真开关进行电路仿真。首先调节电位器 R_9 进行温度设定,运行后可直接用测量探针读取电压值,调节电位器 R_8、R_{12},观察各测量探针、指示灯及蜂鸣器的输出情况。

11.2　音乐彩灯控制器

一、设计任务与要求

音乐彩灯控制器是音乐声响和彩灯灯光的相互组合,使音乐的旋律伴以亮度、颜色和图案不断变化的灯光,是一种将音频信号转换为视频信号的装置,用来调节听众欣赏音乐时的情绪和气氛。音乐彩灯控制器功能要求如下。

1. 音量强弱(信号幅度大小)控制彩灯,音量越强时,灯的亮度也越大。

2. 音乐节奏控制彩灯,使彩灯按音乐节拍变换花样。

3. 音调高低(信号频率高低)控制彩灯,把输入的音乐信号分为高、中、低 3 个频段,用于分别控制三种颜色的彩灯,每组彩灯的亮度随各自输入音乐信号幅度的大小变化。高频段为 2000~4000 Hz,中频段为 500~1200 Hz,低频段为 50~250 Hz。

二、系统设计方案

根据设计任务要求,音乐彩灯控制器可分为三部分电路来实现。第一部分为音量强弱控制彩灯,将音频信号变为电信号,经过放大、整流、滤波,以信号平均值驱动彩灯发光,信号越强,则灯的亮度越大。第二部分为音乐节奏控制彩灯,音乐的节奏往往由乐队的鼓点来体现,实质上是具有一定时间间隔的节拍脉冲信号,由音乐信号控制多谐振荡器产生脉冲信号,使彩灯循环点亮的速率随音乐的节奏而改变。第三部分为音调高低控制彩灯,采用低通、带通有源滤波电路实现高、中、低音对彩灯的控制,低通滤波器允许低音频信号通过,带通滤波器允许中音频和高音频信号通过,分频段输出信号控制彩灯发光。音乐彩灯控制器电路结构框图如图 11-7 所示。

1. 音频放大电路

输入的音频信号幅度只有几到十几毫伏,为了使放大器能够不失真地放大音频信号,要求放大电路具有高输入阻抗、高共模抑制比、低漂移等特点。在本项目中选用高性能低噪声运算放大器 NE5532P 和电阻、电容组成两级同相放大电路,电

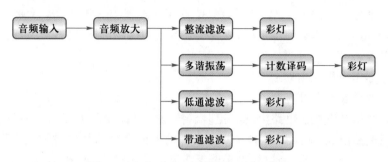

图 11-7 音乐彩灯控制器电路结构框图

路如图 11-8 所示,其电压放大倍数为

$$A_u = \left(1 + \frac{R_4}{R_3}\right)\left(1 + \frac{R_6}{R_5}\right)$$

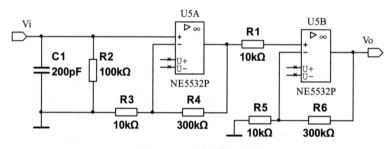

图 11-8 音频放大电路

2. 音量控制电路

音频信号经过放大电路后,对其进行整流、滤波,将交流电压变成直流电压,该直流电压随音乐信号大小而上下浮动,进而控制彩灯发光,信号越强,则灯的亮度越大,音量控制电路如图 11-9 所示。运放 OP07AJ 和外围元件电阻、电容等构成精

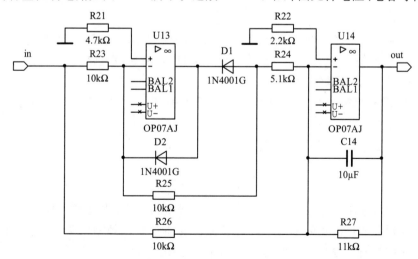

图 11-9 音量控制电路

密全波整流滤波电路,当 $U_{in} > 0$ 时,D_1 导通,D_2 截止;$U_{in} < 0$ 时,D_2 导通,D_1 截止。电阻 R_{27} 和电容 C_{14} 组成滤波电路,以减小整流后的纹波电压,电容 C_{14} 可选择 10 μF 的电解电容。

3. 音乐节奏控制电路

音乐的节奏往往由乐队的鼓点来体现,实质上是具有一定时间间隔的节拍脉冲信号。音乐节奏控制电路由 555 定时器构成的多谐振荡电路与 CD4017 构成的计数译码电路组成,电路如图 11-10 所示。输入的音频信号经过放大电路后接入多谐振荡电路的控制端,用以控制多谐振荡器的输出频率,电阻 R_7 与 R_{10} 用于调节输出波形的占空比。多谐振荡器的输出作为计数器的输入脉冲,与十进制计数器/脉冲分配器 CD4017 的 CP_0 端连接,计数器的输出端控制发光二极管 LED 灯的点亮。多谐振荡器的振荡频率随音乐的频率变化,发光二极管的循环点亮速率会随着音乐节奏的改变而变化。

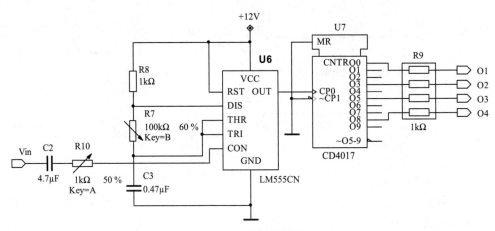

图 11-10　音乐节奏控制电路

4. 音调控制电路

音调主要由声音的频率决定,采用低通、带通有源滤波电路实现高、中、低音对彩灯的控制,低通滤波电路允许低音频信号通过,带通滤波电路允许中音频和高音频信号通过,分频段输出信号控制彩灯发光。

低通滤波电路采用二阶压控型有源低通滤波器,电路如图 11-11 所示。该电路由同相比例运放和两级 RC 滤波环节组成,其中第一级电容 C_4 接至运放输出端,引入适量的正反馈,以改善幅频特性。该低通滤波器的截止频率为

$$f_0 = \frac{1}{2\pi \sqrt{R_{11} R_{12} C_4 C_5}}$$

带通滤波电路能通过在其带宽范围内的频率信号,其电路形式较多。在满足低通滤波器的通带截止频率高于高通滤波器的通带截止频率的条件下,把相同元件二阶压控型有源滤波器的低通与高通串接起来,实现带通滤波器的巴特沃思通带响应,电路如图 11-12 所示。该滤波电路具有通带较宽,通带截止频率易于调整

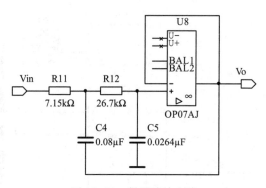

图 11-11　低通滤波电路

的特点。

$$下限截止频率：f_{CL}=\frac{1}{2\pi\sqrt{R_{13}R_{14}C_8C_9}}$$

$$上限截止频率：f_{CH}=\frac{1}{2\pi\sqrt{R_{15}R_{16}C_6C_7}}$$

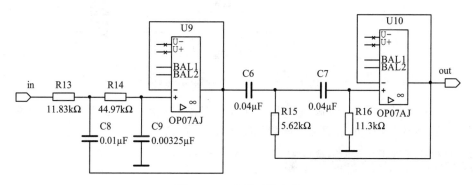

图 11-12　带通滤波电路

5. 整体电路设计

将上述单元电路连接至一起,仿真时音频信号的输入用函数信号发生器代替,音乐彩灯控制器电路如图 11-13 所示。本项目中各单元电路采用了子电路模块设计,可使主电路简单明了。

三、仿真运行

1. 创建仿真电路。选择元器件 NE5532P、CD4017、OP07AJ、LM555CN、电阻、DCD_BARGRAPH、BAR_LED_RED_FOUR 等元件,参照图 11-8~图 11-13 绘制仿真电路。

2. 仿真运行。在本项目中电路相对复杂,在设计时可分别对每一单元进行仿真,然后再将各单元连接在一起。在 Multisim 14.0 主界面下,启动仿真开关进行电路仿真。改变函数信号发生器的频率与幅值,观察显示器 DCD_BARGRAPH 与

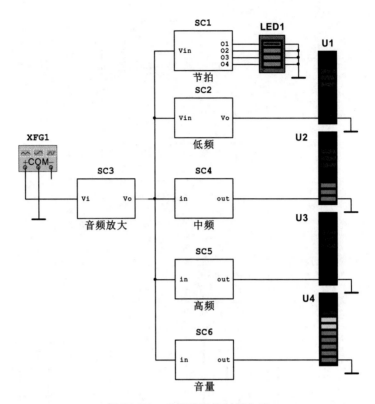

图 11-13　音乐彩灯控制器电路

BAR_LED_RED_FOUR 的输出情况。也可用伯德图仪测量滤波器电路的频率响应，由伯德图仪可读出通频带的增益及截止频率。

11.3　汽车方向之星控制电路

一、设计任务与要求

汽车尾部左、右两侧各有 3 个指示灯（用发光二极管模拟显示），根据汽车运行情况，尾部指示灯功能要求如下。

1. 汽车正常行驶时，汽车尾部左右两侧的指示灯全灭。

2. 汽车右转弯行驶时，右侧 3 个指示灯向右方依次点亮，间隔 1 s，左侧的指示灯全灭。

3. 汽车左转弯行驶时，左侧 3 个指示灯向左方依次点亮，间隔 1 s，右侧的指示灯全灭。

4. 汽车直行刹车时，所有指示灯同时处于闪烁状态，闪烁频率为 1 Hz。

5. 右转弯刹车时，右侧的三个指示灯向右方依次点亮，左侧的指示灯闪烁；左转弯刹车时，左侧的三个指示灯向左方依次点亮，右侧的指示灯闪烁。

6. 汽车在紧急情况（左转与右转开关同时闭合）时，左侧与右侧指示灯分别向左方与右方依次点亮，间隔 1 s。

二、系统设计方案

由设计要求可知汽车尾灯在工作时,有刹车、右转、左转三种输入信号,输出控制 6 个发光二极管的亮灭以指示其工作状态,其工作状态有正常行驶、刹车、右转弯、左转弯、右转弯刹车、左转弯刹车 6 种。控制电路设计的核心部分,就在于对行驶状态信号的数字化改变,最终将数字信号转为灯光信号显示出来。汽车尾灯工作状态转换由 3-8 线译码器 74LS138 实现,尾灯 LED 的亮灭则通过移位寄存器 74LS194 控制,脉冲信号可由 555 定时器构成的多谐振荡器提供。汽车方向之星控制由脉冲信号电路、输入控制电路、左转及右转显示控制电路几部分构成,电路结构框图如图 11-14 所示。

图 11-14 汽车方向之星控制电路结构框图

1. 脉冲信号电路

汽车尾灯的闪烁频率为 2 Hz,依次点亮的频率为 1 Hz,本题目对频率精度要求不高,可选用集成电路 555 定时器与 RC 组成多谐振荡器输出 2 Hz 脉冲信号,振荡电路的参数选择可参考本书第 4、10 章相关内容。也可利用 Multisim 14.0 软件提供的 555 Timer Wizard 向导工具自动生成振荡电路。振荡电路输出的 2 Hz 脉冲信号经二分频后输出为 1 Hz 脉冲信号,分频电路由 74LS74N D 触发器构成,脉冲信号电路如图 11-15 所示。

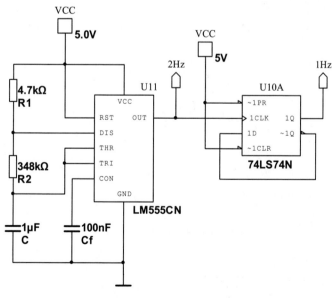

图 11-15 脉冲信号电路

555 定时器构成的多谐振荡电路频率为

$$f \approx \frac{1}{0.7(R_1 + 2R_2)C}$$

2. 输入控制电路

三个按键开关 K_1、K_2、K_3 分别为汽车刹车、右转和左转的控制开关,按键开关闭合时,3-8 线译码器 74LS138 对应输入端为高电平,断开时输入端为低电平,74LS138 输出为低电平有效,输入控制电路如图 11-16 所示。汽车方向之星的工作状态真值表见表 11-1。

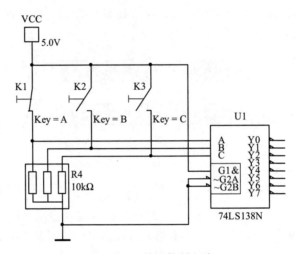

图 11-16 输入控制电路

表 11-1 汽车方向之星工作状态真值表

输入			状态		左转显示控制					右转显示控制				
K_3	K_2	K_1	输出	工作状态	S_0	S_1	CLR	CLK	输出	S_0	S_1	CLR	CLK	输出
0	**0**	**0**	$\overline{Y}_0 = 0$	正常	×	×	**0**	×	**0**	×	×	**0**	×	**0**
0	**0**	**1**	$\overline{Y}_1 = 0$	刹车	**1**	**1**	**1**	2 Hz	闪烁	**1**	**1**	**1**	2 Hz	闪烁
0	**1**	**0**	$\overline{Y}_2 = 0$	右转	×	×	**0**	×	**0**	**1**	**0**	**1**	1 Hz	移位
0	**1**	**1**	$\overline{Y}_3 = 0$	右转刹车	**1**	**1**	**1**	2 Hz	闪烁	**1**	**0**	**1**	1 Hz	移位
1	**0**	**0**	$\overline{Y}_4 = 0$	左转	**0**	**1**	**1**	1 Hz	移位	×	×	**0**	×	**0**
1	**0**	**1**	$\overline{Y}_5 = 0$	左转刹车	**0**	**1**	**1**	1 Hz	移位	**1**	**1**	**1**	2 Hz	闪烁
1	**1**	×	$\overline{Y}_6 = 0$ $\overline{Y}_7 = 0$	紧急	**0**	**1**	**1**	1 Hz	移位	**1**	**0**	**1**	1 Hz	移位

3. 左转与右转控制电路

左转与右转控制采用移位寄存器 74LS194N 控制,通过 S_0 和 S_1 控制输出实现右移、左移和送数。正常行驶时,通过清零端 CLR 控制输出为低电平,LED 灯熄灭,

在刹车时开关 K_1 闭合,左转与右转移位寄存器 74LS194N 的 S_0 和 S_1 均为高电平,实现置数功能,在其置数输入端 A、B、C、D 接入 1 Hz 脉冲信号,使得输出端 Q_A、Q_B、Q_C、Q_D 控制 LED 灯按 1 Hz 频率闪烁。右转时开关 K_2 闭合,移位寄存器 74LS194N 的 $S_0 = 1$,$S_1 = 0$ 实现右移功能,右移数据输入端 S_R 接高电平,在时钟上升沿时输出端 Q 依次输出高电平,驱动右转 LED 灯依次点亮。在 Q_D 输出为高电平时,通过反向器 74LS04N 控制清零端 CLR,使输出为低电平,LED 灯熄灭。左转与右转控制时类似,移位寄存器 74LS194N 实现左移功能,驱动左转 LED 灯依次点亮。右转弯刹车时,开关 K_1 与 K_2 闭合,右转控制移位寄存器实现右移功能,左转控制移位寄存器实现置数功能。左转弯刹车时,开关 K_1 与 K_3 闭合,左转控制移位寄存器实现左移功能,右转控制移位寄存器实现置数功能。如遇紧急情况时,汽车左转与右转开关 K_2 与 K_3 同时闭合,左侧与右侧指示灯分别向左方与右方依次点亮。

由表 11-1 可得左转移位寄存器 74LS194N 的驱动方程为

$$S_0 = \overline{\overline{Y_1} \cdot \overline{Y_3}}, S_1 = 1$$

$$\overline{CLR} = \overline{Y_0} \cdot \overline{Y_2} \cdot \overline{Q_A} \cdot CLK = \overline{Y_1} \cdot \overline{Y_3} \cdot 1\,\text{Hz} + \overline{Y_4} \cdot \overline{Y_5} \cdot \overline{Y_6} \cdot \overline{Y_7} \cdot 2\,\text{Hz}$$

右转移位寄存器 74LS194N 的驱动方程为

$$S_0 = 1, S_1 = \overline{\overline{Y_1} \cdot \overline{Y_5}}$$

$$\overline{CLR} = \overline{Y_0} \cdot \overline{Y_4} \cdot \overline{Q_D} \cdot CLK = \overline{Y_1} \cdot \overline{Y_5} \cdot 1\,\text{Hz} + \overline{Y_2} \cdot \overline{Y_3} \cdot \overline{Y_6} \cdot \overline{Y_7} \cdot 2\,\text{Hz}$$

根据以上 74LS194N 的驱动方程,设计左转与右转控制电路如图 11-17、图 11-18 所示。

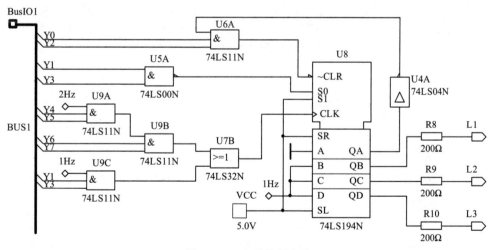

图 11-17　左转控制电路

4. 整体电路设计

将上述单元电路连接至一起,将输入控制电路、左转与右转控制电路通过总线连接,整体控制电路如图 11-19 所示。由于电路较复杂,将各单元电路放入子电路模块中,可使主电路简单明了。

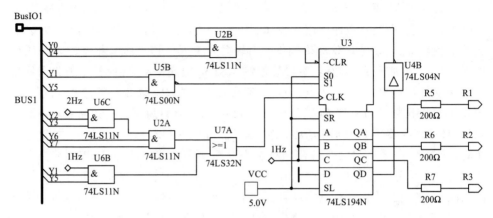

图 11-18　右转控制电路

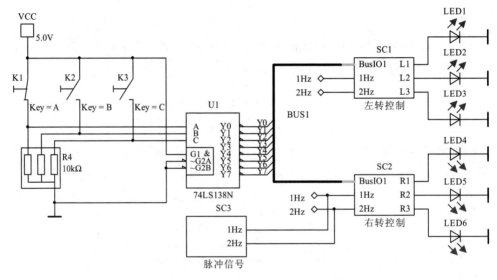

图 11-19　汽车方向之星整体控制电路

视频:汽车方
向之星

三、仿真运行

1. 创建仿真电路。选择元器件 74LS00N、74LS04N、74LS11N、74LS32N、74LS74N、74LS138N、74LS194N、LM555CN、数码管、电阻、开关等,参照图 11-15~图 11-19 绘制仿真电路。

2. 仿真运行。本项目的电路相对复杂,在设计时可分别对每一单元进行仿真,然后再将各单元连接在一起。在 Multisim 14.0 主界面下,启动仿真开关进行电路仿真。改变开关 K_1、K_2、K_3 的闭合与断开状态,观察发光二极管变化情况。在对含有 555 定时器的电路进行仿真时,1 Hz 的频率太慢了,不易观察到仿真结果。可通过修改交互式仿真设置初始时间步长参数改变仿真速度。单击主菜单 Simulate——Analyses and Simulation 打开分析和仿真设置界面,选择 Interactive Simulation,在出现的 Interactive Simulation Settings 对话框中将 Initial time step 设置为 0.05 s。也可以在仿真时用函数发生器代替脉冲信号电路产生输入脉冲信号。

11.4 多功能计时器

一、设计任务与要求

设计一个计时秒表,要求该秒表可以实现多种计时方式,具体要求如下。

1. 计时范围为 0.01~99.99 s。

2. 计时器有四位显示,分别为百分之一秒、十分之一秒、秒、十秒。

3. 具有秒表和倒计时两种计时方式。

4. 在计时到最大值或倒计时到 0 时停止计时并启动报警输出。

5. 具有上电自动清零、手动清零、启动计时、暂停计时及重新计时等控制功能。

二、系统设计方案

根据设计任务要求,采用双时钟同步 BCD 码加减计数器 74LS192N 作为计时器核心,多功能计时器由控制电路、秒脉冲信号电路、计数器电路、显示电路、声光报警电路五个部分构成,电路结构框图如图 11-20 所示。

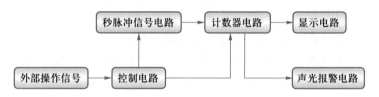

图 11-20 多功能计时器电路结构框图

1. 秒脉冲信号电路

计时器最小分辨率为 0.01 s,因此需要 100 Hz 的时钟信号。在本题目中脉冲信号作为计时器的计时脉冲,其精度直接影响计时器的精度,因此要求脉冲信号具有较高的精度。一般情况下要做出一个精度比较高,频率很低的振荡器有一定的难度,工程上解决这一问题的办法是利用晶振做一个频率比较高的矩形波振荡器,然后将其输出信号通过计数器进行多级分频就可以得到频率比较低、精度比较高的脉冲信号,其精度取决于振荡器的精度和分频级数。振荡器的设计可参考本章 11.3 节内容或自行设计,在本项目中为调试方便,秒脉冲信号电路使用函数信号发生器替代。

2. 计数器电路

计数器电路如图 11-21 所示。在计数器电路中,采用双时钟同步 BCD 码加减计数器 74LS192N 作为计数器核心,分别从 *UP* 和 *DOWN* 端输入脉冲可实现秒表和倒计时功能,$\sim LOAD$ 为异步置数控制端,CLR 为异步清零端,B_0、C_0 分别为加减计数溢出端,可与下一级计数器的时钟信号端级联组成多位计数器。电阻 R_9 和电容 C_2 组成 RC 充电电路完成上电自动清零。

369

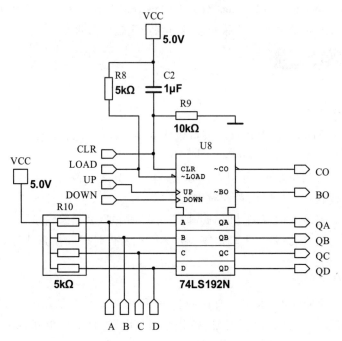

图 11-21　计数器电路

3. 显示电路

在 Multisim 14.0 的元件库中,提供了需要译码显示和可直接显示的两类数码显示器件。需要译码显示的数码管有共阳极和共阴极之分,74LS47N 和 74LS48N 分别是驱动共阳极数码管与共阴极数码管的驱动芯片。在本项目中,电路采用的是不需要译码可直接显示的数码管,简化了计时器显示电路的设计。

4. 控制电路

控制电路完成计时器的计时方式选择、计时启动、暂停等控制功能,控制电路如图 11-22 所示。开关 K_2、U5B、U5C、R_6、R_7 组成计时器的计时方式选择电路,当开关 K_2 与 U5B、R_6 接通时,U5B 的一个输入端通过开关 K_2 接高电平,输出 UP 端可接通时钟输入信号;U5C 的一个输入端通过 R_7 接地,封锁时钟输入信号,输出 DOWN 端保持为高电平,此时计时器工作方式为秒表。当开关 K_2 与 U5C、R_7 接通时,U5B 封锁脉冲时钟信号,输出 UP 端保持为高电平,U5C 输出 DOWN 端可接通时钟输入信号,此时计时器工作方式为倒计时。

开关 K_1 为计时器启动与停止控制开关,当 K_1 通过 R_5 接低电平时,U7A 封锁时钟信号,输出高电平,计数器停止工作;当 K_1 接高电平时,U7A 打开,时钟信号可正常通过,计时器开始工作。

图 11-24 中开关 K_3 为计数初始值设置开关,K_3 闭合时,可将拨码开关 K_6、K_7 设置的值传送给计时器的秒和十秒位,作为计数初始值,同时百分之一秒、十分之一秒位被清零。开关 K_4 为计时器复位端,K_4 闭合时,计时器的所有位被清零。预置初始值与清零电路可见于图 11-24 中。

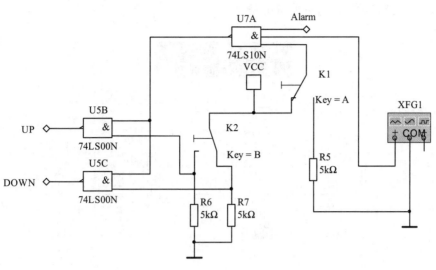

图 11-22　控制电路

5. 声光报警电路

当计数器的四位数字在秒表工作方式时都为 9 或在倒计时工作方式时都为 0，计数器十秒位 74LS192N 的 C_0、B_0 端输出负脉冲信号，经过 U5A 后转为正脉冲信号，U6A（D 触发器）的 CLK 端为上升沿且输入端 D 接高电平，此时输出端 Q 变为高电平，红色发光二极管 LED_1 点亮发出灯光报警信号，同时晶体管 Q_1 导通，蜂鸣器 LS_1 发出声音报警信号。报警电路如图 11-23 所示。K_5 为报警复位开关，当 K_5 闭合时，D 触发器清零端 CLR 输入为低电平，输出端 Q 变为低电平，二极管 LED_1 熄灭，晶体管 Q_1 截止，蜂鸣器 LS_1 停止发声。

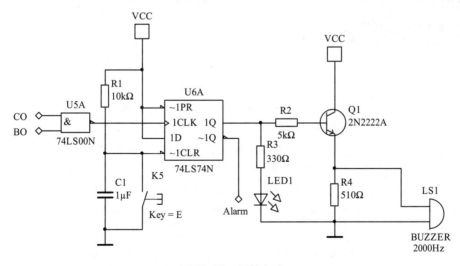

图 11-23　报警电路

6. 整体电路设计

将上述单元电路连接至一起，整体电路如图 11-24 所示。本项目中各单元电

371

路采用子电路模块设计,可使主电路简单明了。

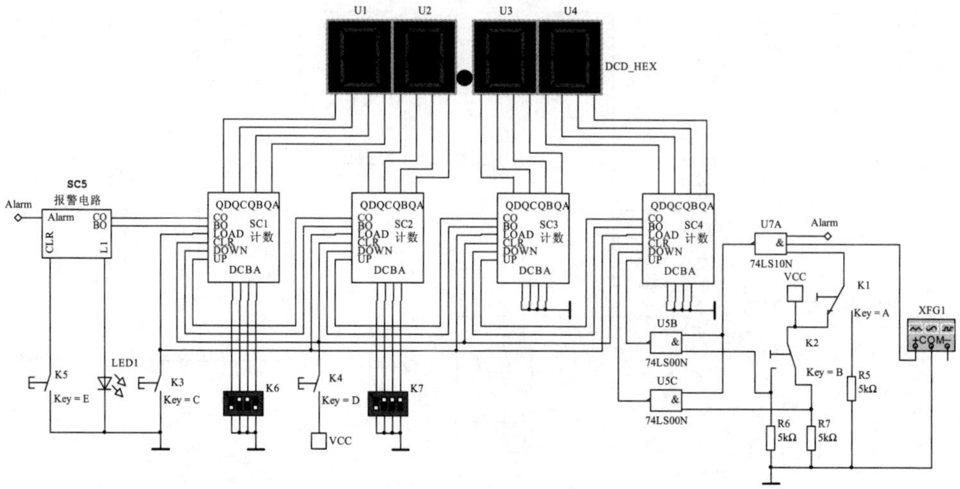

图 11-24　多功能计数器电路

三、仿真运行

1. 创建仿真电路。选择元器件 74LS00N、74LS10N、74LS74N、74LS192N、数码管、电阻、开关等,参照图 11-21~图 11-24 绘制仿真电路。

2. 仿真运行。在本项目中电路相对复杂,在设计时可分别对每一单元进行仿真,然后再将各单元连接在一起。在 Multisim 14.0 主界面下,启动仿真开关进行电路仿真。改变开关 K_1~K_7 的闭合与断开状态,观察计时器运行情况。在仿真时可改变函数信号发生器的频率以方便观察计时器的输出。

11.5　乒乓球游戏机

一、设计任务与要求

1. 设计一个由甲、乙双方参赛,有裁判的 3 人乒乓球游戏机。

2. 用 8 个(或更多个)LED 排成一条直线,以中点为界,两边各代表参赛双方的位置,其中一只点亮的 LED 指示球的当前位置,点亮的 LED 依此从左到右,或从右到左,其移动的速度应能调节。

3. 当"球"(点亮的那只 LED)运动到某方的最后一位时,参赛者应能果断地按下位于自己一方的按钮开关,即表示启动球拍击球。若击中,则球向相反方向移动;若未击中,则对方得 1 分。

4. 一方得分时,比赛中断,等裁判按下开始键后方能继续比赛。

5. 设置自动计分电路,甲、乙双方各用 2 位数码管进行计分显示,先得 11 分的一方为胜方。

6. 甲、乙双方各设一个发光二极管表示拥有发球权,每得 2 分自动交换发球权,拥有发球权的一方发球才有效。

二、系统设计方案

通过分析设计要求,需要控制 LED 的点亮来指示球的当前位置,利用双向移位寄存器 74LS194N 的输出端控制 LED 显示来模拟乒乓球运动的轨迹,先点亮位于某一方的第 1 个 LED,由参赛队员通过按钮输入开关信号,由双 D 触发器 74LS74N 及逻辑门电路实现移位方向的控制。利用 555 定时器构成多谐振荡器产生脉冲信号驱动电路工作,乒乓球移动速度可以通过改变多谐振荡器的振荡频率进行调节。计分电路由两片十进制计数器 74LS160N 级联构成,当参赛者击球失败时产生计数脉冲进行计分。由 74LS160N 构成四进制计数器实现发球权自动交换,利用发球指示信号封锁另一方队员的击球信号输入,使得拥有发球权的一方发球才有效。乒乓球游戏机由球台驱动电路、脉冲信号电路、发球权控制电路及计分电路几部分构成。电路结构框图如图 11-25 所示。

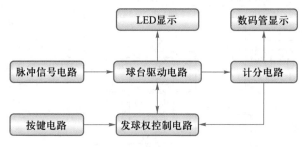

图 11-25 乒乓球游戏机电路结构框图

1. 球台驱动电路

用两片双向移位寄存器 74LS194N 级联构成模拟乒乓球台,其中移位寄存器 U5 的输出端 Q_D 接移位寄存器 U6 的右移串行输入端 S_R,这样乒乓球在往右准备移出移位寄存器 U5 的时候,就会在时钟脉冲的作用下被移入移位寄存器 U6。同样道理,移位寄存器 U6 的输出端 Q_A 接移位寄存器 U5 的左移串行输入端 S_L。由于台面只能有一个乒乓球,所以只有在发球时,8 位移位寄存器的左移 S_L 和右移 S_R 串行输入端为高电平,其余时间为低电平,球台驱动电路如图 11-26 所示。在裁判宣布比赛开始并按下按键 K_3 时,$Start$ 端出现低电平信号,D 触发器 U18A 输出端 $Q=1$,8 位移位寄存器的左移 S_L 和右移 S_R 串行输入端为高电平,同时 U20A 与 U20B 输出端 $Q=0$,即 $S_0=0$,$S_1=0$,移位寄存器输出保持不变,做好开球准备。

通过控制移位寄存器的 S_0 和 S_1 即可控制乒乓球的左右移动。参赛队员控制按键 K_4 和 K_5 进行击球,按键 K_4 和 K_5 与 D 触发器 74LS74N 的置位端直接相连,通过与门控制 D 触发器的清零端。当按键 K_4 闭合时 PA 端出现低电平信号,D 触发器 U20A 输出端 $Q=1$,U20B 输出端 $Q=0$,即 $S_0=1$,$S_1=0$,乒乓球向右运动;当按键 K_5 闭合时 $S_0=0$,$S_1=1$,乒乓球向左运动。

比赛过程如下,假设比赛开始时先由甲队员从球台的左侧发球,按下按键 K_4

使得 $S_0=\textbf{1}$，$S_1=\textbf{0}$，D 触发器 U18A 输出端 $Q=\textbf{1}$，在下一脉冲的上升沿，移位寄存器 U5 的输出端只有 $Q_A=\textbf{1}$，其他输出端为 $\textbf{0}$，发光二极管 LED_1 点亮。同时**或非门** U19A 输出端变为低电平，D 触发器 U18A 输出端 $Q=\textbf{0}$。下一脉冲上升沿时，U5 的输出端只有 $Q_B=\textbf{1}$，其他输出端为 $\textbf{0}$，发光二极管 LED_2 点亮，乒乓球向右运动。当乒乓球运动到最右端时，此时发光二极管 LED_8 点亮，如乙队员按下按键 K_5，则乒乓球向左运动，若乙队员未能按下按键 K_5 使其向相反方向运动，即失去 1 分。比赛开始先由乙队员从球台的右侧发球情况与之类似，此处不再进行分析。

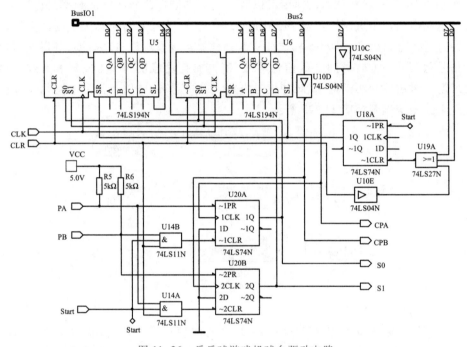

图 11-26   乒乓球游戏机球台驱动电路

2. 计分电路

计分电路用于记录球员在比赛中的成绩，计分电路如图 11-27 所示。该电路由两片十进制计数器 74LS160N 组成百进制计数器，其中计数器的个位进位输出 RCO 通过反相器 U13B 与计数器十位的时钟信号 CLK 连接。计数器 74LS160N 输出端由 9 变为 0 时 RCO 出现下降沿，而时钟端 CLK 为上升沿触发，为使时钟信号相匹配，在 U11 的进位信号输出与 U12 的时钟信号输入中间接入反相器 U13B。甲、乙两队所使用的计分电路相同，只有控制信号不同，下面以甲队计分电路为例进行分析。

在比赛中只有乒乓球向右运动到终点，在发光二极管 LED_8 熄灭前，乙队员未按下按键进行击球，二极管 LED_8 熄灭，此时甲队才得 1 分。在乒乓球向右运动时有 $S_0=\textbf{1}$，用 S_0 作为计数器的使能信号与 ENT 连接，由移位寄存器 U6 的输出信号 Q_D 作为计数器的时钟脉冲，反相器 U10C 和 U10D 用于脉冲的匹配，计分电路可进行加计分。在发光二极管 LED_8 熄灭前，乙队员按下按键进行击球，乒乓球运动方

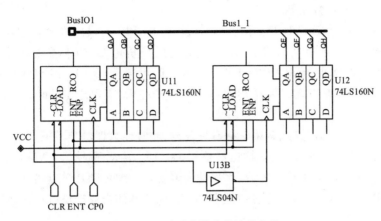

图 11-27　乒乓球游戏机计分电路

向改变开始左移,此时 $S_0 = 0$,计分电路被封锁,虽然有脉冲信号的输入,但分值不会改变。

3. 发球权控制电路

该电路具有比赛开始时发球权的分配、发球权指示、每得 2 分自动交换发球权、拥有发球权的一方发球有效等几项功能。工作状态真值表见表 11-2。

表 11-2　发球权控制电路工作状态真值表

输入								计数器状态				
KA	KB	S_0	S_1	CPA	CPB	ENP	CLK	输出	Q_D	Q_C	Q_B	Q_A
0	**1**	×	×	×	×	×	×	清零	**0**	**0**	**0**	**0**
↑	**1**	×	×	**1**	**1**	×	↑	置数	**0**	**0**	**1**	**0**
1	**1**	**1**	**0**	↑	**1**	**1**	↑	计数	Q_D^{n+1}	Q_C^{n+1}	Q_B^{n+1}	Q_A^{n+1}
1	**1**	**0**	**1**	↑	**1**	**0**	↑	保持	Q_D^n	Q_C^n	Q_B^n	Q_A^n
1	**1**	**1**	**0**	**1**	↑	**0**	↑	保持	Q_D^n	Q_C^n	Q_B^n	Q_A^n
1	**1**	**0**	**1**	**1**	↑	**1**	↑	计数	Q_D^{n+1}	Q_C^{n+1}	Q_B^{n+1}	Q_A^{n+1}

由表 11-2 可得 74LS160N 的驱动方程为

$$ENP = CPB \cdot S_0 + CPA \cdot S_1$$

$$CLK = CPA \cdot CPB \cdot KB$$

发球权控制电路如图 11-28 所示,按键 K_1、K_2 用于比赛开始首次发球权的选择,当 K_1 按下时 $KA = 0$,U14C 输出低电平,74LS160N 为异步清零,输出端 $Q_B = 0$,经反相器 U10F 输出驱动发光二极管 LED_9 点亮,表示甲队拥有发球权。当 K_2 按下时 $KB = 0$,74LS160N 为同步置数,其置数端 $LOAD = 0$,只有在时钟信号的上升沿才能进行置数,因此将按键 K_2 通过与门和 CLK 端连接,在按键 K_2 释放时产生上升沿进行置数,输出端 $Q_B = 1$,驱动发光二极管 LED_{10} 点亮,表示乙队拥有发球权。其中 R_3、R_4 为限流电阻,反相器 U13A、U13C 起延时作用,使 $LOAD$ 端的跳变比 CLK 端的变化延迟以实现置数功能。

十进制计数器 74LS160N、非门 U13D 及与门 U14C 构成四进制计数器,在某一回合比赛结束时,若甲队获得胜利,由计分电路分析可知,CPA 端为脉冲上升沿,U16A 输出计数脉冲,此时 $CPB=1$,$S_0=1$,$S_1=0$,可得 $ENP=1$,74LS160N 进行加 1 计数。Q_B 输出控制发光二极管 LED_9 和 LED_{10} 的亮灭,实现比赛每得 2 分发球权自动交换。

某一回合比赛开始时,若甲队拥有发球权,此时计数器输出端 $Q_B=0$,D 触发器 U18B 的输出 $Q=1$,与门 U15B 输出高电平,封锁按键 K_4 的输入,乙队的击球按键失去作用。甲队按下击球按键后,乒乓球向右运动,中间 LED_2 灯点亮时控制 D 触发器 U18B 的输出 $Q=0$,解除对按键 K_4 的封锁,乙队的击球按键可正常使用。

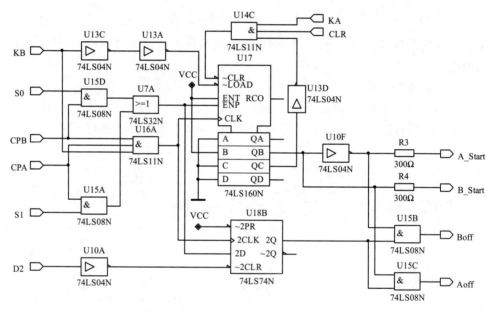

图 11-28　乒乓球游戏机发球权控制电路

4. 整体电路设计

将上述单元电路连接至一起,乒乓球游戏机电路如图 11-29 所示。其中 C_1 与 R_2 产生上电清零信号 CLR,上电时保证电路处于初始状态。为了使电路简洁,本项目中各单元电路采用了子电路模块设计,可使主电路简单明了。

三、仿真运行

1. 创建仿真电路。选择元器件 74LS04N、74LS74N、74LS160N、74LS194N、数码管、电阻、开关等,参照图 11-26~图 11-29 绘制仿真电路。题目对频率精度要求不高,可选用集成电路 555 定时器与 RC 组成输出频率为可调脉冲信号的多谐振荡器,改变输出频率即可改变乒乓球运动速度。振荡电路的参数选择可参考本书第 4、10 章相关内容,在本项目中为调试方便,脉冲信号电路使用函数信号发生器替代。

2. 仿真运行。在本项目中电路相对复杂,在设计时可分别对每一单元进行仿

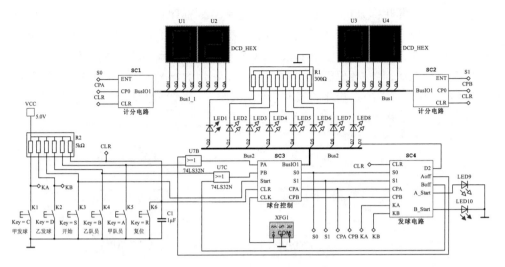

图 11-29 乒乓球游戏机电路

真,然后再将各单元连接在一起。在 Multisim 14.0 主界面下,启动仿真开关进行电路仿真。改变开关 $K_1 \sim K_6$ 的闭合与断开状态,观察乒乓球游戏机运行情况。在仿真时改变函数信号发生器的频率即可改变乒乓球的运动速度。

11.6 自动售货机

一、设计任务与要求

自动售货机是能根据投入的钱币自动出货的机器,是商业自动化的常用设备之一,可以销售不同种类的商品,通过选择需要的商品按钮,投入一定数量的货币,顾客就可以获得所需商品,自动售货机具有如下功能。

1. 自动售货机能销售三种商品,它们的单价分别是 1 元、3 元和 6 元,并且机器中三种商品的数量无限。出售哪种商品,可由顾客按动相应的一个按键进行选择,并同时用数码管显示出此商品的价格。

2. 自动售货机允许投入 1 元、2 元和 5 元纸币,此操作通过按动相应的一个按键来模拟,并同时用数码管将投币总额显示出来。

3. 顾客投币后可以显示是否能够买到选择的商品,按确认键选择商品,送出的货物用相应不同的指示灯显示来模拟,同时多余的钱应找回,找回的钱用数码管显示出来。

4. 当总投入的币值等于顾客需要的商品单价时,机器送出需要的商品;若总投入的币值大于顾客需要的商品单价时,机器除提供需要的商品之外,还要将余币退出;若总投入的币值小于顾客需要的商品单价时,则机器退出顾客投入的钱币。

二、系统设计方案

根据系统设计要求分析,自动售货机由投币电路、商品选择电路、比较电路、出货及找零电路等几部分构成,自动售货机电路结构框图如图 11-30 所示。电路有两个输入部分,第一部分为投币电路,用开关闭合模拟投币,投币后进入加法运算电路进行累加,并在数码管上显示钱币总额。另一部分为商品选择电路,用开关闭合模拟商品选择,并在数码管上显示商品价格。用数字比较器 74LS85N 比较可以购买的不同价格商品,最后将投币总额和商品价格通过减法器做差值后,显示找零金额及用指示灯模拟显示所购买的商品。

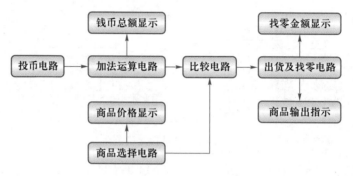

图 11-30　自动售货机电路结构框图

1. 投币电路

用按键开关 S_1、S_2、S_3 分别控制三态门 74LS244N 模拟投入 1 元、2 元和 5 元钱币,考虑多种投币情况,为实现将每次投入的钱币进行累加,用 2 片四位二进制超前进位全加器 74LS283N 及逻辑门组成带进位的两位十进制加法运算电路。在有钱币投入时,假设按键 S_1 闭合,三态门 U12A 选通输出 **0001** 接入加法器 U14 的输入端,U13A 与 U13B 输出为高阻状态。与门 U11A 输出为低电平,三态门 U12B 使能,将现有钱币的个位接入加法器 U14,加法运算结果通过 U16 输出。按键 S_1 释放时,与门 U11A 输出变为高电平,在上升沿的作用下,寄存器 U17 将加法器的运算结果保存并在数码管 U2 上显示,若加法器输出有进位,则通过计数器 U19 将进位保存并在数码管 U1 上显示。电路如图 11-31 所示。

2. 商品选择电路

用按键开关 S_4、S_5、S_6 分别控制三态门 74LS244N 选择单价为 1 元、3 元和 6 元的商品,在选择商品时,假设按键 S_5 闭合,三态门 U20B 选通输出 **0011** 接入寄存器 U21 的输入端,U20A 与 U22A 输出为高阻状态,与门 U11B 输出为低电平。按键 S_5 释放时,与门 U11B 输出变为高电平,在上升沿的作用下,寄存器 U21 将 **0011** 保存并在数码管 U3 上显示。电路如图 11-32 所示,电容 C_3 的作用为,机器启动时系统默认选择 1 元商品。

3. 出货及找零电路

出货及找零电路如图 11-33 所示,用 3 片全加器 74LS283N 及逻辑门组成带借位的两位十进制减法运算电路,计算投币总额与所选商品价格的差值。通过被减数加减数的补码实现减法运算,非门 U25A ~ U25D 与加法器 U26 实现四位二进制减法,非门 U25E 与加法器 U27 实现十进制转换,加法器 U23 实现借位减法。若商

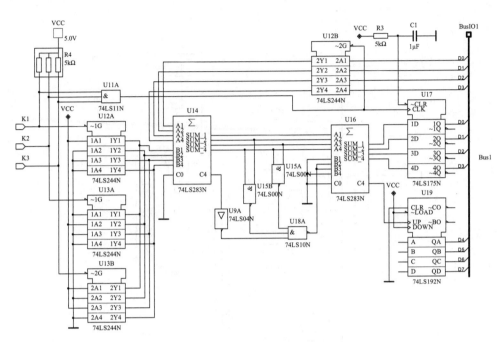

图 11-31 投币电路

品购买信号出现上升沿,寄存器 U24、U28 将减法运算结果保存并在数码管 U4、U5 上显示。在电路启动时,D 触发器 U29A 的 Q 端输出 **0**,与门 U30A ~ U30C 输出为 **0**,商品输出显示 LED$_2$ ~ LED$_4$ 熄灭,若商品购买信号出现上升沿,D 触发器 U29A 的 Q 端输出 **1**,根据商品选择的不同,与门 U30A ~ U30C 中的一个输出为 **1**,对应 LED 灯点亮指示所购买商品。

4. **整体电路设计**

将上述单元电路连接至一起,**或非门** U8A、U10A,**非门** U9B 及比较器 U6 组成比较电路,当投币总额大于或等于商品价格时,指示灯 LED$_1$ 点亮,按键开关 S$_7$ 用于购买商品确认。当投币总额小于商品价格时,则 LED$_1$ 熄灭,且**或非门** U7A 输出 **1**,此时按键开关 S$_7$ 不起作用。自动售货机电路如图 11-34 所示。为了使电路简洁,本项目中将各单元电路采用了子电路模块设计,可使主电路简单明了。

三、仿真运行

1. 创建仿真电路。选择元器件 74LS00N、74LS04N、74LS74N、74LS85N、74LS283N、数码管、电阻、开关等,参照图 11-31 ~ 图 11-34 绘制仿真电路。

2. 仿真运行。在本项目中电路相对复杂,在设计时可分别对每一单元进行仿真,然后再将各单元连接在一起。在 Multisim 14.0 主界面下,启动仿真开关进行电路仿真。改变开关 S$_1$ ~ S$_7$ 的闭合与断开状态,观察自动售货机运行情况。

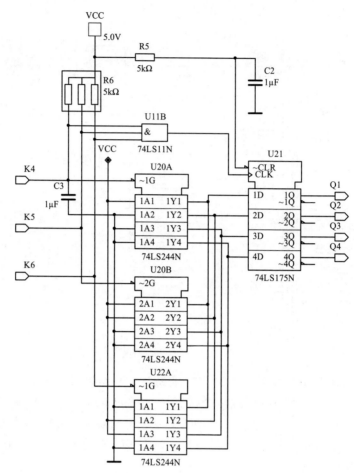

图 11-32 商品选择电路

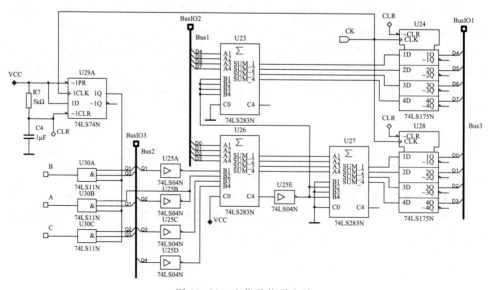

图 11-33 出货及找零电路

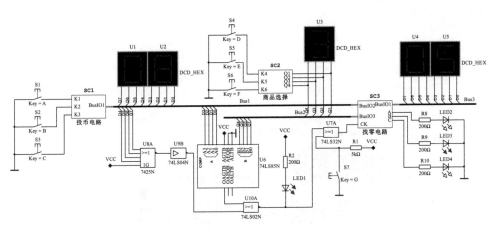

图 11-34 自动售货机电路

11.7 PLC 梯形图仿真——贮存罐控制

可编程序控制器(PLC)目前已在工业控制各个领域中得到了广泛应用,由于 PLC 在工业自动化中的地位越来越重要,学习 PLC 的人也越来越多。但 PLC 的应用技术实践性非常强,因此实验环节至关重要,只有通过实际操作才能真正学会 PLC 相关的控制技术。从 Multisim 9.0 版本开始就加入了 PLC 编程的梯形图仿真功能,提供了输入、输出、定时器、计数器等常用功能模块,使得该软件可对 PLC 的功能进行仿真。本例将通过以 PLC 为核心的贮存罐控制电路仿真,说明 Multisim 14.0 在 PLC 梯形图仿真中的应用方法。

一、设计任务与要求

在贮存罐中经常要根据液位的高低进行液位的自动控制,要求设计一个具有液位检测、自动灌装和排空功能的控制系统。

1. 按下启动键,贮存罐开始注入液体,液位上升,当液位达到设定值时停止注入。

2. 5 秒后,贮存罐液体开始排出,液位下降,当液体排空时泵停止运行。

3. 5 秒后,贮存罐重新开始注入液体,进入下一次循环。

4. 液体注入和排空时的流速可控制。

5. 按下停止键,停止系统运行。

二、设计方案

Multisim 14.0 中提供了贮存罐仿真模型,可直接通过 PLC 对模型进行控制。贮存罐仿真模型如图 11-35(a)所示,贮存罐模型属性设置如图 11-35(b)所示。其中 Tank volume(L):贮存罐容积(升);Level detector set point(L):电平检测器设置点(升);Maximum pump flow rate(L/s):泵的最大流量(升/秒);Flow rate full scale voltage:流速满量程电压;Sensor full scale voltage:传感器满量程电压。该模型的功能见表 11-3。

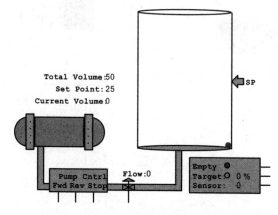

(a) 贮存罐仿真模型

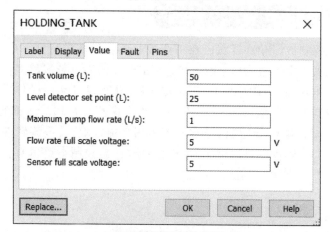

(b) 贮存罐模型属性设置

图 11-35　贮存罐模型

表 11-3　贮存罐模型功能表

符号	功能	符号	功能
Fwd	泵正向启动(高电平触发)	Sensor	当前液位信号(模拟电压)
Rev	泵反向启动(高电平触发)	Total Volume	贮存罐容积
Stop	泵停止(高电平触发)	Set Point	液位设定值
Flow	流速控制(模拟电压控制)	Current Volume	当前液位值
Empty	贮存罐空信号(高电平)	SP	液位设定标志
Target	液位达到设定值信号(高电平)		

　　启动与停止信号、贮存罐模型输出信号传送到 PLC 的输入模块(INPUT_MOD-
ULE),通过梯形图编程实现系统功能要求,PLC 通过输出模块(OUTPUT_

MODULE)即可直接对贮存罐模型进行控制。该题目重点在 PLC 与控制对象间的硬件电路连接和梯形图编程。流速控制可直接使用电位器进行调节。

1. 梯形图编程指令

(1) 梯形图梯级

梯形图梯级如图 11-36 所示,L1 是梯级的开始,L2 是梯级的结束。需要通过两者间的连接来激活或导通它们之间的触点或线圈。

L1   L2

图 11-36 梯形图梯级

(2) 输入、输出模块

图 11-37 为 PLC 的输入、输出模块符号。输入模块一般接入的是电源开启、关断信号或被控对象的输出信号等。输出模块用于控制外部对象,如开关、电动机、变频器等。每个输入、输出模块都有自己的独立地址,输入模块地址默认为 100,输出模块地址默认为 200。每一模块中含有 8 个相同的输入、输出继电器,每个继电器还必须进行编号。若信号从输入继电器 IN_1 输入,则其地址为 1001,如信号从 OUT_2 输出,则其地址为 2002。输入模块属性设置对话框如图 11-38 所示。PLC 输入模块有 5 Vdc、12 Vdc、24 Vdc 等七种直流电压类型,在工作时输入端需接入对应

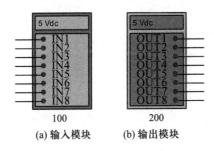

100	200
(a) 输入模块	(b) 输出模块

图 11-37 PLC 输入、输出模块符号

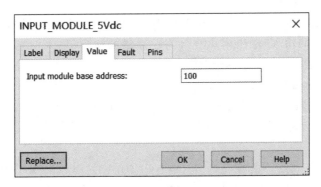

11-38 PLC 输入模块属性设置对话框

的直流电源。PLC 输出模块有 5 Vdc、12 Vdc、12 Vrms、24 Vrms 等六种直流电压和 4 种交流电压类型。

（3）定时器模块

PLC 中的定时器为增量型定时器,相当于继电器系统中的时间继电器,用于实现时间控制,按工作方式分为接通延时定时器（TON）、记忆型接通延时定时器（TONR）和断开延时定时器（TOFF）三大类。定时器模块符号如图 11-39 所示,定时器属性设置对话框如图 11-40 所示。在梯形图仿真时,当 TIMER_TON 定时器通电,该定时器控制的常开触点断开,当定时器定时达到预设定值时常开触点闭合。其中 Time base:计时时间基准;Number of units:预设定时值;Timer reference:定时器编号;ACC UNITS:已定时值。

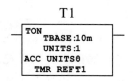

图 11-39　定时器模块符号

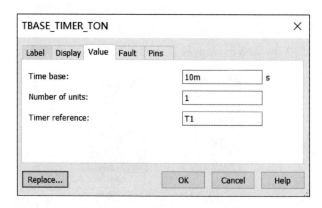

图 11-40　定时器属性设置对话框

2. 仿真电路绘制

仿真电路如图 11-41 所示。用 DCD_BARGRAPH 显示贮存罐液位,R_1 用于调节流速,将 PLC 的输入、输出模块直接与贮存罐的输出、输入信号进行连接即可。选择元器件并按图 11-41 绘制电路。

3. 编写 PLC 梯形图程序

在原理图编辑窗口内编写梯形图程序,如图 11-42 所示。

三、仿真运行

1. 创建仿真电路。选择元器件 INPUT_MODULE_5Vdc、OUTPUT_MODULE_5Vdc、HOLDING_TANK、DCD_BARGRAPH、电阻、开关等,参照图 11-41 绘制电路,参照图 11-42 在原理图编辑窗口中输入梯形图程序。

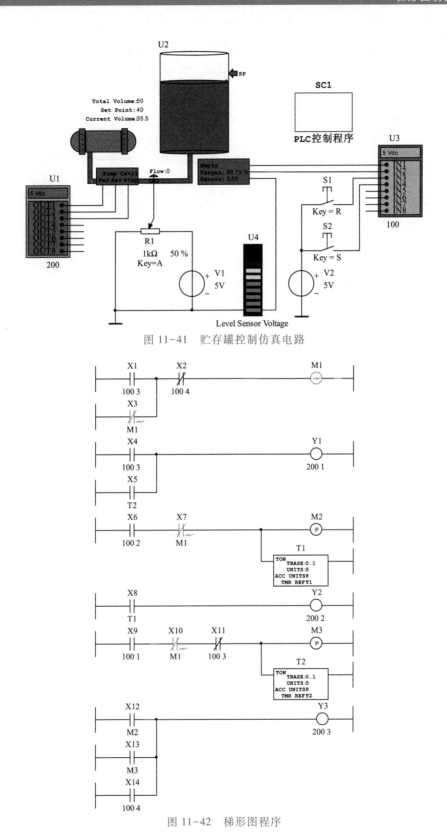

图 11-41 贮存罐控制仿真电路

图 11-42 梯形图程序

　　2. 仿真运行。在 Multisim 14.0 主界面下,启动仿真开关进行电路仿真。改变开关 S_1、S_2 的闭合与断开状态,观察贮存罐运行情况。也可在原理图编辑窗口中直接查看梯形图各元件的运行状态。

参考文献

[1] 王香婷,徐瑞东.电工技术与电子技术实验[M].2 版.北京:高等教育出版社,2017.

[2] 刘凤春,王林.电工学实验教程[M].2 版.北京:高等教育出版社,2019.

[3] 付扬.电路电子技术实验与课程设计[M].2 版.北京:机械工业出版社,2015.

[4] 孙晖.电工电子学实践教程[M].北京:电子工业出版社,2018.

[5] 胡仁杰.电工电子实验案例选编[M].北京:北京邮电大学出版社,2015.

[6] 廉玉欣.电子技术实验教程 [M].北京:高等教育出版社,2018.

[7] 尹明.电路原理与电工学实验教程[M].2 版.黑龙江:哈尔滨工程大学出版社,2017.

[8] 王贞.模拟电子技术实验教程[M].北京:机械工业出版社,2018.

[9] 袁小平.数字电子技术实验教程[M].北京:机械工业出版社,2012.

[10] 古良玲,王玉菡.电子技术实验与 Multisim 12 仿真[M].北京:机械工业出版社,2015.

[11] 郭锁利,刘延飞,李琪等.基于 Multisim 的电子系统设计、仿真与综合应用[M].2 版.北京:人民邮电出版社,2012.

[12] 赵全利,李会萍.Multisim 电路设计与仿真[M].北京:机械工业出版社,2016.

[13] 李良荣,李震,顾平,NI Multisim 电子设计技术[M].北京:机械工业出版社,2016.

[14] 黄智伟,黄国玉,王丽君.基于 NI Multisim 的电子电路计算机仿真设计与分析[M].3 版.北京:电子工业出版社,2017.

[15] 张新喜.Multisim 14 电子系统仿真与设计 [M].2 版.北京:机械工业出版社,2021.

郑重声明

高等教育出版社依法对本书享有专有出版权。任何未经许可的复制、销售行为均违反《中华人民共和国著作权法》，其行为人将承担相应的民事责任和行政责任；构成犯罪的，将被依法追究刑事责任。为了维护市场秩序，保护读者的合法权益，避免读者误用盗版书造成不良后果，我社将配合行政执法部门和司法机关对违法犯罪的单位和个人进行严厉打击。社会各界人士如发现上述侵权行为，希望及时举报，本社将奖励举报有功人员。

反盗版举报电话　（010）58581999　58582371
反盗版举报邮箱　dd@ hep. com. cn
通信地址　北京市西城区德外大街 4 号　高等教育出版社法律事务部
邮政编码　100120

读者意见反馈

为收集对教材的意见建议，进一步完善教材编写并做好服务工作，读者可将对本教材的意见建议通过如下渠道反馈至我社。

咨询电话　400-810-0598
反馈邮箱　gjdzfwb@ pub.hep.cn
通信地址　北京市朝阳区惠新东街 4 号富盛大厦 1 座　高等教育出版
　　　　　社总编辑办公室
邮政编码　100029

防伪查询说明

用户购书后刮开封底防伪涂层，使用手机微信等软件扫描二维码，会跳转至防伪查询网页，获得所购图书详细信息。

防伪客服电话　（010）58582300